JN289799

本質を学ぶための
アナログ電子回路入門

宮入圭一　監修
阿部克也　著

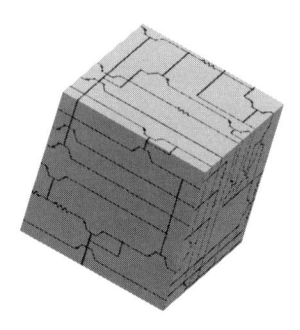

Analog Electronic Circuits: A Primer

共立出版

はじめに

　本書は電子回路の基礎である，トランジスタ増幅回路，オペアンプ，発振回路などについてその原理や本質的意味を丁寧に解説した入門書である．大学のテキストは一般的に不親切に書かれている．これは，不親切な解説の行間を読むことで，学生は本当の学力が身につくという概念があるためである．この考えはもちろん正しい．しかしながら，近年，小・中・高教育のシステムはめまぐるしく推移しており，そのような「ある意味で古い概念」は現在のほとんどの学生に対して通用できなくなっているのが現状である．

　本書ではこのようなことを踏まえ，あえて，「従来のテキストの行間部分を解説する」という観点で執筆した，いわば「従来のテキストの翻訳書」である．著者もまた，学生時代に「アナログ電子回路」に苦労した一人であり，その経験を踏まえ，「学生が分からないポイント」に重点をおき，可能な限り丁寧かつ分かりやすい解説を試みた．逆にどうしても分かりにくくなってしまう内容は，「付録」にまわすことで，本文自体は，電気回路の初歩的な知識だけで全てが理解できるように書かれている．また，本書は，「比較的文章量が多いテキスト」となっているため，きちんと意味を考えながら読み込むことが必要不可欠である．

　本書の執筆にあたり，信州大学 上村喜一教授には演習問題の作成などで，多大なるご協力をいただきました．ここに深く感謝の意を申し上げます．また，編集にあたりさまざまなご苦労をいただいた共立出版(株)の國井和郎様，稲沢会様に感謝いたします．

2007 年 9 月

阿部克也

目　　次

第 1 章　電子回路を学ぶための準備　　1
  1.1　電子回路で何ができるか ....　2
  1.2　直流と交流 ....　3
  1.3　線形素子 (R, L, C) ....　5
  1.4　線形素子回路の周波数特性 ....　6
  1.5　キルヒホッフ則 ....　7
  1.6　まとめ ....　9
  演習問題 ....　10

第 2 章　半導体デバイスの基礎　　13
  2.1　半導体の基礎 ....　13
      2.1.1　真性半導体 ....　14
      2.1.2　不純物半導体 ....　15
  2.2　pn 接合とダイオード ....　16
  2.3　ダイオードの種類 ....　18
  2.4　ダイオードの電圧・電流特性（直流）と回路記号 ....　19
  2.5　バイポーラトランジスタ (BJT) ....　20
      2.5.1　バイポーラトランジスタの動作原理 ....　21
      2.5.2　バイポーラトランジスタの静特性（直流特性） ....　23
  2.6　電界効果トランジスタ (FET) ....　27
  2.7　まとめ ....　32
  演習問題 ....　32

第3章 バイアスと信号増幅　33

3.1 ダイオードの交流特性 33
3.2 バイポーラトランジスタの交流特性と等価回路 39
3.3 h パラメータと小信号等価回路 43
3.4 FET の交流特性と等価回路 51
3.5 実際の FET の等価回路 55
3.6 まとめ 58
演習問題 58

第4章 トランジスタ基本増幅回路　61

4.1 バイポーラトランジスタ基本増幅回路 61
　4.1.1 エミッタ接地増幅回路と小信号等価回路 61
　4.1.2 入力・出力インピーダンスと整合 68
　4.1.3 バイアスの設定 70
　4.1.4 ベース接地増幅回路とコレクタ接地増幅回路 77
4.2 FET 基本増幅回路 80
　4.2.1 ソース接地増幅回路 80
　4.2.2 ソース接地増幅回路のバイアスの設定 83
　4.2.3 ゲート接地増幅回路とドレイン接地増幅回路 86
4.3 まとめ 89
演習問題 89

第5章 電力増幅回路　91

5.1 A 級増幅回路 91
5.2 B 級増幅回路 94
5.3 C 級増幅回路 101
5.4 まとめ 102
演習問題 102

第6章 トランジスタ増幅回路の周波数特性　103

6.1 利得の対数表現 103
6.2 BJT 回路の周波数特性 104

   6.2.1 ベース接地電流増幅率 α の周波数特性 105
   6.2.2 BJT の寄生容量と高周波特性 107
   6.2.3 エミッタ接地増幅回路の高周波特性の解析 109
   6.2.4 エミッタ接地増幅回路の低周波特性の解析 112
   6.2.5 低周波数領域における結合コンデンサの影響 113
   6.2.6 低周波数領域におけるバイパスコンデンサの影響 115
  6.3 FET 回路の周波数特性 118
   6.3.1 FET の周波数特性 118
   6.3.2 ソース接地増幅回路の高周波特性の解析 119
   6.3.3 ソース接地増幅回路の低周波特性の解析 121
  6.4 まとめ 122
  演習問題 123

第 7 章 差動増幅回路とオペアンプ   **125**

  7.1 差動増幅回路 125
   7.1.1 直流増幅 125
   7.1.2 交流増幅 127
   7.1.3 単一出力回路とカレントミラー 129
  7.2 オペアンプ（演算増幅器） 131
   7.2.1 オペアンプの構造と回路記号 131
   7.2.2 オペアンプの動作原理 132
   7.2.3 オペアンプのパラメータ 135
   7.2.4 非反転増幅回路とヴォルテージフォロワ 140
   7.2.5 加算回路と減算回路 142
   7.2.6 微分回路と積分回路 143
  7.3 まとめ 145
  演習問題 145

第 8 章 帰還増幅回路と発振回路   **147**

  8.1 帰還増幅回路 147
   8.1.1 正帰還と負帰還 147

8.1.2　帰還増幅回路の種類 148
　　　8.1.3　実際の増幅回路における帰還 150
　8.2　発振回路 151
　　　8.2.1　正帰還と発振 152
　　　8.2.2　ウィーンブリッジ型発振回路 153
　　　8.2.3　RC 移相型発振回路 155
　　　8.2.4　コルピッツ型発振回路 156
　　　8.2.5　ハートレー型発振回路 156
　　　8.2.6　水晶発振回路 158
　8.3　まとめ 161
　演習問題 161

第 9 章　電源回路　163

　9.1　整流回路 164
　9.2　平滑回路 165
　9.3　定電圧回路 167
　9.4　スイッチング電源 169
　9.5　まとめ 172
　演習問題 172

付　録　175

　付録 A　JIS C 0617 で規定される回路記号 175
　付録 B　エバースモルモデル 176
　付録 C　アーリー効果 177
　付録 D　pnp 型バイポーラトランジスタ 178
　付録 E　重ね合わせの理 180
　付録 F　T 型等価回路と h パラメータによる等価回路の厳密な対応　183
　付録 G　p チャネル MIS-FET 185
　付録 H　エミッタ接地増幅回路の厳密な小信号等価回路 187
　付録 I　最大発振可能周波数 191
　付録 J　オペアンプ反転増幅回路 193

演習問題略解　　　195

索　　引　　　211

第1章
電子回路を学ぶための準備

　電子回路と電気回路の違いは，回路図的にはトランジスタなどの電子デバイス（半導体素子）が使われているか否かのみであるが，その機能・用途は両者で大幅に異なる．電気回路で使われる主な素子は抵抗・コイル・コンデンサなどの受動素子（線形素子）であり，その回路的な機能は，素子における電圧降下および電流－電圧間の位相差の形成だけである．したがって，回路に信号（交流電圧または電流）を入力させた場合，その波形は変わらずに大きさ（振幅）だけが変化（減衰）して出力される．一方，**電子回路では，電子デバイスを用いることにより，より高度な機能，例えば，振幅の増幅，波形の変形（形状や周波数の変化），周期的波形の発生などが可能となる．**

　しかしながら，実は電子回路に必要な知識のほとんどはすでに電気回路において習ったものであり，したがって，

> 「これまでに学んできた電気回路の知識に，ほんのわずかな新しい概念
> 　を導入するだけで，電子回路の全てが理解できる」

のである．この部分さえきちんと理解していれば，後はどんなに複雑な応用回路が出てきても恐るるに足らずである．また電子回路は，連続信号を取り扱うアナログ回路と on-off の組合せを信号としたディジタル回路の二つに大きく分類される．本書ではアナログ回路について解説する．

1.1 電子回路で何ができるか

電子回路は，我々の身の回りにあるほとんど全ての電気製品に組み込まれているばかりでなく，今や自動車や発電といった分野においても必要不可欠となっている．しかしながら，抵抗やコイルなどの素子が，モータ，ヒータ，スピーカなどのようにわかりやすい形で動作する場合があるのに対し，電子回路の主役であるトランジスタなどの素子では，基本的にその役割が直接目には見えない．

図 1.1 に電子回路の用途の例を示す．図のように，電子回路は基本的に，

「入力された電気信号が電子回路によって何らかの変換処理をされた後に出力される」

という流れの中で用いられる．例えばカラオケでは，歌声がセンサ（マイクロフォン）によって電気信号に変換され，その信号が電子回路によって増幅され，さらに，やはり電子回路によって歌声と曲とがミックスされた後に，スピーカに出力される．さらには，スピーカ出力の前に周波数変換など他の機能を持つ電子回路を挿入することにより，キーを調整したり，コーラスを被せたりすることが可能となる．この「入力 − 処理 − 出力」という流れは，DVD やコンピュータ演算などのディジタル信号に対するディジタル電子回路の役割においても同じであり，結局のところ，「電子回路の役割は信号処理」であると言える．したがって，その回路によって

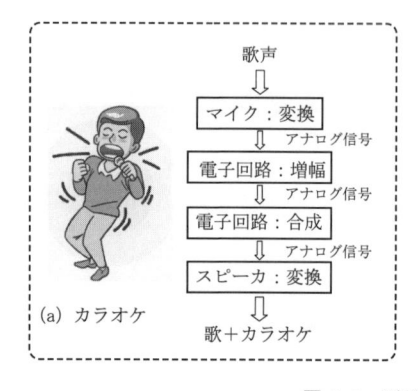

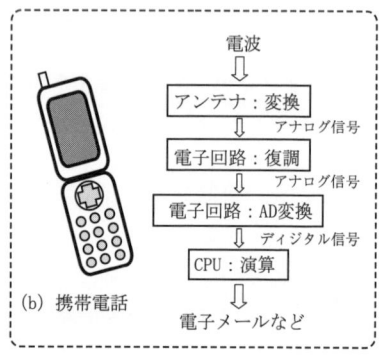

図 1.1 電子回路の用途

「入出力前後で信号がどのように変化するか理論的に把握する」

ことが，アナログ電子回路を理解するための根幹となる．また，それを理解した上で，必要とされる信号処理機能を発現させるために，

「トランジスタなどの電子デバイスと抵抗などの線形素子をいかに上手く組み合わせるか」

が電子回路設計の本質である．

1.2　直流と交流

　電子回路における信号は交流電圧，交流電流，または交流電力によって表現されるが，その波形は正弦波だけでなく，方形波やパルス波などさまざまなケースがある．また，電子回路にはさまざまな用途があるため，「取り扱う信号の周波数は，数 Hz（例えばオーディオなど）から数 GHz 以上（例えば無線通信など）までの非常に広い範囲」に及ぶ．したがって，回路の交流動作を理解することが重要であることは当然であるが，実は，後述するように直流動作についても同じくらい重要な意味を持つ．

　図 1.2(a) に正弦波交流波形を示す．交流の定義は，

「一定時間ごとに正負が交互に現れ，かつ時間平均値が 0 となる波形」

である．図 1.2(b) の波形は一見，交流波形のように思われるが，この定義から考えると，時間平均値が 0 ではないため交流ではないことが分かる．図 1.2(b) のような波形は「脈流」と呼ばれ，図 1.2(c) のような交流成分と直流成分を合成した波形であることが分かる．実は，電子回路内における電圧・電流のほとんどが図 1.2(b) のような脈流の状態になっており，したがって，先に述べた「信号」について，厳密には「交流または脈流」と書くのが正しい．電子回路で初めにつまづくのは，このような脈流波形の取り扱い方である．結論を言うと図 1.2(c) のように，

「脈流である電圧・電流を直流・交流成分に分けて取り扱う必要がある」

ことを理解することが，電子回路を学習する上での最初のポイントである．ま

4　第 1 章　電子回路を学ぶための準備

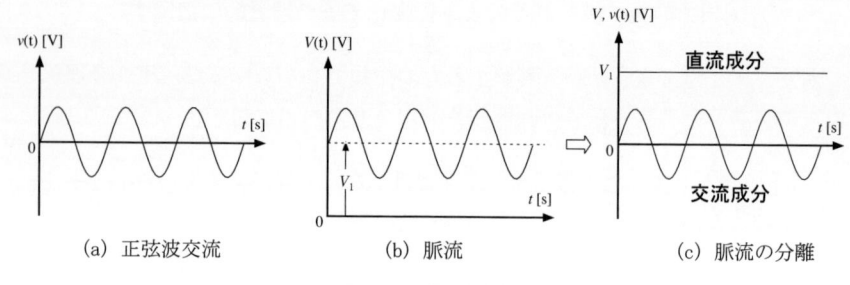

図 1.2　交流と脈流

(a) 正弦波交流　　(b) 脈流　　(c) 脈流の分離

た言い換えると，電子回路においては，

「その直流動作と交流動作を別々にかつ両方理解する必要がある」

ことを頭に入れておいてほしい．このような「脈流」における直流成分は「バイアス」と呼ばれ，第 3 章以降でその意味を詳しく説明する．

本書では，電圧源・電流源として，図 1.3 の記号を用いる[†]．電流源の記号において矢印の向きが電流の方向を示している．重要なことは，

「交流電源であっても電圧の正負や電流の向きを特定しておく」

ことである．交流電源の正方向とは，時間 $t=0$ における方向と認識しておけばよい．こう特定することにより，後述するキルヒホッフ則を直流と同様に適用することができる．ここで，

「電流源とは端子間電圧がどのような値であっても，一定の電流が発生

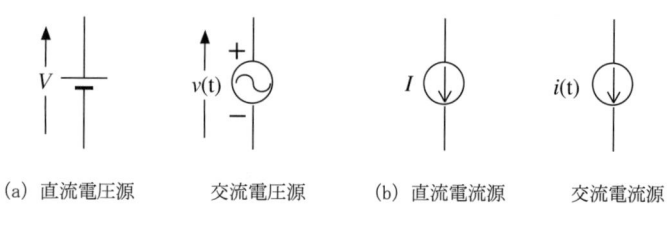

(a) 直流電圧源　　交流電圧源　　(b) 直流電流源　　交流電流源

図 1.3　電圧源と電流源の回路記号

[†] 図 1.3 の電流源の記号は慣習的に使われているもので正式なものではないが，本書では直感的に分かりやすいため採用した．正式な回路記号 (JIS C 0617) は付録 A に記載する．

する架空の素子」

であり，電圧源における乾電池のような実際の素子は存在しない．しかしながら，**電子デバイスの動作をこの電流源を用いて近似的に回路表現すると便利である**ため，電子回路においては頻繁に登場する．電流源を扱う上での一番のポイントは，

「電流源の端子間電圧は未知電圧 $V_x(t)$ とおく」

ことである．つまり，電流源の端子間電圧は直接は求められないということである．電子回路では，慣習的に直流電圧・電流値を V および I で，交流電圧・電流値を v および i で（本書では $v(t)$ および $i(t)$ で）表現する．また本書では，特に脈流について，$V(t)$ および $I(t)$ と表現することにする．

1.3 線形素子 (R, L, C)

電子回路においても，線形素子である抵抗，コンデンサおよびコイルが数多く用いられる．ここでは，電気回路の復習として三つの素子の電流と電圧の関係を整理しておく．

抵抗では周波数の大きさにかかわらず電圧の大きさに比例した電流が流れ，その電流と電圧の位相は全く同じである（位相差ゼロ）．インピーダンス R を持つ抵抗における電流と電圧の関係は，周知のとおり，以下のオームの法則で与えられる．

$$v(t) = R \cdot i(t) \tag{1.1}$$

それに対して，コンデンサとコイルでは流れる電流の大きさは電圧の周波数に依存し，電流の位相は電圧の位相と 90 度ずれる．この関係を以下に導いてみよう．

キャパシタンス C を持つコンデンサに周波数 ω の交流電圧 $v(t) = V_0 \exp(j\omega t)$ を印加すると，蓄積される電荷量は $Q(t) = Cv(t) = C \cdot V_0 \exp(j\omega t)$ となる．したがって，コンデンサに流れる電流は，次式のように，この電荷量の時間微

分として与えられる．

$$i(t) = \frac{dQ(t)}{dt} = j\omega C \cdot V_0 \exp(j\omega t) = j\omega C v(t) = \frac{1}{1/(j\omega C)} v(t) \tag{1.2}$$

すなわち，電流は電圧よりも 90 度 $(=j)$ 位相が進んでいることを示している．また，式 (1.2) を書き直すと，

$$v(t) = \frac{1}{j\omega C} i(t) \tag{1.3}$$

となり，そのインピーダンスは $\frac{1}{j\omega C}$ となる．したがって周波数 ω が高いとインピーダンスが小さくなり，電流が流れやすくなる．また，直流において ω は 0 であるため，インピーダンスは ∞ となり，直流電流はコンデンサに流れない（開放状態）ことが分かる．

コイルに時間変化を有する電流（交流または脈流）を流すとコイルに電圧が発生することが，電磁誘導現象として知られている．この比例係数がインダクタンス L であり，$v(t) = L\frac{di(t)}{dt}$ と表される．いま，電流を $i(t) = I_0 \exp(j\omega t)$ とすると，以下の関係が成り立つ．

$$v(t) = L\frac{di(t)}{dt} = j\omega L \cdot I_0 \exp(j\omega t) = (j\omega L)i(t) \tag{1.4}$$

したがって，そのインピーダンスは $j\omega L$ となり，周波数 ω が高いとインピーダンスが大きくなるため電流が流れにくくなる．また，直流において ω は 0 であるため，インピーダンスは 0 となり，電圧降下が起こらない（短絡状態）ことが分かる．式 (1.4) を書き直すと

$$i(t) = \frac{1}{j\omega L} v(t) = -j\frac{1}{\omega L} v(t) \tag{1.5}$$

となり，電流の位相が電圧の位相よりも 90 度遅れていることを示している．

1.4　線形素子回路の周波数特性

1.3 節で説明したように，コイルやコンデンサは周波数によってインピーダンスが変わる．例えば，図 1.4(a) のように構成された分圧回路では，コンデンサのインピーダンスが高周波になると低下するので，周波数によって分圧比が変わる．

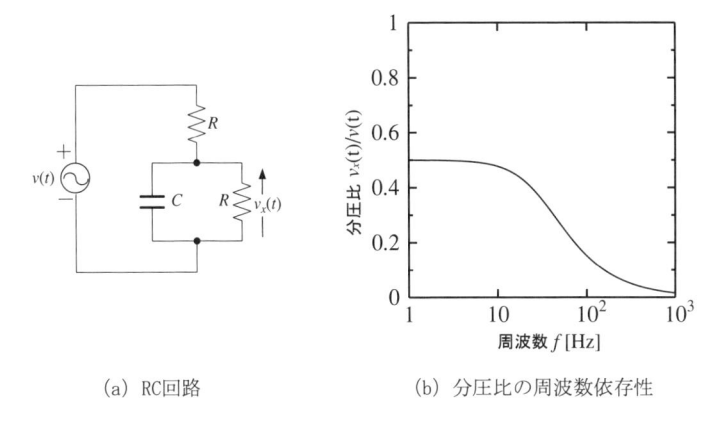

(a) RC回路　　　　　　　　(b) 分圧比の周波数依存性

図 **1.4**　分圧回路の周波数特性

　先に述べたように，電子回路では交流と直流の合成波形である脈流を扱うため，脈流から交流成分のみを取り出す働きがあるコンデンサは，ほぼ100％回路中に何らかの形で登場するし，コイルを利用する電子回路も少なくない．また，電子回路では，一定の周波数ではなく，さまざまな周波数成分が混在した信号を取り扱う用途がかなり多い．したがって，**信号の周波数を変化させた場合に，回路中のコイルやコンデンサがどのような影響を与えるか把握することが，電子回路を理解する上で重要なポイント**となる．また逆に，ある一定の周波数を扱う電子回路においては，「どのようなインダクタンスやキャパシタンスを回路中で使用すべきか」について理解することが重要である．

1.5　キルヒホッフ則

　電子回路では，先述した線形素子に加えて半導体素子が使用されるわけだが，ほとんどの場合，その半導体素子も結局，「電流源や電圧源にRやCが付加したもの」と置き換えて扱う．つまり，

「電子回路は 99％電気回路」

であり，その回路を支配する法則†(次ページ)として，やはり，

「キルヒホッフ則で全てが説明できる」

のである.逆にキルヒホッフ則を本質的に理解できていなければ,電子回路は絶対に理解できない.ここでは,キルヒホッフ則について復習する.

図 1.5(a) にキルヒホッフの電流則を示す.定義は,「導線の一点に流入する電流の代数和はゼロである」となる.このままの文章表現では直感的に分かりにくいので,図 (a) のように考える.すなわち,

「**ある節点(ノード)において,流れ込んだ電流値の総計と流れ出す電流値の総計は等しい**」

と考えたほうがイメージしやすい.具体的には,向きや値が既知の電流成分をまず書き込み,次に,未知の電流成分について向きを自分の好きなように設定する.ここで,最後の未知電流については,図のようにその他の電流成分を用いた計算結果としておくと,未知数を一つ減らすことができる.重要なことは,「**交流を考えるときも必ず電流の向きについて設定しておく**」ことである.なぜなら,交流においても,ある瞬間においては,各線路における電流の向きが必ず決まっている,つまり,直流と見なせるからである.

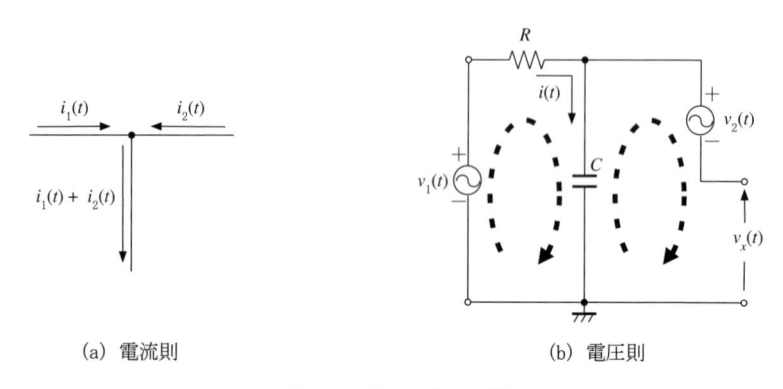

(a) 電流則   (b) 電圧則

図 1.5 キルヒホッフ則

---

† 実際の回路において,磁束の時間変化や空間電荷の変化がある場合には,キルヒホッフ則は厳密には成立しない.そのような「誤差」については,回路に「寄生素子(コイルまたはコンデンサ)」を付加することで吸収させ,対応することがあるが,このことはあまり気にしなくてもよい.つまり,**回路理論では,キルヒホッフ則を公理として扱う**.

キルヒホッフの電圧則の定義は「任意の閉回路中の起電力の代数和はその回路中の抵抗による電圧降下の代数和に等しい」である．これも直感的ではないので，

「閉回路 1 周分について電圧源・電流源による電圧上昇と各素子における電圧降下の和をとると 0[V] になる」

と考える．つまり，1 周してスタート地点に戻ってくるのだから，トータルの電位差がゼロになるのは当然である．また，交流における電圧則においても，先述したように「電圧の正負を必ず設定しておく」ことが肝要である．先の電流則において設定した電流を用いて，この電圧則により 1 周分の電圧計算を行なうと，一つの方程式が作れる．例えば図 1.5(b) の場合，以下のような方程式が立てられる．

$$+v_1(t) - R \cdot i(t) - \frac{1}{j\omega C}i(t) = 0 \tag{1.6}$$

$$+\frac{1}{j\omega C}i(t) - v_2(t) - v_x(t) = 0 \tag{1.7}$$

電子回路においても，このような方程式を複数連立させて，未知の電流，電圧，インピーダンスを求めることで回路の解析を行なう．ここで，電子回路のポイントの一つである電流源について，その端子間電圧は先述したように未知数として設定する必要がある．

1.6　まとめ

本章のポイントは以下のとおりである．

1. 電子回路の役割は信号処理である．
2. 電子回路では「脈流」である信号を直流成分と交流成分に分けて取り扱う．
3. 電子回路では「電流源」の概念とその扱い方がポイントとなる．
4. 電子回路は 99％電気回路である．

演習問題

1. さまざまな応用分野の中でアナログ電子回路はどのような役割を果たしているか．代表的な例について電子回路の役割（用途）を述べよ．
2. 直流・交流・脈流の特徴を比較して示せ．
3. 図 1.6 の回路について以下の問いに答えよ．

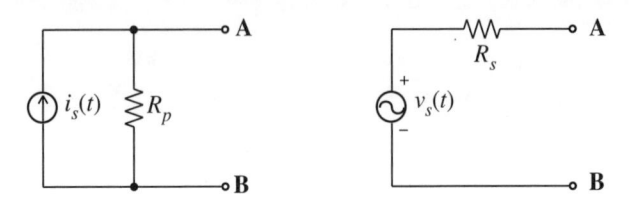

(a) 電流源による電源表現　　(b) 電圧源による電源表現

図 1.6　電流源・電圧源による電源の表し方

 (1) 端子 AB を開放したときに AB 間に現れる電位差（開放電圧）を求めよ．
 (2) 端子 AB を導線で短絡したとき，短絡した導線に流れる電流（短絡電流）を求めよ．
 (3) 端子 AB 間に負荷抵抗 R_L を接続したとき，R_L 両端に現れる電位差（負荷電圧）と R_L に流れる電流（負荷電流）を求めよ．
 (4) 開放電圧，短絡電流，負荷電圧，負荷電流が図 1.6 の (a) と (b) で等しくなるためにはどのような条件が必要か．

4. 図 1.7 の回路について，A 点の電位を求めよ．また，A 点から B 点に流れる電流を求めよ

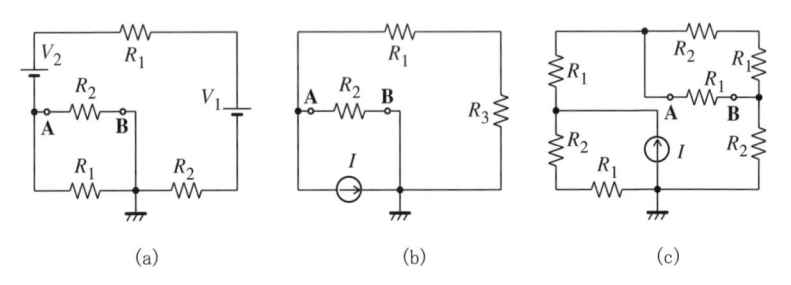

図 1.7　整理すると簡単になる回路の例

5. 図 1.8 の回路について以下の問いに答えよ．ただし，図中の I, V はそれぞれその大きさの直流電源とする．
 (1) それぞれの回路について，キルヒホッフの法則を用いて回路を解析するための方程式を作れ．

(a)　　　　　　　　(b)

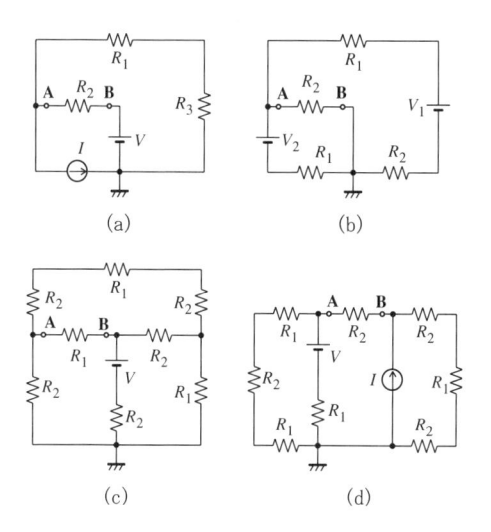

(c)　　　　　　　　(d)

図 1.8　キルヒホッフ則の演習

(2) 図中の A 点の電位および A 点から B 点に向かって流れる電流を求めよ．

6. 図 1.9 はインダクタやキャパシタを含む回路に交流電源を接続した回路である．この回路について以下の問いに答えよ．ただし，図中の交流電圧源 $v_1(t)$，$v_2(t)$ の角周波数はどちらも ω であるとする．

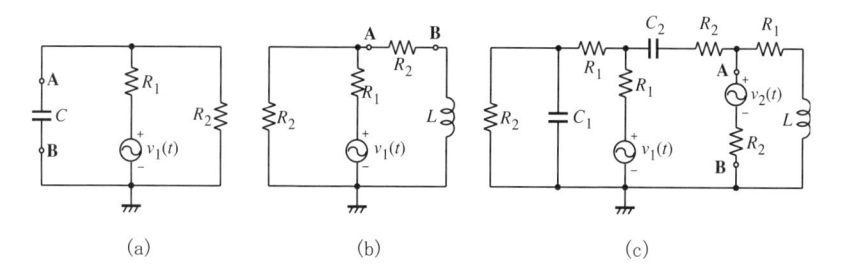

(a)　　　　　　　　(b)　　　　　　　　(c)

図 1.9　交流電源を接続した回路

(1) 周波数が限りなく高い ($\omega \to \infty$) 場合，A 点の電位と A 点から B 点に向かって流れる電流はどうなるか．
(2) 周波数が限りなく低い ($\omega \to 0$) 場合，A 点の電位と A 点から B 点に向かって流れる電流はどうなるか．

第 2 章
半導体デバイスの基礎

　半導体デバイスであるトランジスタと R,L,C を組み合わせると，信号増幅，信号変換などのさまざまな機能が実現できる．電子回路では，どのような複雑な回路でもそれらの基本素子の組合せにより構成されており，トランジスタなどの半導体デバイスは電子回路の主役と言える．したがって電子回路は，半導体デバイスの動作原理をある程度理解した上で学ぶことが望ましい．「半導体」と聞くとアレルギーが起こる学生もいるかもしれないが，半導体で難しいのは，その電気的特性の厳密な導出過程についてであり，ここでは，そのような難しい式は一切出てこないので安心してほしい．重要なことは半導体の電気伝導現象を定性的に捉えることであるが，

　　　　「キャリア（電子および正孔）の拡散現象とドリフト現象」

というポイントさえ分かれば，半導体の本質が容易に理解できるはずである．本章では，半導体の基礎，半導体デバイスの種類と基本原理などについて，できるだけ簡単に説明する．

2.1　半導体の基礎

　固体物質は電気伝導度の観点から 3 種類に分類される．ガラスなどの絶縁体，金属などの導体，そして Si（シリコン）に代表される半導体である．半導体は導体と絶縁体の中間の電気伝導度を持ち，人工的に不純物をドープ（添加）すると，その電気伝導特性を簡単に，かつ何桁にもわたって変化させることがで

きる．このような半導体の特性を利用して，ダイオードやトランジスタなどのさまざまな電気伝導制御素子（デバイス）が発明され，今日のエレクトロニクス社会の基礎となっている．

2.1.1 真性半導体

半導体の電気伝導現象は図 2.1 のような**エネルギーバンド**を用いて説明することができる．シリコン (Si) やガリウムヒ素 (GaAs) などの半導体結晶は，主に共有結合（価電子結合）により構成されている．共有結合を形成している価電子は，金属中の自由電子とは違い，原子核に束縛されて自由に動き回ることができないため，電気伝導に寄与することができない．このような価電子の持つエネルギー値は，図 2.1 の E_V [eV] 以下の**価電子帯**と呼ばれる領域内にある．

半導体中で電流が流れるためには，価電子のエネルギーが何らかの外的要因（光や熱など）により増加し，原子核の束縛から離れなければならない．このように原子核の束縛から離れた電子のエネルギー状態は，図の E_C [eV] 以上の**伝導帯**と呼ばれる領域にあり，金属中の自由電子のように半導体中を自由に動き回り，電気伝導に寄与することができる．このイメージを図 2.2 に示す．

E_C と E_V の間には数 eV 程度のエネルギー差が有り，言い換えればこのエネルギー差が，価電子が原子核の束縛を離れる（共有結合が切れる）ためのエネルギーに相当する．この E_C と E_V の間のエネルギー差 E_G を**バンドギャップエネルギー**と呼び，理想的な半導体では電子がバンドギャップ中のエネルギー状態をとることはできない．また，共有結合が切れ電子が一つ離脱すると，後には電子の抜けた穴（未結合手）が一つ取り残されるが，半導体工学ではこの穴

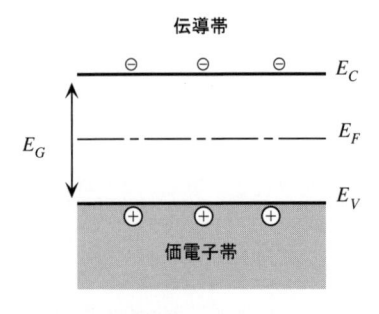

図 2.1 半導体のエネルギーバンド 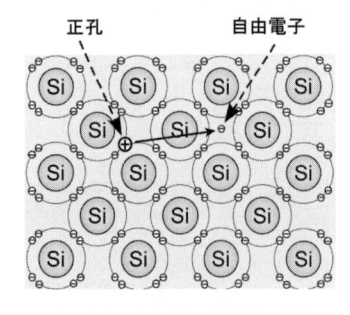　　　図 2.2 共有結合の模式図 (Si)

を正孔（ホール）と呼び，正電荷を持つ荷電自由粒子と見なして取り扱う．純粋な半導体結晶の場合，室温程度のエネルギーでは価電子帯から伝導帯に移動（**遷移**）する電子の数は少ないため高抵抗であり，このような半導体を真性半導体（i 型半導体）と呼ぶが，「理想的な真性半導体」は世の中に存在しない．また，**実際のデバイスに用いるのは，次に述べる不純物半導体**である．

2.1.2 不純物半導体

高抵抗な真性半導体に対し，不純物をドープ（添加）した半導体では，マイナス電荷である電子，あるいはプラス電荷である正孔のいずれかが発生し抵抗が小さくなる．図 2.3 に IV 族元素である Si の結晶中に V 族元素である P（リン），または，III 族元素である B（ボロン）をドープした様子を示す．図 2.3(a) の場合，リンは周囲の Si 原子と 4 組の共有結合を形成した結果，電子が一つ余る．この電子は共有結合に関与していないため，電気伝導に寄与することができる．逆に図 2.3(b) の場合には，電子が一つ足りないため正孔が生成し，自由に動けるようになる．したがって，**半導体の導電率はドープした不純物濃度にほぼ比例して増加**させることができる．

ここで，これらの電気伝導に寄与できる電子や正孔を**キャリア**と呼び，そのうち数が多いほうを多数キャリア，少ないほうを少数キャリアと呼ぶ．**少数キャリアと多数キャリアの差は，少なくとも 8 桁以上**にもなる．また，**電子を多数キャリアとする半導体を n 型半導体，正孔を多数キャリアとする半導体を p 型半導体**と呼ぶ．ドープした不純物（ドーパントと呼ぶ）はその性質から二つに分類され，図 2.3 の P のように電子を生成するものをドナー，B のように正孔

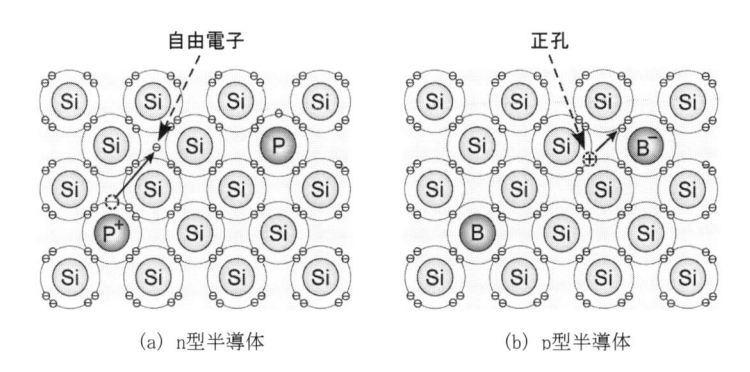

(a) n 型半導体 (b) p 型半導体

図 **2.3** 不純物半導体（外因性半導体）

を生成するものを**アクセプタ**と呼ぶ．

2.2　pn 接合とダイオード

図 2.4 に pn 接合の形成過程の概念図を示す．p 型半導体と n 型半導体を接合すると，

> 「n 型半導体中の多数キャリアである電子は，拡散現象によって，電子がほとんど存在しない p 型半導体側に移動」

する．**拡散現象**とは，「ある空間に自由粒子が濃度分布を持って存在するとき，粒子はその濃度勾配に沿って，濃度が均一になるように移動しようとする」現象であり，この世の中の全ての自由粒子またはエネルギーについて起こる．同様に，p 型半導体中の多数キャリアである正孔は，拡散によって n 型半導体側に移動する．その結果，接合界面（境界面）付近では，この電子と正孔とが打ち消しあって（このことを**再結合**と呼ぶ）キャリアがほぼ存在しない高抵抗領域

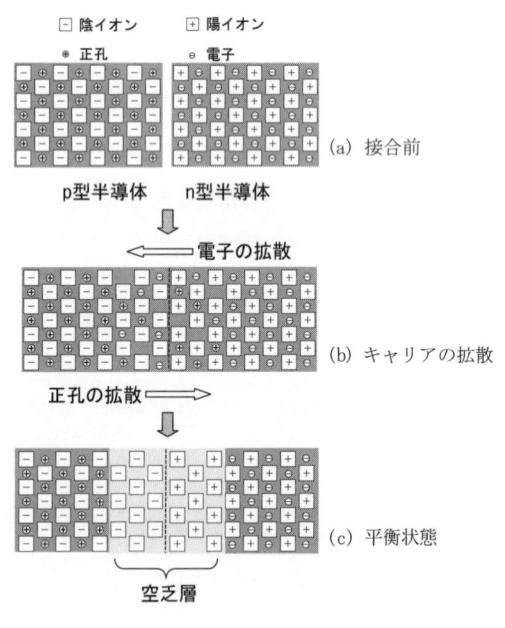

図 **2.4**　pn 接合概念図

（**空乏層**と呼ぶ）が形成される．このとき，空乏層には図 2.4(c) のようにドーパント不純物のイオン（図では□で表記．共有結合しているため移動はできない）のみが電荷として局在するため，接合界面付近に電位差 V_B（**内蔵電位**または**拡散電位**と呼ぶ）が生じエネルギー障壁 qV_B が形成される．

pn 接合のエネルギーバンド構造を図 2.5 に示す．図 (a) のように，先述した接合部の障壁は，拡散現象による電子や正孔の移動を妨げる方向に形成されている．この障壁の高さ（内蔵電位）は，Si ダイオードの場合 0.6〜0.8V ぐらいとなる．

まず，pn 接合間に外部電圧が印加されていない場合（図 (a)）を考える．pn 接合近傍にある p 型側の電子は，内蔵電位 V_B による電界により n 型側にクーロン力を受け移動する（これを**電界ドリフト**と言う）．しかしながら，

「**p 型半導体中の少数キャリアである電子の数は極めて少ないため，この電界ドリフトにより流れる電流は非常に微小**」

である．このドリフト現象は n 型側の少数キャリアである正孔についても同様に起こっている．逆に，拡散による電子（n 型領域から p 型領域へ）および正孔（p 型から n 型へ）の移動も，障壁を乗り越えてわずかながら発生しているが，

「**拡散による電流は，その逆方向のドリフト電流と完全に釣り合っており，結果的に電圧印加無しでは接合間を流れる電流の総和はゼロ**」

となっている．

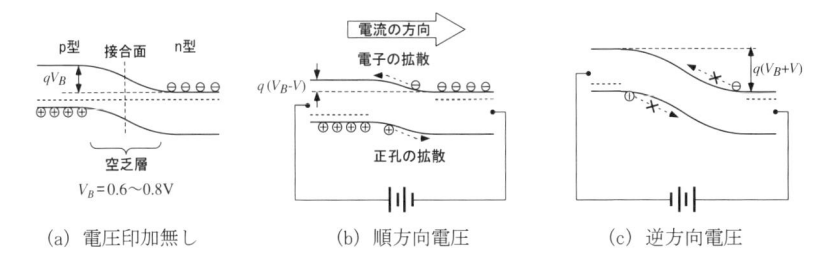

(a) 電圧印加無し　　(b) 順方向電圧　　(c) 逆方向電圧

図 **2.5** pn 接合のエネルギーバンド構造

次に，p型半導体側に正の電圧を加えた場合（順方向電圧）には，図2.5(b)のように，電子から見たp型領域の伝導帯の位置が低くなる，すなわち空乏層におけるエネルギー障壁は低くなる．つまり，外部からの印加電圧によって，内蔵電位の一部が打ち消された状態になる．したがって，

「拡散電流とドリフト電流との均衡が崩れ，拡散電流が急激に増加」

する．逆に，p型半導体側に負の電圧（逆方向電圧）を加えると，図2.5(c)のように，エネルギー障壁は電圧印加無しの場合より印加電圧分だけ高くなる．この場合，拡散電流はほとんど流れず，逆方向ドリフト電流が主に流れるが，電圧印加無しの場合でも述べたように，

「少数キャリアの数は絶対的に少ないため，ドリフト電流は非常に微小」

であり，電流値はほぼゼロと見なして差し支えない．以上のように，pn接合では，順方向電圧（p型が正）を加えると電流が流れやすく，逆方向電圧（n型が正）をかけるとほぼ流れないという性質（＝**整流性**）が発現する．このように，p型半導体とn型半導体を積層した二端子素子を**pn接合型ダイオード**と呼ぶ．ダイオードとは二端子電子素子の意だが，一般的には整流器のことを指す．

2.3 ダイオードの種類

表2.1に半導体ダイオードの種類と応用例を示す．ショットキーダイオードは，pn接合ではなく金属と半導体の接合で構成されており，特殊な用途にしか使われない．また，順方向がN字特性で負性抵抗領域を有するエサキダイオードは，ノーベル物理学賞受賞者の江崎玲於奈博士による日本の誇る大発明であ

表 2.1 半導体ダイオードの種類と応用

名　　称	機能・特徴	応用回路
pn型整流ダイオード	整流	電源回路
ツェナダイオード	ツェナ効果	波形整形回路，基準電圧回路
ショットキーダイオード	整流	高周波検波回路
エサキダイオード（トンネルダイオード）	負性抵抗特性	メモリ，発振回路
発光ダイオード，レーザダイオード	発光	表示，光源

るが，これもほとんど実用はされていない．また，発光素子である発光ダイオード (LED) やレーザダイオード (LD) の基本構造は pn 接合である．本書では一般的に広く用いられている pn 型の整流ダイオードと，後述する降伏現象を利用したツェナダイオードのみを取り扱う．

2.4　ダイオードの電圧・電流特性（直流）と回路記号

pn 接合型ダイオードを流れる電流は次式で与えられる（導出については半導体工学の専門書を参照）．

$$I = I_S \left\{ \exp\left(\frac{qV}{nkT}\right) - 1 \right\} \tag{2.1}$$

ここで，I_S（逆方向飽和電流），q（電気素量：1.60×10^{-19}C），n（**ダイオード係数**），k（ボルツマン定数：1.38×10^{-23}J/K）は定数であり，T は使用温度 [K]，V は印加電圧 [V] である．通常，T は室温で一定と仮定する．この式のグラフを図 2.6 に示す．順方向電圧では，電流が指数関数的に増大することが式からも分かる（ある程度の電圧をかけると，-1 は無視できるようになる）．また，逆方向電圧をかけていくと，exp 項が急激に減少していくため無視できるようになり，結果的に電流値は，$-I_S$ で一定となる．I_S は通常，nA～pA オーダーであるため，逆方向電圧では電流はほとんど流れないと見なせる．ちなみに，理想ダイオード特性においては，ダイオード係数 n は 1 であるが，実際のダイオードでは 1～2 の間の値をとることが経験的に知られている．つまり，ダイオード係数は，ダイオードの特性がどれだけ理想特性に近いかを示す指

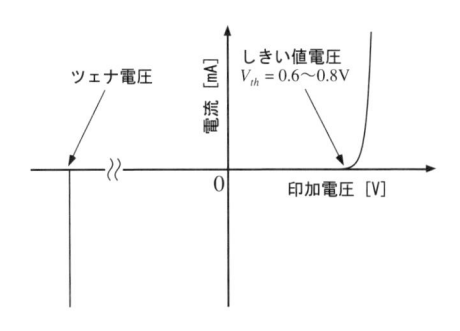

図 **2.6**　理想ダイオードカーブの例

標であり，本書では簡単のために $n=1$ として扱う．

また，実際のダイオードでは，ある一定以上の逆方向電圧を加えると，**突然大きな逆方向電流が流れ始める**．これを**接合の降伏**と呼び，その現象にはいくつかの異なる原因がある．その中で，量子力学的なトンネル効果に起因する降伏現象を**ツェナ降伏**と呼び，急激に電流が流れ始める電圧をツェナ電圧と呼ぶ．これを利用した**ツェナダイオード**は，第 9 章で述べる電源回路における定電圧回路などに応用されている．

これまで述べてきたように，全てのダイオードは，回路的には電流を流しやすい順方向と流しにくい逆方向があるので，その回路記号では図 2.7 のように電流の流れやすい方向を矢印の向きで示す．現実には，ダイオードの構造上，静電容量成分や逆方向の漏れ電流を表す漏れ抵抗成分があるので，厳密な等価回路としては図 2.8 のように表され，特に高周波時には静電容量が回路特性に効いてくるので注意が必要である．

図 2.7　ダイオードの回路記号　　図 2.8　ダイオードの厳密な等価回路

2.5　バイポーラトランジスタ (BJT)

半導体を用いると，電流や電圧の増幅作用を持つトランジスタを形成できる．主なトランジスタとして，先述した pn 接合の特性を応用したバイポーラトランジスタ（BJT：Bipolar Junction Transistor，接合型トランジスタ）と，それとは別の原理で動作する電界効果トランジスタ (FET) の 2 種類がある．電子回路における，信号の増幅・発振・制御などの基本はこれらのトランジスタの働きを利用したものである．また，IC や LSI などの集積回路はトランジスタを用いた回路を多数組み合わせて構成したものであるが，コンピュータ（ディジタル処理）用集積回路はほとんど全て FET で構成されており，BJT は主にアナログ集積回路で用いられる．

2.5.1 バイポーラトランジスタの動作原理

バイポーラトランジスタは，pn接合にさらにもう一つのnあるいはp型半導体を接合したもので，pn接合を二つ背中合わせにした構造になっており，図2.9のようにnpn型とpnp型の2種類がある．したがって**トランジスタは，抵抗やダイオードなどの二端子素子とは違い，エミッタ（E），ベース（B），コレクタ（C）の三つの電極を持つ三端子素子**である．

ここで，図2.9(a)のnpn型トランジスタを例にトランジスタの動作を簡単に説明する．図に示すようにトランジスタは，基本的に，

「ベース–エミッタ間の**pn**接合に順方向電圧，ベース–コレクタ間に
逆方向電圧を印加」

して使用する．B-E間は順方向電圧印加状態のpnダイオードと同様であるから，

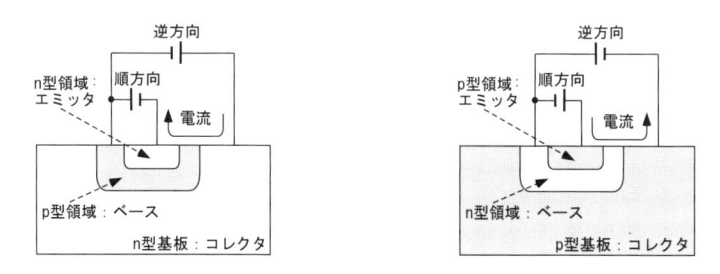

バイポーラトランジスタの構造

エネルギーバンド構造

   (a) npn型トランジスタ   (b) pnp型トランジスタ

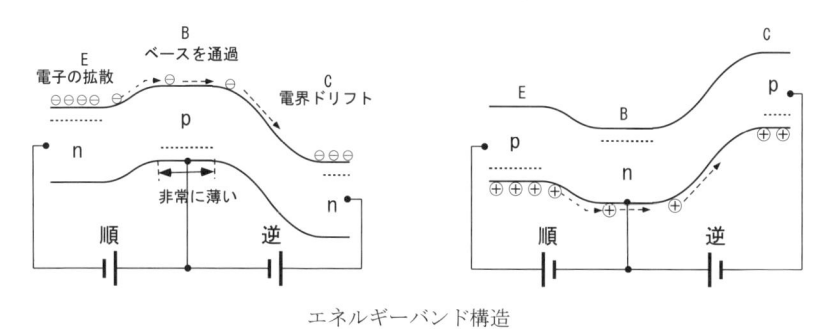

図 **2.9** バイポーラトランジスタの構造（断面図）とエネルギーバンド

「ベース – エミッタ間には多数キャリアの拡散現象による拡散電流」

が流れる．ただし，n 型半導体であるエミッタ領域において，多数キャリア密度すなわち電子濃度は，ベースの多数キャリアである正孔濃度より十分大きくなるように設計されているので，「npn 型トランジスタでは，エミッタを流れる電流は主に電子の流れ」によって生じる．また，ベースの p 型層は非常に薄い（nm オーダー）ため，

「エミッタからベースに進入した電子は，そのほとんどが正孔と再結合せずに，拡散によりベース領域を通り抜ける」

ことができ，B-C 間の空乏層まで到達する．一方，B-C 間の空乏層には，ベース領域の電子を引き込むように電界（逆方向電圧）が加わっているので，

「電子は電界ドリフトによってコレクタに吸い込まれる」

ことになり，これがコレクタ電流となる．また，ベース領域を通過していく間に，エミッタから注入された電子のごく一部（〜1 %）は p 型層の多数キャリアである正孔と再結合し，これにより不足した正孔はベース電極より補給される．この補給分がベース電流である．このような電子の移動経路を図 2.10 に示す．ここで注意してほしいのは，電子の流れと電流の方向とは，当然ながら反対となっていることである．

以上をまとめると，「**npn** 型トランジスタにおいて，**B-E** 間に順方向電圧，**C-B** 間に逆方向電圧を印加すると，ほとんどの電子はエミッタからベースを通過してコレクタに到達するが，ごく一部の電子はベース領域で再結合して微小なベース電流を形成する」となる．なお，pnp 型トランジスタの場合は，電流に寄与するのは主に正孔となるため，図 2.9(b) のように電圧の与え方と電流の

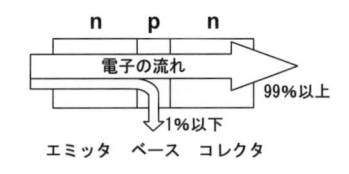

図 **2.10** npn 型トランジスタ中の電子の流れ

方向に注意が必要だが，動作原理は npn 型と同様である．

2.5.2　バイポーラトランジスタの静特性（直流特性）

バイポーラトランジスタの回路記号を図 2.11(b) に示す．矢印の向きは，ダイオードの記号と同様にエミッタ電流の方向を示している．BJT の直流特性を理解する際に，図 2.12 のような**エバースモルモデル**と呼ばれるトランジスタの等価回路を用いると便利である．ただし，**この等価回路はトランジスタの特性を考察するためのもので，基本的に回路解析には用いないので注意する**．

図 2.11(c) のように npn 型トランジスタのエミッタを接地し，ベース電流をパラメータにした場合，図 2.13 のような静特性（直流特性）が得られる．npn 型トランジスタを考えているので，図 2.12 における B-E 間の pn ダイオードは順方向電圧印加状態（ベースに対してエミッタが負電位）になっている．ま

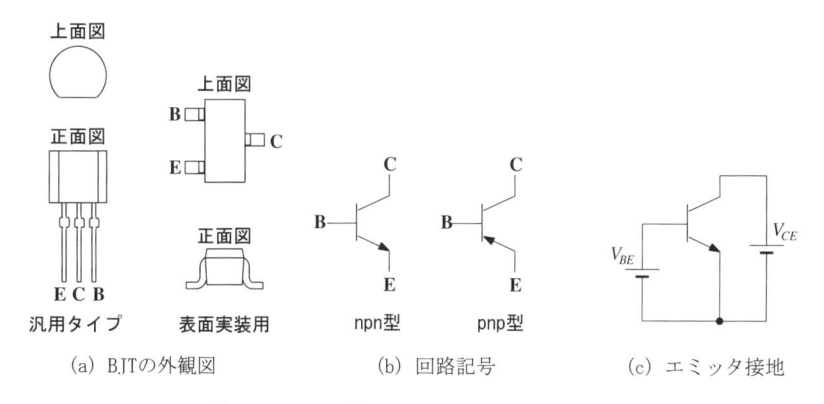

(a) BJT の外観図　　(b) 回路記号　　(c) エミッタ接地

図 **2.11**　バイポーラトランジスタの回路記号

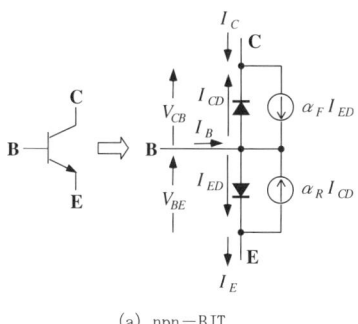

(a) npn－BJT

図 **2.12**　エバースモルモデル†(次ページ)

(a) I_C-V_{CE} 特性

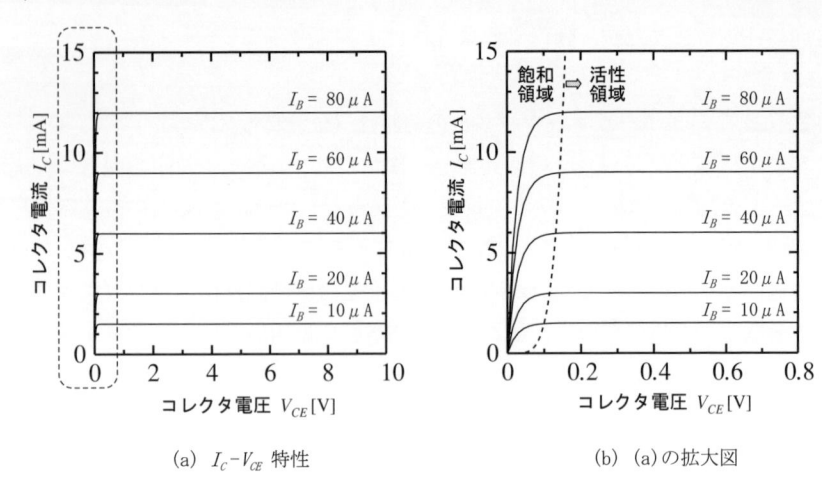

(b) (a)の拡大図

図 2.13 理想エミッタ接地静特性の例

た，B-C 間の pn 接合が逆方向電圧印加状態（ベースに対してコレクタが正電位）になった場合には，先述したようにエミッタから注入された電子（エミッタ電流）のほとんどがコレクタに流れ込む．したがって，エミッタ側のダイオード電流 I_{ED} の α_F 倍（$\alpha_F \simeq 1$）の一定電流がコレクタに流れているとして，この状況を図 2.12 の右上のような電流源として表す．

もし，B-C 間の pn 接合を順方向電圧印加状態にしたとすると，コレクタからベースへ電子が拡散する（ベースからコレクタに拡散電流が流れる）ことになる．そこで，この効果を表すために，B-C 間についても図 2.12 のようにやはり pn ダイオードを考える．したがって，コレクタ電流はダイオードの式 (2.1) を参照して以下のように表される．

$$I_C = \alpha_F I_{ED} - I_{CD} \\ = \alpha_F I_{E0}\left\{\exp\left(\frac{qV_{BE}}{kT}\right) - 1\right\} - I_{C0}\left\{\exp\left(\frac{-qV_{CB}}{kT}\right) - 1\right\} \quad (2.2)$$

ここで，I_{E0} および I_{C0} は，それぞれ，エミッタ側とコレクタ側のダイオードにおける逆方向飽和電流である．また，V_{CB} が正のとき，コレクタ側のダイオードは逆方向電圧印加状態となるため，式 (2.2) の右辺第二項の exp 項には負号

† エバースモルモデルのより詳しい説明は付録 B を参照.

がついている．図 2.11(c) のようにエミッタを接地している場合は，ベースには正の電圧 V_{BE} が印加されているが，ベース－コレクタ間には直接電源をつないでいるわけではないので，ベースに対するコレクタの電位 V_{CB} は，以下の式で与えられる．

$$V_{CB} = V_{CE} - V_{BE} \tag{2.3}$$

ここで，V_{BE} として一定電圧を印加すると，エミッタ側のダイオードに流れる電流は常に一定となるので，式 (2.2) の右辺第一項は一定値となる．

まず，「V_{CE} がゼロの場合」を考える．このとき，B-E 間だけでなく B-C 間においても，順方向の電位差 V_{BE} が印加された pn ダイオードとなるので，電子の拡散による電流がベースからコレクタに向かって流れる．ここで，I_C において，式 (2.2) における右辺の第一項と第二項はほぼ釣り合う[†]．つまり，エミッタからベースを横切ってコレクタに流れ込む電子による正方向電流と，コレクタからベースに拡散する電子による逆方向拡散電流とはほぼ等しくなる．したがって，図 2.13(b) のように V_{CE} がゼロのときの I_C はゼロと見なせる．

次に正電圧「V_{CE} が小さい場合」を考える．V_{CE} を 0[V] からしだいに増加させると，B-C 間に印加されていた順方向電圧が減少していき，電圧印加無しの状態に近づいていく．それに伴って B-C 間の逆方向電流が減少していくため電流のバランスが崩れ，正方向の I_C が増加していく．このときの増加特性は当然式 (2.2) で表されるが，右辺第二項の exp 成分が急激に減少していくことに起因する特性となる．さらに，$V_{CE} > V_{BE}$ となると，B-C 間の pn 接合は逆方向電圧印加状態となるが，この付近から後述するように I_C の増加が飽和していく．図 2.13(b) に示されているように，「V_{CE} がゼロからこの飽和地点までの領域」を**飽和領域**と呼ぶ．

正電圧「V_{CE} が十分大きい場合」には，V_{CB} も正なので B-C 間の pn ダイオードは逆方向電圧印加状態となり逆方向拡散電流はほとんど流れないため，図 2.12 の B-C 間のダイオードおよび B-E 間の電流源は開放と見なすことがで

[†] $\alpha \simeq 1$ であり，I_{C0} と I_{E0} は同材料であればほぼ等しい値となる．

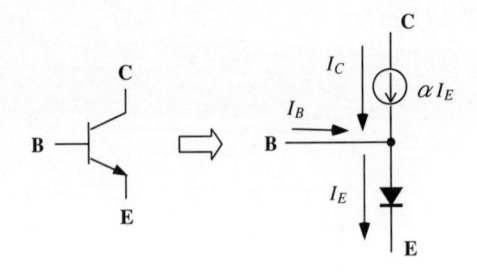

図 2.14 通常動作時（活性領域）のエバースモルモデル

き，この状態では，図 2.14 のようなモデルが適用できる．つまり，式 (2.2) の右辺第二項が無視できるほど小さくなった状態である（→**演習問題 7**）．したがって，図 2.13(b) のように V_{CE} を増加（それに伴い V_{CB} も増加）させてもコレクタ電流は変化せず（式 (2.2) において V_{CE} 依存性が無くなっている）一定値をとる†．したがって，式 (2.2) は以下の式のように書き換えられる．

$$I_C = \alpha I_{E0} \left\{ \exp\left(\frac{qV_{BE}}{kT}\right) - 1 \right\} = \alpha I_E \tag{2.4}$$

ここで $\alpha = \alpha_F$ である．このように「コレクタ電流 I_C がコレクタ電圧によらず一定値をとる領域」のことを，**活性領域**または**能動領域**と呼び，基本的に，

「アナログ電子回路では **BJT** を活性領域において使用する」

ことを必ず念頭に入れておく．また，付録 D に pnp 型バイポーラトランジスタの場合について解説したので参照して欲しい．

これまでの説明を整理すると，キルヒホッフの電流則により，ベース電流 I_B，コレクタ電流 I_C，エミッタ電流 I_E の間には次のような簡単な関係が導ける．

$$I_B = I_E - I_C = I_E - \alpha I_E = (1-\alpha)I_E \quad \alpha = I_C/I_E \tag{2.5}$$

ここで，「α は電流伝送率あるいはベース接地（後述）における電流増幅率」と呼ばれ，おおよそ $0.99 < \alpha < 1$ である．つまり，I_C は I_E の 99 % 以上となっ

---

† 実際のトランジスタではアーリー効果（付録 C 参照）により一定値をとらないが，本書では活性領域でコレクタ電流は一定値をとると見なす．

ていることを示した式である．また，I_B のほうを基準とすると，

$$I_E = I_B + I_C = I_B + \beta I_B = (1+\beta)I_B \quad \beta = I_C/I_B \qquad (2.6)$$

となる．ここで，「β はエミッタ接地における電流増幅率」と呼ばれ，シリコンバイポーラトランジスタでは 100〜800 程度である．この α や β はトランジスタの構造によって決定されるのだが，ここで重要なことは，電子回路を解析する上で，

「α や β はトランジスタ固有の定数と見なしてよい」

ということである（なぜそうなるかは，半導体工学の専門書を参照）．活性領域において，I_C は V_{CE} を増加させても変化しないが，I_B を増加させるとそれに比例して増加するため，図 2.13(b) では I_B をパラメータとして用いて何本かの I_C-V_{CE} 特性が描かれているわけである．もちろん，I_B の与え方によって I_C-V_{CE} 特性は何通りにも描けるものであり，図 2.13(b) ではトランジスタの静特性を捉えるための目安（実際にトランジスタを使用する際の電圧電流レンジを踏まえて描かれている）として，5 本だけピックアップして描かれているにすぎない．

結論として，図 2.11(c) のエミッタ接地回路において，

「あるベース電流が与えられると，コレクタ電流やエミッタ電流はベース電流を数百倍程度の一定倍率で増幅した値となる」

ことになり，これがすなわち，**トランジスタの増幅動作の基本原理**である．つまり，ベースに電流を信号として入力すると，一定倍された電流信号がコレクタから出力されるため，この回路は電流増幅回路として応用可能であることが分かる．また，第 3 章以降で述べられているように，抵抗などを組み合わせることで，電圧信号の増幅回路を構成することもできる．

2.6　電界効果トランジスタ (FET)

電界効果トランジスタ（FET：Field Effect Transistor）は CPU やメモリなどのディジタル集積回路に必要不可欠な構成素子であるが，アナログ回路にお

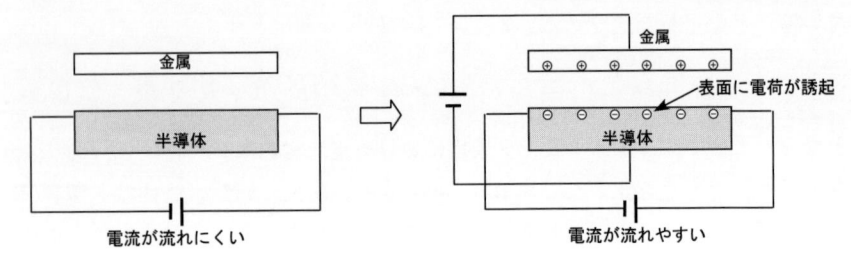

図 2.15　MIS-FET の動作原理概念図

いても多種多様な用途があり，中でも大電力用途において非常に重要な位置を占めている．

FET はゲート (G)，ソース (S)，ドレイン (D) の三つの電極を持つ三端子素子であるが，その動作原理はバイポーラトランジスタとまったく異なる．その基本的なイメージは図 2.15 のようなコンデンサである．片方の電極を金属，もう片方を半導体としたコンデンサを考える．電極間に電圧をかけると，金属電極側に誘起した電荷に対応するように半導体表面にも電荷が現れるはずである．半導体は金属とは違い，電気伝導に寄与するキャリア濃度がもともと低いため，誘起したキャリアの影響で半導体表面の導電率が上がり，電流が流れやすくなる．FET は，このような考え方を元にして電流を制御する素子である．

電界効果トランジスタにはさまざまな構造があるが，ここでは最も一般的な「**MIS-FET**」について説明する．MIS-FET は図 2.16 のように「**金属-絶縁体-半導体**」という構造をしており，MIS とはすなわち Metal-Insulator-Semiconductor の略である．ここでほとんどの場合，絶縁体としてシリコン酸化膜 (Oxide) を用いるため，「**MOS-FET**」とも呼ばれる．ちなみに，この絶縁膜は極めて薄く，静電気で破壊される恐れがあるため，MIS-FET や MIS-IC の取扱いには注意が必要である．

まず，図 2.16 のように，p 型半導体に n 型のソースとドレインが埋め込まれた MIS-FET において，「ゲート電極に電圧を印加しない場合」は，図 2.16(a) のようにソース-ドレイン間に電圧を加えても，n-p-n 構造すなわちダイオードを背中合わせに二つ繋げた構造になっているため，電流は流れない（中心の p 型領域は厚くしかもそこに電極が無いため，npn 型トランジスタとはまった

2.6 電界効果トランジスタ (FET)

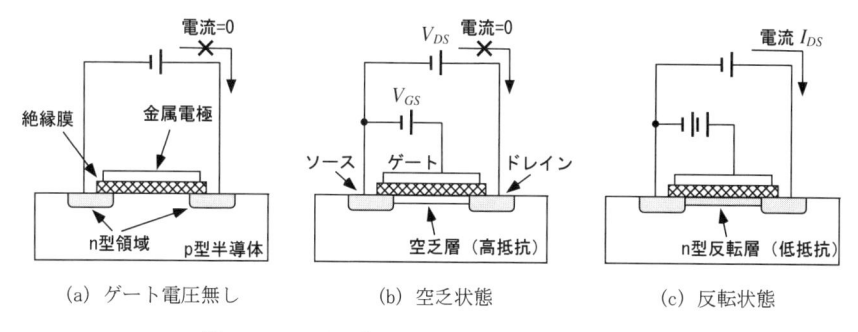

(a) ゲート電圧無し
(b) 空乏状態
(c) 反転状態

図 2.16 n チャネル MIS-FET の構造（断面図）

く状況が違うことに注意）．

次に，図 2.16(b) のような「正のゲート電圧を加えた場合」を考える．ゲート電極の正電荷に対応して，半導体表面（絶縁体/半導体界面）に負の電荷が誘起するためには，

「多数キャリアである正孔（正電荷）が表面から追い出され，アクセプタイオン（負電荷）のみが存在する空乏層が表面に形成される」

必要がある．ここで，電子は少数キャリアであるため，負電荷として表面に誘起する量は極めて少ない．このような状況を「**空乏状態**」と呼び，半導体表面にキャリアがほとんど存在しないため，S-D 間の p 型領域の導電率はむしろ低くなってしまう．

次に，「さらに高い正のゲート電圧を印加した状態」が図 2.16(c) である．厳密な原理は半導体工学の専門書を参照してほしいが，強い電界が絶縁体−半導体界面に形成されることによって，価電子帯から伝導帯への電子の遷移が可能となるため，表面に誘起する負電荷として電子が寄与できるようになる．さらに電界が強くなると，p 型半導体であるにもかかわらず，

「**表面においては電子濃度が正孔濃度より高くなり，見かけ上 p 型から n 型に変化（反転）**」

する．この状態を「**反転状態**」と呼び，半導体表面における電子濃度が増大す

るため反転領域での導電率が高くなり，また，S-D 間は n-n-n 接合の状態になるため，電圧を印加することで電子をキャリアとしたドリフト電流を流せるようになる．このようにして形成されたS-D 間の電流経路を「チャネル」と呼び，図 2.16(c) のように伝導電子によって形成される場合には n チャネル，逆に正孔がキャリアの場合には p チャネルと呼ぶ．したがって，MIS-FET では，ゲート電圧を入力とし，S-D 間の電流（ドレイン電流）が出力となる．ここで重要なのは，入力（ゲート）側に絶縁膜があるので，

「**MIS-FET では，素子内部に入力電流が流れない**」

ことである．

これまで説明してきた FET では，反転層が形成されなければ，ソース–ドレイン間に電圧をかけても電流は流れないが，このようなタイプの FET を**エンハンスメント型（E 型）**と呼ぶ．これに対して，チャネル領域をソースやドレイン領域と同じ伝導型にする（図 2.16 では p 型から n 型にする）と，ゲート電圧の正負の切替えにより，「多数キャリアを表面に誘起することで S-D 間の電流を増加させる」蓄積状態と，「空乏層を形成することで電流をオフにする」空乏状態を制御できる．このようなタイプを**ディプレション型（D 型）**FET と呼ぶ．さらに，どちらも n チャネルと p チャネルがあるので，計 4 タイプの MIS-FET が用いられている．MIS-FET の回路記号は，図 2.17 のように表されるが，入力電流が流れないという意味で，どの記号においてもゲート電極が離れている．

図 2.18 にゲート電圧をパラメータとしたときの，MIS-FET（n チャネルエン

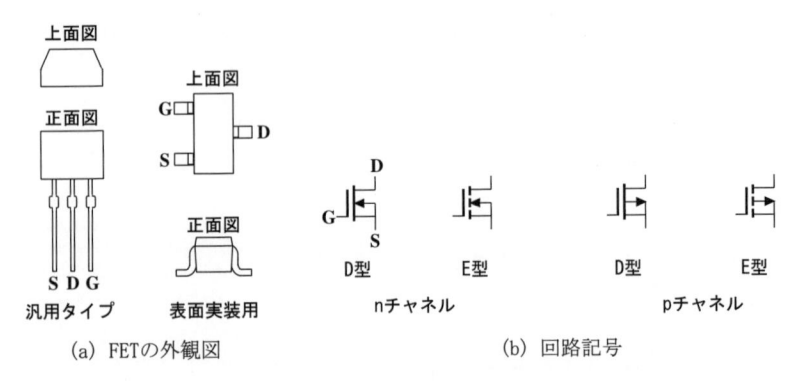

(a) FETの外観図　　　　　　　　(b) 回路記号

図 **2.17**　MIS-FET の回路記号

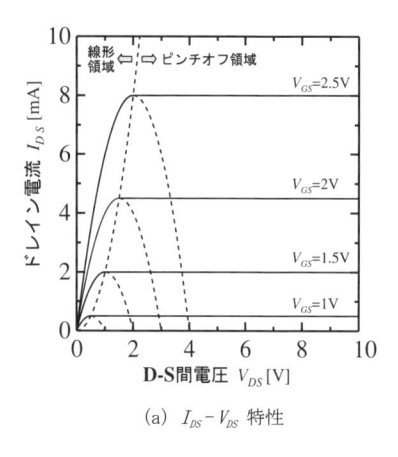

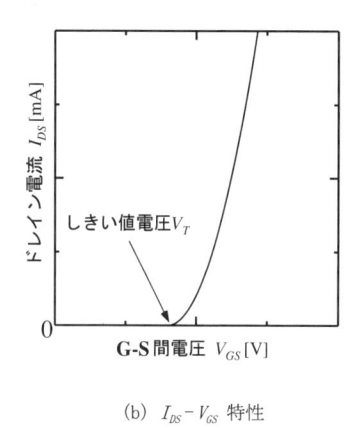

2.6 電界効果トランジスタ (FET)

図 2.18 理想 MIS-FET の静特性の例

(a) I_{DS}-V_{DS} 特性　(b) I_{DS}-V_{GS} 特性

ハンスメント型）の静特性を示す．MIS-FET においてソース–ドレイン間電圧を増加させていくと，「ピンチオフ」という現象が起こり，バイポーラトランジスタと同様に電流値が飽和する（詳細は半導体の専門書を参照）．図 2.18 に示すように電流値が飽和するまでの領域を**線形領域**または**非飽和領域**，飽和した後の領域を**ピンチオフ領域**または**飽和領域**と呼ぶ．ここで，先述した「バイポーラトランジスタにおける飽和領域」とは言葉の使われ方が逆転しているので，混乱しないように注意する必要がある．FET においても，基本的に

「アナログ増幅回路には電流が一定値をとるピンチオフ領域を使用する」

ことを念頭に入れておく．

図 2.18(a) の特性は以下の式で表される（導出は半導体の専門書を参照）．

$$I_{DS} = \gamma \left\{ (V_{GS} - V_T) V_{DS} - \frac{1}{2} V_{DS}^2 \right\} \quad (V_{GS} - V_T \geq V_{DS}) \tag{2.7}$$

$$I_{DS} = \frac{\gamma}{2} (V_{GS} - V_T)^2 \quad (V_{GS} - V_T \leq V_{DS}) \tag{2.8}$$

ここで，V_T はしきい値電圧と呼ばれ，図 2.18(b) に示されるようにドレイン電流が流れ始めるときのゲート電圧の値を示している．また，γ は FET 固有の定数で，素子構造によって変化する．式 (2.7) は V_{DS} の二次関数であるので，図 2.18(a) の線形領域では逆向きの放物線の特性となる．V_{DS} を増加させ，

$V_{DS} = V_{GS} - V_T$ のときに放物線が最大値をとると，それ以降はピンチオフ領域となり，式 (2.8) で表されるような一定値をとる．先述したように FET はピンチオフ領域において使用するため，実質的には式 (2.8) が FET の電圧・電流特性を表す式となる．FET によりなぜ信号増幅が可能となるのかについては，第 3 章で述べる．

2.7 まとめ

本章のポイントは以下のとおりである．

1. pn 接合の接合部分には，エネルギー障壁（内蔵電位）が形成されている．
2. pn 接合に順方向電圧を加えると障壁が低下し，急激に拡散電流が流れる．
3. バイポーラトランジスタでは，小さなベース電流（入力）により，その数百倍のコレクタ電流（出力）を制御できる．
4. MIS-FET では，ゲート電圧により，ドレイン電流を制御できる．
5. MIS-FET では，素子内部に入力電流が流れない．

演習問題

1. 温度の変化に対して半導体の抵抗はどのように変わるか調べよ．
2. Si 中に添加したとき，ドナーとなる元素は何か．またアクセプタとなる元素は何か．また，それらを Ge 中に添加するとどうなるか．
3. pn 接合ダイオードに電圧を加える場合，電流が流れやすい極性と流れにくい極性がある．これはなぜか．また，どのような極性の場合に電流が流れにくくなるか．
4. pn 接合ダイオードを電源回路に使用する場合，どのような機能を利用していると考えられるか．
5. ダイオードの電圧・電流特性は式 (2.1) で表される．$n = 1.4$, $T = 300\text{K}$, $I_s = 2\text{nA}$ とするとき，0.1mA の電流を流すのに必要な電圧を求めよ．さらに，1mA, 10mA についても求めよ．
6. pnp 型トランジスタと npn 型トランジスタの差異を比較せよ（付録 D 参照）．
7. V_{CE} が十分大きいとき，式 (2.2) の右辺第二項が無視できるほど小さくなることを示せ．
8. エミッタ電流を一定にしたとき，コレクタ電流はコレクタ電圧によらず一定値をとるのはなぜか．
9. β を α を用いて表せ．
10. FET を用いると入力インピーダンスが高い増幅回路を構成できる．これはなぜか．

第3章
バイアスと信号増幅

　本章では，半導体素子の交流特性を考えることで，バイアスの概念と信号増幅の原理について学ぶ．また，複雑な動作をする半導体素子を，回路上でなるべく簡単に扱うための等価回路表現およびその理論特性について説明する．本章で登場する回路は全て，動作原理を理解するための簡単な回路であり，そのままでは実用性はほとんど無い．実用的な回路は第4章以降で紹介する．

3.1　ダイオードの交流特性

　第2章で述べたとおり，バイポーラトランジスタの特性は，ベース‒エミッタ間の pn 接合の動作が基本となっている．そこでまず，pn 型ダイオードの交流動作について考える．図 3.1(a) のような回路における抵抗の電圧 $V_R(t)$ の時

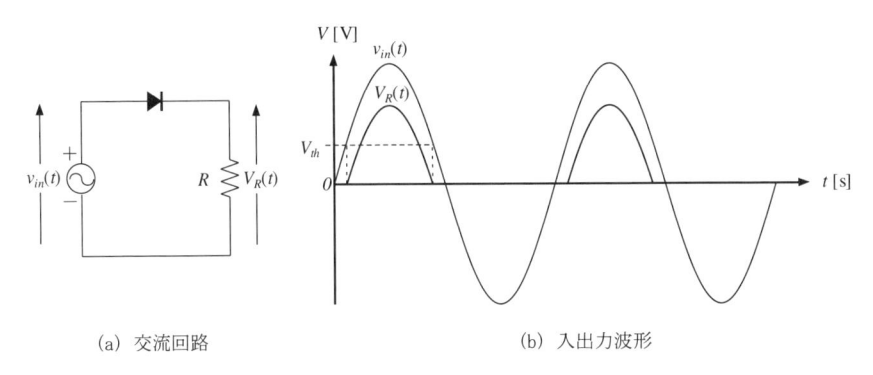

(a) 交流回路　　　　　　　　　　(b) 入出力波形

図 **3.1**　ダイオードに交流電圧を印加した回路と電圧波形

(a) 脈流回路

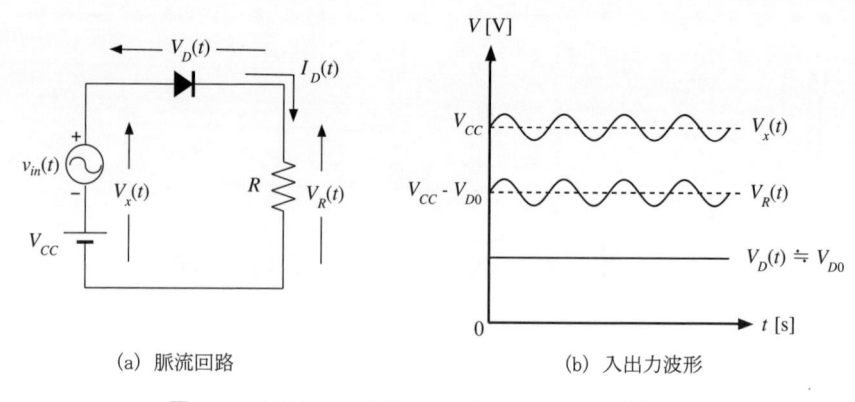

(b) 入出力波形

図 3.2 ダイオードに脈流電圧を印加した回路と電圧波形

間変化は，ダイオードの整流性を考えると図3.1(b) のようになる．つまり，交流電圧の負の成分がカットされた波形となる．より詳しく見てみると，正の電圧においても，電源電圧 $v_{in}(t)$ がダイオードの立ち上がり電圧 V_{th} 以下の場合，電流が流れないため $V_R(t)$ もゼロとなっている．このような特性を利用した整流回路については，第9章で詳しく述べる．

次に図 3.2(a) のような回路を考える．直流電源と交流電源が両方用いられているので，電圧 $V_x(t)$ に注目すると脈流と考えられる．したがって，各電圧の時間変化を考えると図 3.2(b) のようになる．すなわち，$v_{in}(t) = V_m \sin \omega t$ とすると，$V_{CC} - V_m > V_{th}$ であれば，回路には電流が連続して流れ続けることになる．ここで，図 3.3 のようにダイオードの静特性グラフを使って，直流成分と交流成分を分けて考察する．ダイオードの電圧 $V_D(t)$ は，以下の式で与えられる．

$$V_{CC} + v_{in}(t) - V_D(t) - RI_D(t) = 0 \quad \rightarrow \quad V_D(t) = V_{CC} + v_{in}(t) - RI_D(t) \tag{3.1}$$

ここで，$V_D(t)$ および $I_D(t)$ は脈流である．$v_{in}(t)=0$[V] のときは直流成分のみであるので，図 3.3 における $V = V_{CC} - RI$ の直線 A との交点として V_{D0} が求められる．$V_x(t)$ は $(V_{CC} + V_m) \sim (V_{CC} - V_m)$ の間で時間変化することを考え，$V = V_{CC} + V_m - RI$ と $V = V_{CC} - V_m - RI$ の2本の直線 B,C に注目すると，ダイオードの電圧・電流特性は，A との交点を中心として B,C に挟まれ

(a) 電流・電圧の関係

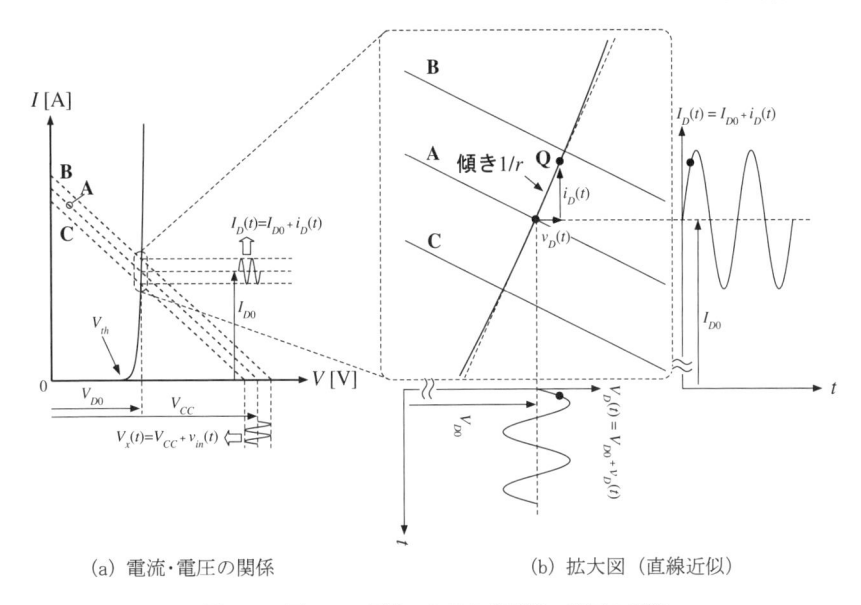

(b) 拡大図（直線近似）

図 **3.3** 図 3.2 の回路における各電流・電圧の関係

た領域を時間変動することが分かる．また，図 3.3 を見ると，回路の電流 $I_D(t)$ と電圧 $V_x(t)$，$V_D(t)$ の関係が視覚的に理解でき，脈流である $V_D(t)$，$I_D(t)$ は，直流成分 V_{D0}，I_{D0} と交流成分 $v_D(t)$，$i_D(t)$ に，それぞれ分離可能なことが分かる．すなわち，**直流電圧 V_{CC} を印加することで，先ほどの交流電源のみの回路（図 3.1）とは違い，ダイオードの電圧・電流の交流成分が正弦波となっている**．このような役割を持つ直流電圧・電流成分を「バイアス」と呼び，また V_{CC} をバイアス電源と呼ぶ．

次に回路（図 3.2）の電圧・電流特性を，理論式を使って考えてみる．$V_D(t)$ をダイオードの式 (2.1) を変形して表し，式 (3.1) に代入すると，電圧・電流の関係は以下の式のようになる．

$$\frac{kT}{q}\{\ln(I_D(t)+I_S)-\ln(I_S)\}=V_{CC}+v_{in}(t)-RI_D(t) \tag{3.2}$$

見て分かるとおり，ダイオードの特性が非線形であるため，この式は簡単には解けない．そこで，**線形近似*** を適用し，式を簡略化する．

＊注釈：電子回路では，入力波形と出力波形の関係が相似であることが要求されることが多い．例えば，オーディオアンプでは，入力と出力の間に信号波形の形状の差異が生じることは元の音とは音質が変わることを意味するため，波形はまったく同じままで振幅のみが増幅して出力されることが理想である．さらに，計測装置の場合には極めて高い相似関係が要求される．しかしながら，多くの半導体素子の電気特性は先述したダイオードのように非線形である．したがって，**非線形素子を用いて相似関係を得るためには，線形近似が可能な電圧・電流の範囲を選択する必要がある**．また，この非線形性は入力電圧や周波数にも依存するので，回路設計を行なう際には素子の特性を十分把握しておかなければならない．

図 3.3(a) において直線 B と C に挟まれた領域では，ダイオード特性はほぼ直線と見なせる（線形近似できる）．この挟まれた領域を拡大すると図 3.3(b) のようになる．ある時間 t におけるダイオードの電圧・電流特性（Q 点）を考え，直線の傾きを $1/r$ とおくと，以下の関係式が導ける．

$$\frac{1}{r} = \frac{i_D(t)}{v_D(t)} \quad \to \quad v_D(t) = r \cdot i_D(t) \tag{3.3}$$

式 (3.1) の $V_D(t), I_D(t)$ を直流成分 (V_{D0}, I_{D0}) と交流成分 $(v_D(t), i_D(t))$ に分離し，さらに，$v_D(t)$ について式 (3.3) を代入すると以下の式が導ける．

$$\begin{aligned} V_D(t) &= V_{D0} + v_D(t) = V_{D0} + r i_D(t) \\ &= V_{CC} + v_{in}(t) - R\{I_{D0} + i_D(t)\} \end{aligned} \tag{3.4}$$

この式 (3.4) を変形すると以下のようになる．

$$(V_{CC} - V_{D0}) + v_{in}(t) = R I_{D0} + (R + r) i_D(t) \tag{3.5}$$

この式 (3.5) が時間 t によらず常に成り立つためには，以下の関係が成り立つことが必要である．

$$v_{in}(t) = (R + r) i_D(t) \qquad V_{CC} - V_{D0} = R I_{D0} \tag{3.6}$$

以上のように，ダイオード特性の線形近似を行なうことで，脈流回路の電圧・電流特性を直流・交流に分離して把握することができた．また，この関係式 (3.6) を回路図で考えると図 3.4 のようになることは明らかである．つまり，

ダイオードに脈流を流したときの交流成分のみを考慮した回路は，「直流電圧源を短絡」，「ダイオードを抵抗 r と置換」した回路と等価

(a) 直流成分　　　　(b) 交流成分（小信号等価回路）

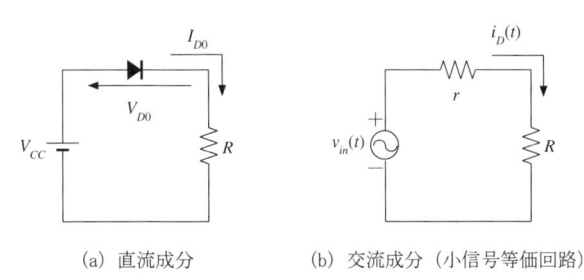

図 **3.4**　図 3.2 の小信号等価回路

になることが分かる．このような，**交流成分のみを考慮した**等価回路を，

「小信号等価回路」

と呼び，この小信号等価回路を作図できるかどうかが「電子回路のカギ」となる．

次に，抵抗 r を求める．r の逆数は図 3.3(b) のダイオードカーブの傾きであるが，先述したように，図 3.3 の直線 B,C 間において傾きはほぼ一定と見なせるので，直線 A との交点における傾きを考え，以下の式が導ける．

$$\frac{1}{r} = \frac{\partial I_D(t)}{\partial V_D(t)} \simeq \frac{\partial I_D(0)}{\partial V_D(0)} = \frac{\partial I_{D0}}{\partial V_{D0}} \tag{3.7}$$

ここで，室温 ($T = 300$[K]) でダイオードが動作しているとすると，$kT/q \simeq 0.026$[V] となるので，ダイオードの電圧・電流の関係は式 (2.1) より以下のようになる．

$$I_{D0} = I_S \left\{ \exp\left(\frac{V_{D0}}{0.026}\right) - 1 \right\} \tag{3.8}$$

ダイオードが動作している（電流が流れている）状態では，例えば，バイアス電圧 V_{D0} が 0.2[V] という低い値においても，$\exp(0.2/0.026) \simeq 2200$ となるので，-1 が無視できることが分かる．したがって，抵抗 r は以下のように求められる．

$$\frac{1}{r} \simeq \frac{\partial I_{D0}}{\partial V_{D0}} = \frac{I_S}{0.026} \exp\left(\frac{V_{D0}}{0.026}\right) = \frac{I_{D0}}{0.026} \quad \rightarrow \quad r = \frac{0.026}{I_{D0}} \tag{3.9}$$

すなわち，ダイオードの小信号等価回路である抵抗 r は，バイアス電流 I_{D0} が決定して初めてその値が定まることになる．また，この抵抗 r はその性質上，「微分抵抗」と呼ばれる．

アナログ電子回路において，pn 型ダイオードやバイポーラトランジスタの B-E 間 pn 接合に印加されるバイアス電圧（動作電圧）は，ほとんどの場合，その立ち上がり電圧（図 3.3(a) のしきい値電圧 V_{th}）の近傍となる（→**演習問題 3**）．立ち上がり電圧は，ダイオードの構造により多少変化するが，シリコンでは 0.6～0.8V となる．また，ダイオードやトランジスタの材料には，ほとんどの場合シリコンが用いられているため，本書では簡単のために，

「**pn 型ダイオードの動作電圧は 0.7V**」

と決めておく．

さて，先ほどの「小信号」とは何のことだろうか？ ここでは，その意味について説明する．図 3.5(a) は先述の図 3.3(a) と同様であるが，図 3.5(b) では，交流電圧信号 $v_{in}(t)$ の振幅が大きい状態になっている．この状態では，図のように回路に流れる電流の交流成分である $i_D(t)$ が負のピーク付近で正弦波とならないことが分かる．これはすなわち，直線 B,C 間の領域において低電流側のダイオードカーブが曲がっている，言い換えれば，直線近似ができないことに起因する．つまり，$v_{in}(t)$ の振幅が小さい場合は線形近似ができ，大きすぎると

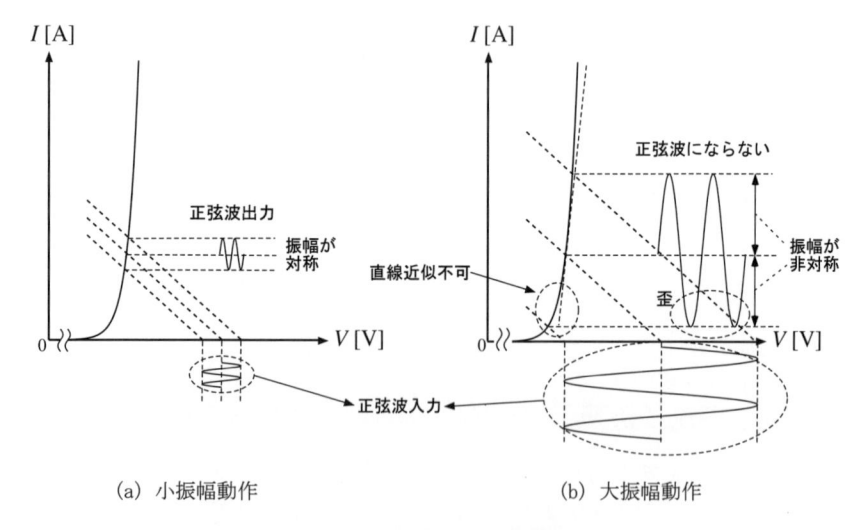

(a) 小振幅動作　　　　　　　(b) 大振幅動作

図 **3.5**　小振幅動作と大振幅動作

できなくなるということである．そこで，図 3.5 のように，

> 「電圧・電流間または入・出力間の相似関係が成立する場合を
> 小信号回路（小振幅動作）」

> 「電圧・電流間または入・出力間の相似関係が成立しない場合を
> 大信号回路（大振幅動作）」

と呼んで区別する．つまり，大振幅動作の場合には，図 3.5(b) のように信号波形が歪むことを意味するため，アナログ電子回路においては，基本的に小振幅動作になるように回路を設計する．一方，ディジタル電子回路においては，波形の歪みが無関係な場合が多いため，大信号回路も用いられる．

3.2　バイポーラトランジスタの交流特性と等価回路

バイポーラトランジスタに交流信号を入力するとどうなるのか？ ここでは，図 3.6(a) のようなエミッタ接地回路（npn 型）を例にとって解説する．

まず，図 3.6(a) のように正弦波交流電圧 $v_{in}(t)$ をベースに入力してみる．ここで，第 2 章の原理で述べたように，トランジスタを活性領域で使用するためには，V_{CE} を常に図 2.13(b) の境界電圧値以上にする必要があるため，図の直流電圧源 V_{CC} は必ず設置しなければならない．また，R_L は出力として電圧・電流を取り出すための抵抗であり，R_E はトランジスタに過電流が流れるのを防ぐため（→演習問題 4）の抵抗である．

図 3.6(b) のように，入力信号である $v_{in}(t)$ が B-E 間 pn 接合の立ち上がり

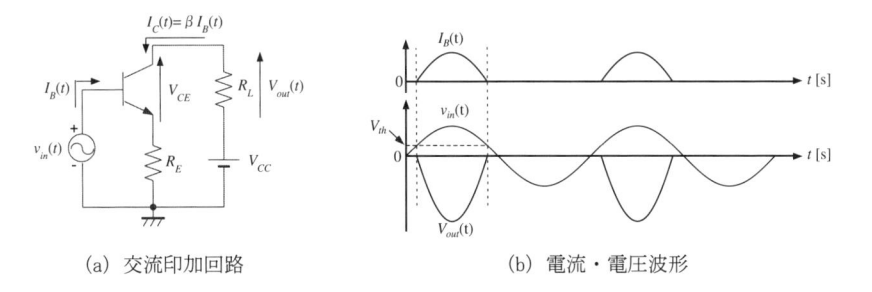

(a) 交流印加回路　　　　(b) 電流・電圧波形

図 **3.6**　バイポーラトランジスタへの交流電圧印加

電圧 $V_{th}(+0.7\text{V})$ 以下の場合は電流が流れず，V_{th} 以上になると，$I_B(t)$ および $I_B(t)$ の β 倍である $I_C(t)$ が流れる．したがって，R_L の端子間電圧 $V_{out}(t)$ は図 3.6(b) のように正弦波とはならないことが分かる．つまりこの回路では，**正弦波交流電圧信号の増幅回路にはなり得ない**．また，正弦波電流について考えると，そもそも，図 3.6(a) の B-E 間には正弦波交流電流を流すことができない（図 3.6(b) の $I_B(t)$ 参照）ため，やはり正弦波電流信号の増幅回路になり得ない．そこで，3.1 節のダイオードの場合と同様に「**脈流**」の概念が登場する．

ここでは，図 3.7(a) のような回路を考える．先ほどの回路との違いは，B-E 間の直流電源 V_{BB} のみである．$V_{BE}(t) = V_{BB} + v_{in}(t) - R_E I_E(t)$ であるので，ベース–エミッタ間電圧は脈流になっており，$I_B(t)$, $I_C(t)$ も同様に脈流である．入力信号 $v_{in}(t)$ の時間的増加に伴い $V_{BE}(t)$ が増加すると，$I_B(t)$ と $I_C(t)(=\beta I_B(t))$ も増加する．このとき，図の $V_{out}(t)$ は V_{CC} から R_L の電圧降下を差し引いた $V_{out}(t) = V_{CC} - R_L I_C(t)$ であるので $V_{out}(t)$ は逆に減少する．ここで，図 3.7(b) から分かるように，$V_{out}(t) = V_{CC} - R_L(I_C + i_c(t))$ であり，直流成分と交流成分に分離できる．したがって，出力信号として正弦波交流電圧成分 $v_{out}(t) = -R_L i_c(t)$ が得られることが分かる．

また，第 4 章で後述するように，各バイアス電源および抵抗値を適切に設定すれば，交流電圧・電流成分のいずれにおいても入力に対して出力の振幅を増大させる，すなわち**交流信号の増幅**を実現できる．ただし，ここで注意してほしいのは，「$v_{out}(t)$ と $v_{in}(t)$ とが**反転している（逆位相）**」ことであり，この

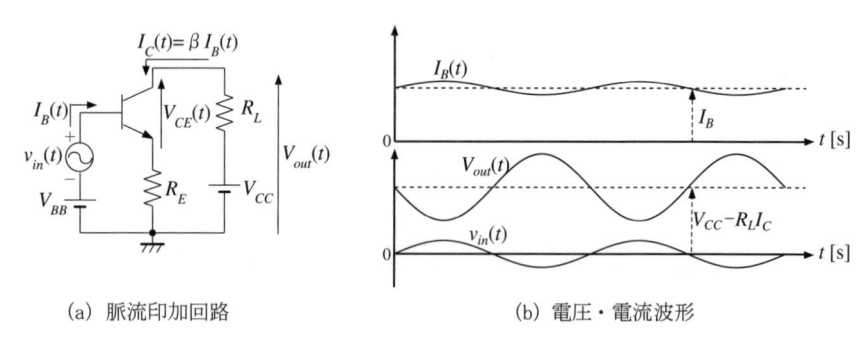

(a) 脈流印加回路　　　　　　(b) 電圧・電流波形

図 **3.7**　バイポーラトランジスタへの脈流電圧印加

ことはいつでも考慮しておく必要がある．以上のように，電子回路における直流成分は「バイアス」として非常に重要な役割を持つ．

　ここで，「増幅」の意味について考える．交流電圧波形の振幅を増大させることが可能な機器というと，変圧器（トランス）が思い浮かぶ．しかし，トランジスタと変圧器では決定的に異なる点がある．それは，**変圧器では入力電力と出力電力の比は 100 ％以下** であり，トランジスタのような「電力増幅」はできないことである．これは，エネルギー保存則を考えれば当然である．それでは，トランジスタによる電力増幅とはどういうことか？　少し考えれば分かるのだが，出力側において交流電力が増大した分は，接続されている直流電源（バイアス電源）Vcc によって供給されているのである．言い換えれば，

「増幅回路は直流電力を交流電力に変換している」

ということである．

　次に，脈流の分離について説明する．まず，図 3.7 の回路において，出力として交流成分のみを取り出すためにはどうすればよいか？　これには，第 4 章で後述するように交流電流のみを通すコンデンサを使えばよい．また，回路を解析する上で脈流を交流成分と直流成分に分けて考えるためには，「重ね合わせの理」（付録 E 参照）を用いる．重ね合わせの理では，複数の電源を持つ回路において個々の電源の影響を計算する場合に，「**対象となる電源以外の電源について，電圧源は短絡・電流源は開放**」して考える．すなわち，

　「直流成分を考えるときは全ての交流電圧源を短絡（および交流電流源
　　を開放）する」

　「交流成分を考えるときは全ての直流電圧源を短絡（および直流電流源
　　を開放）する」

ことで，脈流の分離が可能である．さらに，直流成分を考えるときには，「コンデンサを開放・コイルを短絡」してよいことは周知のとおりである．

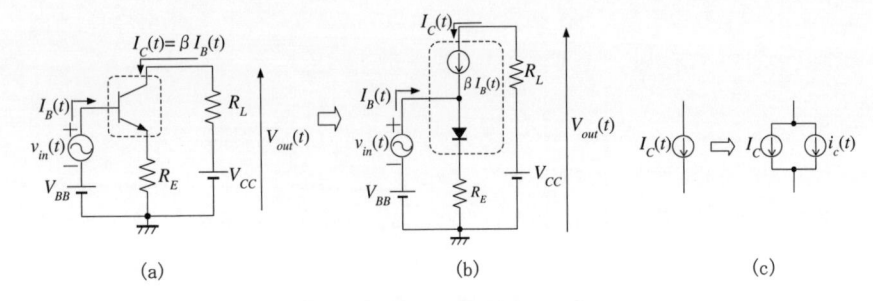

図 3.8 図 3.7 の回路の書換え

次に，図 3.7 において重ね合わせの理が成立していることを確認しておく．まず，トランジスタは，活性領域において通常動作しているので，第 2 章の図 2.14 のモデルを用いて回路を書き直すと，図 3.8(b) のようになる．ここで，電流源は脈流であるので，直流成分と交流成分の和として表すと，図 3.8(c) のように電流源の並列接続と見なせる．次に，「重ね合わせの理」に従って，直流と交流を分離すると，図 3.9(a), (b) のようになる．ここで，図 3.9(b) において，ダイオードの交流等価回路として 3.2 節で述べた微分抵抗 r を用いている．

まず，図 3.9(a) の直流等価回路において，以下の式が成立している．

$$V_{BB} = V_{D0} + R_E I_E = V_{D0} + (\beta + 1) R_E I_B \tag{3.10}$$

$$V_{out} = V_{CC} - R_L I_C = V_{CC} - \beta R_L I_B \tag{3.11}$$

ここで，ダイオードの直流電圧成分 V_{D0} は，V_{BB} がダイオードのしきい値電圧

(a) 直流成分   (b) 交流成分（小信号等価回路）

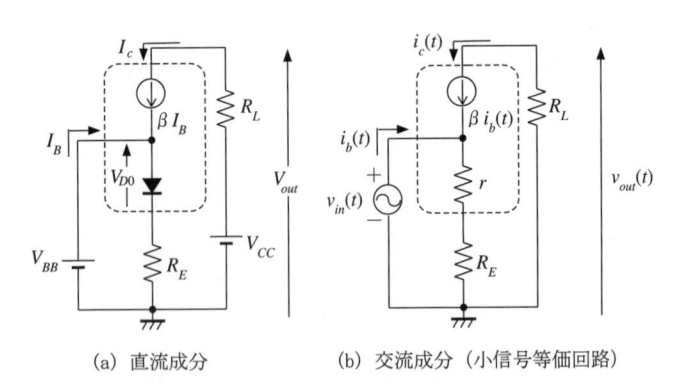

図 3.9 図 3.8(b) の回路における直流と交流の分離

V_{th} より大きければ，$V_{D0} = V_{th} = 0.7[\mathrm{V}]$ と見なしてよい．次に，図 3.9(b) の交流回路については，

$$v_{in}(t) = (r + R_E) i_e(t) = (\beta + 1)(r + R_E) i_b(t) \tag{3.12}$$

$$v_{out}(t) = -R_L i_c(t) = -\beta R_L i_b(t) \tag{3.13}$$

の関係が成り立っている．一方，図 3.8(b) の回路を考えると，ダイオードの脈流電圧を $V_D(t)$ として，以下の式が導ける．

$$V_{BB} + v_{in}(t) = V_D(t) + R_E I_E(t) = V_D(t) + (\beta + 1) R_E I_B(t) \tag{3.14}$$

$$V_{out}(t) = V_{CC} - R_L I_C(t) = V_{CC} - \beta R_L I_B(t) \tag{3.15}$$

ここで，$V_D(t) = V_{D0} + v_D(t)$, $I_B(t) = I_B + i_b(t)$ である．また，式 (3.3) を参照すると，

$$v_D(t) = r i_D(t) = (\beta + 1) r i_b(t) \tag{3.16}$$

であることが分かる．以上のことから，式 (3.10) と式 (3.12) の合成が式 (3.14) に，式 (3.11) と式 (3.13) の合成が式 (3.15) に，対応していることが分かる．したがって，「重ね合わせの理」が成り立っていることが確認できる．

3.3　h パラメータと小信号等価回路

これまで導いてきた図 3.9(b) のような回路は，その形から「T 型等価回路」と呼ばれる．これらの回路は，半導体素子の動作を直感的に理解する上で非常に便利である．しかし，トランジスタ回路の数値計算において T 型等価回路を使うことは基本的には無く，その代わりに後述する「h パラメータ」の概念が用いられる．ここではこのことについて解説する．

図 3.10 にバイポーラトランジスタの T 型小信号等価回路を示す．ここで，この等価回路は npn 型だけでなく，「pnp 型トランジスタでもまったく同じ」である．pnp 型トランジスタでは図 2.9(b) のように直流電圧・電流が npn と逆向きになっているので，小信号等価回路の電流源も逆向きになるように思うかもしれないが，付録 D に示すように，交流成分については npn と pnp での差異はまったくなくなる．

(a) 理想 (b)実際

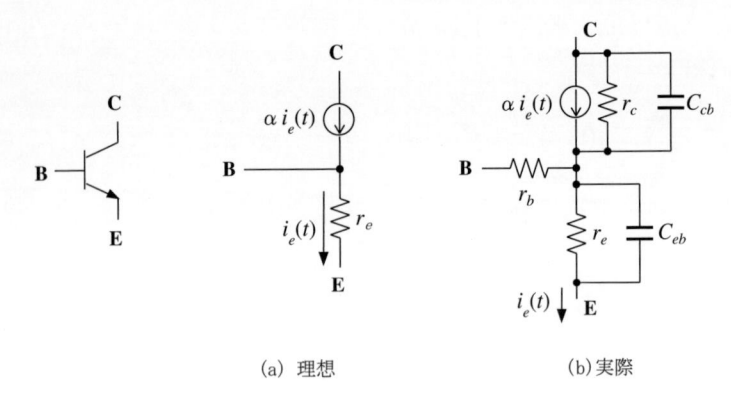

図 3.10　実際のバイポーラトランジスタの T 型小信号等価回路

図 (a) は図 3.9(b) で導出したモデルであるが，このモデルは「理想トランジスタ」を表したものである．実際のトランジスタでは，その構造上，「寄生抵抗」や「寄生容量」と呼ばれる成分が必ず付随するため，小信号等価回路として図 (b) のように表すことができる．これら寄生素子の値は，トランジスタの構造の違い（型番の違い）によって大きく異なる．ここで，寄生素子がトランジスタ内部に存在することを表すために，抵抗は小文字の r_x で，コンデンサはそれぞれエミッタ/コレクタとベースとの間に存在しているということで添え字を eb，cb としている．また，エミッタの抵抗 r_e は E-B 間ダイオードの小信号等価回路（微分抵抗）r であるが，分かりやすいように添え字を付加してある．

実際のトランジスタにおいて，これらの寄生素子がどのような値となっているか直接測定することは困難であり，また，同じ型番のトランジスタにおいても，それらの値にある程度のばらつきが生じる．したがって，これらの寄生素子の値を用いて電子回路の計算をすることは，基本的にはない．これに対して，トランジスタの三つの端子間の電圧・電流特性を測定することで，個々のトランジスタの性能を特徴づけることは容易であり，半導体メーカーはそのようにして得た特性を，「トランジスタの規格」として発表している．ここで，その規格設定に使われているのが，図 3.11 のような h パラメータ（ハイブリッドパラメータ）に基づく等価回路である．

図3.11のように，入力側は電圧源と抵抗の直列接続，出力側は電流源と抵抗

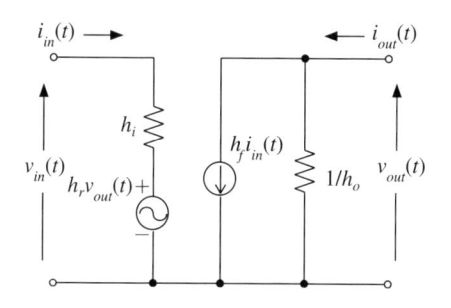

図 **3.11** h パラメータによる等価回路の基本形

の並列接続とおいた四端子回路を考える．入力側の電圧・電流特性は，

$$v_{in}(t) - h_i i_{in}(t) - h_r v_{out}(t) = 0 \quad \rightarrow \quad v_{in}(t) = h_i i_{in}(t) + h_r v_{out}(t) \quad (3.17)$$

で表され，また，出力側では，抵抗 $1/h_o$ に流れる電流を $i_x(t)$ とおくことで，

$$v_{out}(t) - \frac{1}{h_o} i_x(t) = 0 \qquad i_{out}(t) = h_f i_{in}(t) + i_x(t)$$

$$\rightarrow \quad i_{out}(t) = h_f i_{in}(t) + h_o v_{out}(t) \tag{3.18}$$

が導かれる．式 (3.17), (3.18) をまとめて行列表現すると，以下のようになる．

$$\begin{bmatrix} v_{in}(t) \\ i_{out}(t) \end{bmatrix} = \begin{bmatrix} h_i & h_r \\ h_f & h_o \end{bmatrix} \begin{bmatrix} i_{in}(t) \\ v_{out}(t) \end{bmatrix} \tag{3.19}$$

入力と出力を結び付けるこれらの四つの h_x を **h パラメータ**と呼ぶ．

次に，h パラメータを測定する方法について述べる．例えばエミッタ接地の場合は，図 3.12 のようにベース–エミッタ間を入力，コレクタ–エミッタ間を出力とする．h パラメータを測定するためには，まず，図 3.12 (a) のように入力側に電圧源を接続し，出力側を短絡とする．この場合，$v_2(t) = 0$ より電圧・電流の関係が以下の式で表されることは明白である．

$$v_1(t) = h_i i_1(t)$$
$$i_2(t) = h_f i_1(t) \tag{3.20}$$

したがって，電圧・電流を測定することで h_i, h_f が算出できる．

(a) h_i, h_f の測定回路

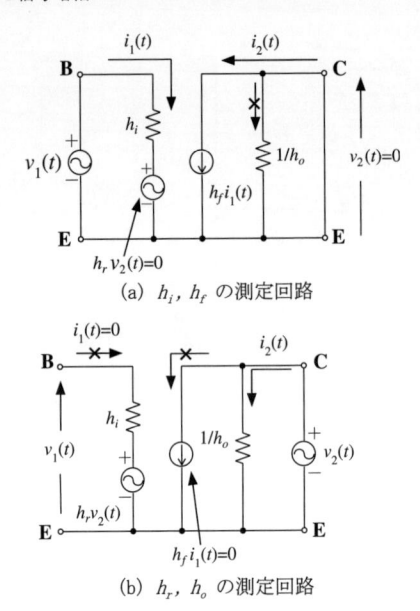

(b) h_r, h_o の測定回路

図 3.12 h パラメータの測定方法

次に図 (b) のように出力側に電圧源を接続し，入力側を開放とする．この場合，$i_1(t) = 0$ より電圧・電流の関係が以下の式で表されることは明白である．

$$v_1(t) = h_r v_2(t)$$
$$v_2(t) = \frac{1}{h_o} i_2(t) \quad \rightarrow \quad h_o = \frac{i_2(t)}{v_2(t)} \tag{3.21}$$

したがって，やはり電圧・電流を測定することで h_r, h_o が算出できる．このように，「トランジスタの三つの端子間の電圧・電流特性を測定することで，個々のトランジスタの性能を特徴づけする」ことができる．

次に図 3.10(b) の T 型等価回路を h パラメータの等価回路に変換してみる．この回路をこのまま計算すると付録 F のようにかなり複雑な式になる．ここでは，計算を簡単にするため，一部の寄生素子を省略することを考える．図 3.10(b) の二つの寄生容量は，通常，pF オーダーとなる．つまり，kHz オーダー以下の低周波信号を扱う場合，寄生容量のインピーダンス ($1/j\omega C$) は，非常に大きな値となるため，開放と見なすことができる．さらに，コレクタ抵抗 r_c は，第 2

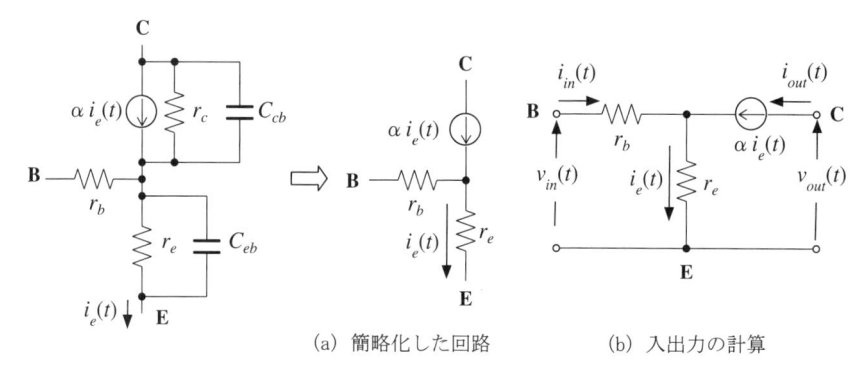

(a) 簡略化した回路　　(b) 入出力の計算

図 3.13 図 3.10(b) の回路の簡略化

章の図 2.12 におけるコレクタの逆方向ダイオードを抵抗として表したものであるため，その値は十分に大きく，ここでは簡単のため開放と見なす．したがって，「これらの仮定の上」では，図 3.13(a) のような回路となる．この回路について，「回路計算の練習」のため，上記の「開放・短絡による方法」ではなく，キルヒホッフ則のみを用いた計算を行なってみる．

まず，エミッタ電流を $i_e(t)$，電流源の端子間電圧を $v_x(t)$ とおくと，電圧・電流に関して以下のように方程式が立てられる．

$$v_{in}(t) = r_e i_e(t) + r_b i_{in}(t) \tag{3.22}$$

$$v_{out}(t) = r_e i_e(t) + v_x(t) \tag{3.23}$$

$$i_{in}(t) + i_{out}(t) = i_e(t) \tag{3.24}$$

$$i_{out}(t) = \alpha i_e(t) \tag{3.25}$$

h パラメータを求めるためには，これらを連立して最終的に式 (3.17), (3.18) の形にしなければならない．まず，$i_e(t)$ は未知数なので，これを消去する．式 (3.24) と式 (3.25) より，$i_{out}(t)$ は以下のように表せる．

$$\begin{aligned} i_{out}(t) &= \alpha\left(i_{in}(t) + i_{out}(t)\right) \\ \rightarrow\quad i_{out}(t) &= \frac{\alpha}{1-\alpha} i_{in}(t) = \frac{\alpha}{1-\alpha} i_{in}(t) + 0 \cdot v_{out}(t) \end{aligned} \tag{3.26}$$

この式と式 (3.24) を式 (3.22) に代入することで，$v_{in}(t)$ が求まる．

$$v_{in}(t) = r_e \left(i_{in}(t) + i_{out}(t)\right) + r_b i_{in}(t) = \left(\frac{1}{1-\alpha} r_e + r_b\right) i_{in}(t)$$

$$= \left(\frac{1}{1-\alpha} r_e + r_b\right) i_{in}(t) + 0 \cdot v_{out}(t) \tag{3.27}$$

このように，式 (3.17), (3.18) に対応させることで，以下のように h パラメータが求まる．

$$h_{ie} = \frac{1}{1-\alpha} r_e + r_b \tag{3.28}$$

$$h_{re} = 0 \tag{3.29}$$

$$h_{fe} = \frac{\alpha}{1-\alpha} \tag{3.30}$$

$$h_{oe} = 0 \tag{3.31}$$

ここで，エミッタ接地における h パラメータという意味で，記号は h_{xe} としている．次に求めた h パラメータのそれぞれの式の意味を考え，等価回路に当てはめてみる．これも，「式の形と回路における素子の配置を頭の中で結び付けられるようになるための練習」である．まず，h_{re} と h_{fe} は，電圧源または電流源の係数（比）としての意味しかないので，そのままにしておく．今回の場合，α がほぼ 1 であることを考えると，h_{fe} は大きな値になることが予想できる．また，$h_{re} = 0$ であるため，電圧源の電圧がゼロ，すなわち，電圧源は短絡と見なせる．

h_{ie} は，電圧源と直列接続されたインピーダンスであるが，式 (3.28) を見ると，$r_e' = \dfrac{r_e}{1-\alpha}$ と r_b の直列接続となっていることが分かる．次に，h_{oe} は，電流源と並列接続されたインピーダンスの逆数（コンダクタンス）であるが，今回は 0 であるので，抵抗として考えると ∞，すなわち開放と見なせる．以上のことから，BJT の小信号等価回路は図 3.14 のように表される．

繰り返すが，以上の h パラメータは「入力信号が kHz オーダー」などの，「**いくつかの仮定をした上で導出した式**」であり，非常に単純な表現になっている．また，先述したように，寄生素子の値を用いて回路計算を行なうことは基本的には無いことから，上記の h パラメータの式は当然，**暗記不要**と言える．加えて，そもそも，

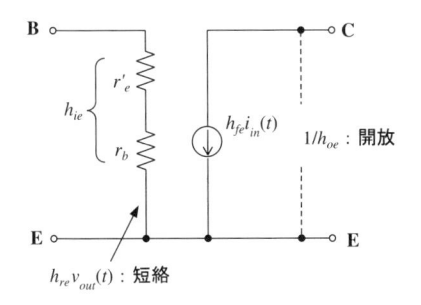

図 **3.14**　図 3.13 の h パラメータによる等価回路への変換

電子回路では基本的に暗記は不要

であることを強調しておく．寄生素子と h パラメータの厳密な対応は付録 F のとおりだが，こちらは先ほどとは対照的に非常に複雑な式である．つまり重要なことは，「電子回路では，まともに全ての素子を考慮した計算を行なうと複雑になってしまう」ので，

「可能な限り回路を簡略化する」

ことが必要になるということである．言い換えれば，

「面倒な計算を省くために，可能な限りの近似を考える」

ことが，非常に重要なポイントとなる．さらに，付録の複雑な式も，実はやっていることはキルヒホッフ則による方程式の導出と連立だけであり，計算自体には四則演算しか用いていない．すなわち，

「電気回路や電磁気に比べると，電子回路は数学的に非常に簡単」

であることを添えておく．

　最後に実際のバイポーラトランジスタの h パラメータを見てみる．図 3.15 は汎用トランジスタ (2SC1815) の h パラメータであるが，「I_C 依存性のグラフ」として示されている．これは，ダイオードの等価抵抗 r_e が，第 2 章で述べたように，エミッタバイアス電流 I_E に反比例するためである．すなわち，厳密な h パラメータでは付録 F のように，四つともに r_e が関与しているため I_E 依存性

項　目	記号	最小	標準	最大	単位
コレクタ遮断電流	I_{CBO}	—	—	0.1	μA
エミッタ遮断電流	I_{EBO}	—	—	0.1	μA
直流電流増幅率（注）	h_{FE}	70	—	700	
トランジション周波数	f_T	80	—	—	MHz
コレクタ出力容量	C_{ob}	—	2.0	3.5	pF
ベース拡がり抵抗	$r_{bb'}$	—	50	—	Ω
雑音指数	NF	—	1	10	dB

注：h_{FE}分類（グレード）
　　O:70-140, Y:120-240, GR:200-400, BL:350-700

(a) 諸特性

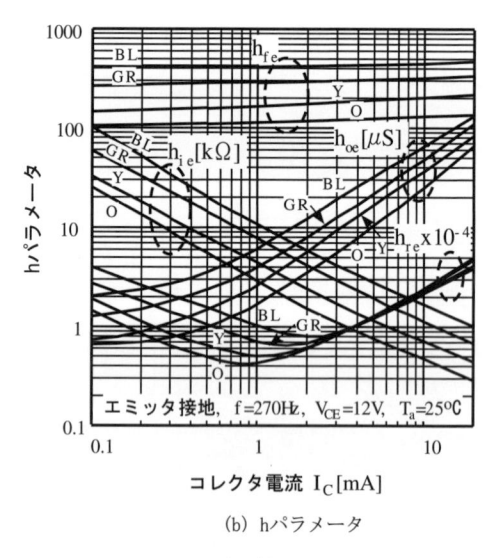

(b) hパラメータ

図 3.15 BJT 2SC1815 の規格（(株) 東芝セミコンダクター社 提供）

があり，メーカーからは I_E とほぼ等しい I_C 依存性のグラフとして提示されている．

しかしながら，式 (3.30) の簡略計算した値からも分かるように，h_{fe} はほとんど一定値をとる．また，h_{re}, h_{oe} は，その値が非常に小さいことから，式 (3.29)，

(3.31) のように，影響を無視してよいことが確認できる（→**演習問題 6**）．さらに，h_{ie} については，$I_C (\simeq I_E)$ の値との相関を考慮して回路設計する必要があることが分かる．

今回は「kHz オーダーの信号」を念頭においた考察を行なったが，信号が「高周波」になるとそれぞれの h パラメータについて周波数依存性を考慮する必要性が生じる．このことについては第 6 章で詳しく述べる．

3.4　FET の交流特性と等価回路

本節では FET の交流特性について，図 3.16(a) のようなソース接地回路（n チャネル E 型）を例にとって解説する．

まず，図 3.16(a) のように正弦波交流電圧 $v_{in}(t)$ をゲートに入力してみる．ここで，第 2 章の原理で述べたように，FET をピンチオフ領域で使用するためには，ソース−ドレイン間に図 2.18(a) の境界電圧値以上の電圧が常に印加されている必要があるため，図のように直流電圧源 V_{DD}[†] が必要となる．また，R_L は出力として電圧を取り出すための抵抗である．

図 3.16(b) のように，ゲート−ソース間電圧となっている入力信号 $v_{in}(t)$ が図 2.18(b) のしきい値電圧 V_T 以下の場合はソース−ドレイン間に電流が流れず，V_T 以上になると，ドレイン電流 $I_{DS}(t)$ が流れる．したがって，R_L の端子間電圧 $V_{out}(t)$ は図 3.16(b) のように正弦波とはならないことが分かる．つまりバイポーラトランジスタの場合と同様に，ゲート−ソース間に入力信号だけを

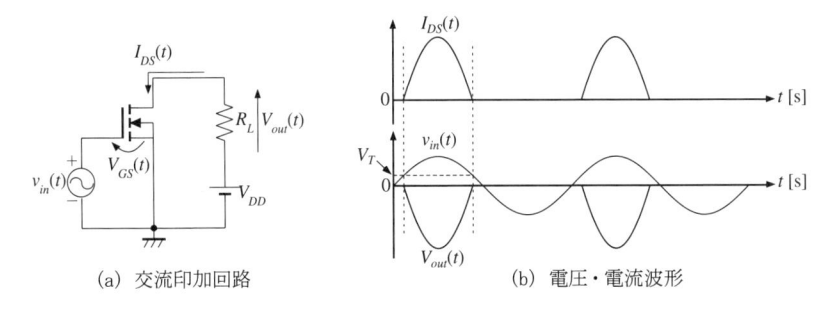

(a) 交流印加回路　　(b) 電圧・電流波形

図 **3.16**　FET への交流電圧印加

[†] 慣習的に，BJT 回路のバイアス電源は V_{CC} で，FET 回路では V_{DD} で表現する．

(a) 脈流印加回路

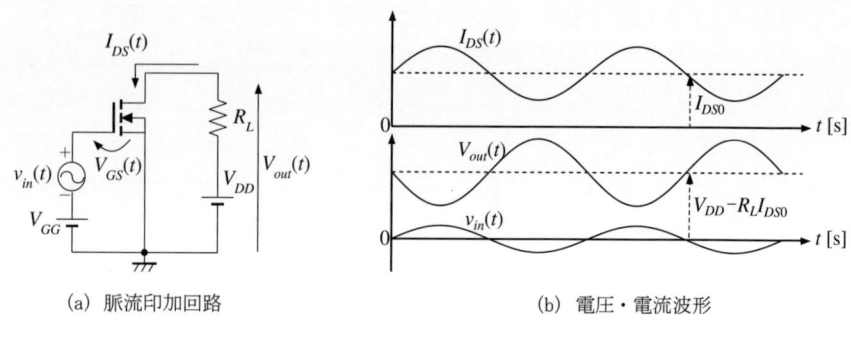

(b) 電圧・電流波形

図 **3.17** FET への脈流電圧印加

印加した回路では，正弦波交流電圧信号の増幅ができない．したがって，やはりバイアスが必要となる．

図 3.17(a) のような回路を考える．先ほどの回路との違いは，G-S 間の直流電圧源 V_{GG} のみである．$V_{GS}(t) = V_{GG} + v_{in}(t)$ であるので，G-S 間電圧は脈流になっており，$I_{DS}(t)$ も同様に脈流である．$I_{DS}(t)$ は，式 (2.8) より，

$$I_{DS}(t) = \frac{\gamma}{2}(V_{GS}(t) - V_T)^2 \tag{3.32}$$

であるので，入力信号 $v_{in}(t)$ の時間的増加にともない $V_{GS}(t)$ が増加し，それに伴って $I_{DS}(t)$ も増加する．このとき，図の $V_{out}(t)$ は V_{DD} から R_L の電圧降下を差し引いた $V_{out}(t) = V_{DD} - R_L I_{DS}(t)$ であるので $V_{out}(t)$ は逆に減少する．ここで，$I_{DS}(t)$ を直流成分と交流成分に分離すれば，出力信号として正弦波交流電圧成分 $v_{out}(t) = -R_L i_{ds}(t)$ が得られることが分かる．以上の流れは，$I_{DS}(t)$ の式が違うことを除けば，バイポーラトランジスタの場合とほぼ同じである．また，第 4 章で後述するように，各バイアス電源および抵抗値を適切に設定すれば，交流電圧・電流成分のいずれにおいても入力に対して出力の振幅を増大させる，すなわち FET によって**交流信号の増幅**ができる．ここで，このソース接地回路の場合もバイポーラトランジスタのエミッタ接地回路と同様に，「$v_{out}(t)$ と $v_{in}(t)$ とが反転している（逆位相）」ことに注意する．

次に脈流の分離を行なう．図 3.18 に FET のゲート – ソース間電圧とドレイン電流との関係を示す．入力電圧を $v_{in}(t) = V_m \sin \omega t$ とすると，図 3.17(a) の回路の場合，ゲート – ソース間電圧 V_{GS} は，V_{GG}[V] を中心として，$V_{GG} + V_m$

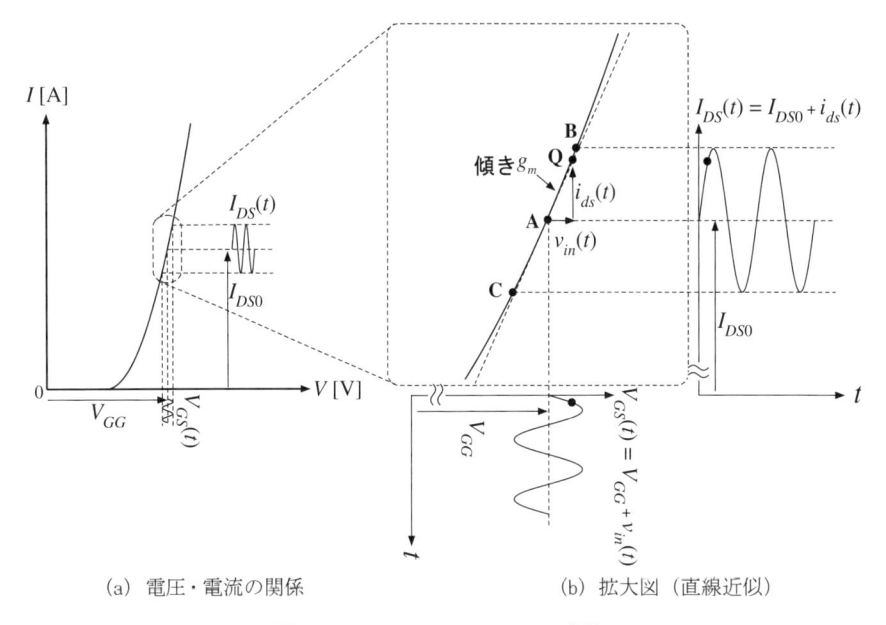

図 3.18 FET の I_{DS}–V_{GS} 特性

と $V_{GG} - V_m$ の間で時間変化する．したがって，ドレイン電流 $I_{DS}(t)$ は，図の点 A を中心として点 B と C の間を時間変動する．ここで，pn ダイオードの場合と同様に「線形近似」を行なう．図 3.18(b) において点 B と C に挟まれた領域を直線と見なし，その傾きを g_m とおくと，ある時間 t におけるダイオードの電圧・電流特性（Q 点）において，以下の関係式が導ける．

$$g_m = \frac{i_{ds}(t)}{v_{in}(t)} \quad \rightarrow \quad i_{ds}(t) = g_m \cdot v_{in}(t) \tag{3.33}$$

ここで，g_m はグラフの傾きであるが，点 B と C の間で傾きがほぼ一定と見なすので，点 A における傾きに注目し，以下の式が導ける．

$$g_m = \frac{\partial I_{DS}(t)}{\partial V_{GS}(t)} \simeq \frac{\partial I_{DS}(0)}{\partial V_{GS}(0)} = \gamma\left(V_{GS}(0) - V_T\right) = \gamma\left(V_{GG} - V_T\right) \tag{3.34}$$

これを式 (3.33) に代入すると以下の式が得られる．

$$i_{ds}(t) = g_m \cdot v_{in}(t) = \gamma\left(V_{GG} - V_T\right) v_{in}(t) \tag{3.35}$$

また，式 (3.32) において，脈流を直流成分と交流成分の和として書き換えると，以下の式のようになる．

$$I_{DS0} + i_{ds}(t) = \frac{\gamma}{2}\left(V_{GG} + v_{in}(t) - V_T\right)^2 \tag{3.36}$$

この式を直流成分と交流成分に分離すると以下のようになる．

$$I_{DS0} = \frac{\gamma}{2}\left(V_{GG} - V_T\right)^2 \tag{3.37}$$

$$i_{ds}(t) = \gamma\left(V_{GG} - V_T\right)v_{in}(t) + \frac{\gamma}{2}v_{in}(t)^2 \tag{3.38}$$

式 (3.35) と式 (3.38) が同時に成り立つためには，以下の条件が必要であることが分かる．

$$\gamma\left(V_{GG} - V_T\right)|v_{in}(t)| \gg \frac{\gamma}{2}|v_{in}(t)|^2 \quad \to \quad V_{GG} - V_T \gg \frac{1}{2}V_m \tag{3.39}$$

ここで，$V_m > 0$，$\gamma > 0$，$V_{GG} > V_T$ である．この条件は，小信号動作においては常に成り立っている．逆にこの条件が成り立たなくなると，線形近似ができなくなるとともに波形が歪み，大振幅動作となる．式 (3.37) と式 (3.35) を基に，図 3.17(a) の回路における直流・交流等価回路を求めると，図 3.19 のようになる．

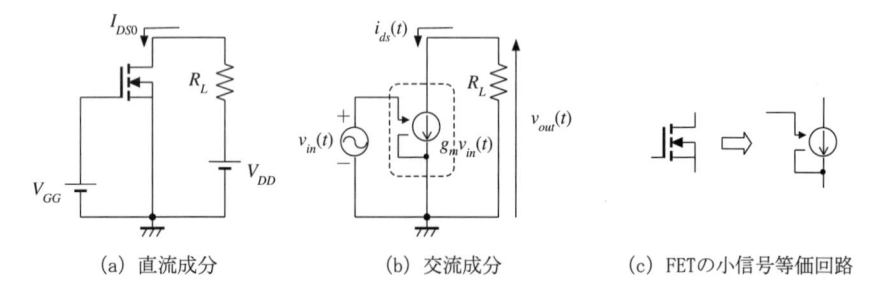

(a) 直流成分　　　　(b) 交流成分　　　　(c) FETの小信号等価回路

図 3.19 図 3.17(a) の回路における直流と交流の分離

つまり，式 (3.35) より，FET の小信号等価回路は図 3.19(c) で表されるような電流源 $g_m v_{gs}(t) (= g_m v_{in}(t))$ となり，バイポーラトランジスタよりさらに簡単な回路表現ができることが分かる．この g_m は「相互コンダクタンス」と呼ばれている．

ここで,「**n チャネル FET のみならず,p チャネル FET においても**,図 **3.19(c) とまったく同じ等価回路**」で表せる.つまり,詳細は付録 G で述べるが,n チャネル FET と p チャネル FET では,交流成分の特性においてまったく差異がない.また,図では電流源の左側に矢印,およびソースと繋がった開放線路が描かれているが,これは,「ゲート – ソース間に電圧はかかっているが入力電流は流れていない」ことを表しただけであり,あまり深い意味は無い.以上のように,FET でも非線形の特性を線形近似することで,脈流回路の電圧・電流特性を直流・交流に分離して把握することができる.

3.5 実際の FET の等価回路

前節の図 3.19(c) は理想 FET を表したものである.実際の FET では,寄生抵抗や寄生容量が存在するため,小信号等価回路として図 3.20 のように表す.バイポーラトランジスタとは違い,FET の規格表には図 3.21 のように,寄生容量 (C_{iss}, C_{rss}, C_{oss}) の値が記載されているため,寄生抵抗 r_d(ドレイン抵

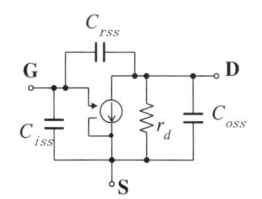

(a) 実際のFETの等価回路

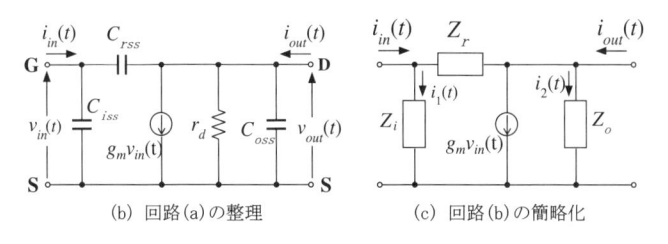

(b) 回路(a)の整理

(c) 回路(b)の簡略化

図 **3.20** 実際の FET の等価回路

電気的特性（T_a=25°C）

項　目	記号	最小	標準	最大	単位
ゲート漏れ電流	I_{GSS}	—	—	1	μA
ゲートしきい値電圧	V_{th}	0.8	—	2.5	V
順方向伝達アドミタンス	$|Y_{fs}|$	20	—	—	mS
ドレイン-ソース間オン抵抗	R_{DS}	—	20	50	Ω
入力容量	C_{iss}	—	6.3	—	pF
帰還容量	C_{rss}	—	1.3	—	pF
出力容量	C_{oss}	—	5.7	—	pF

(a) 順方向アドミタンス

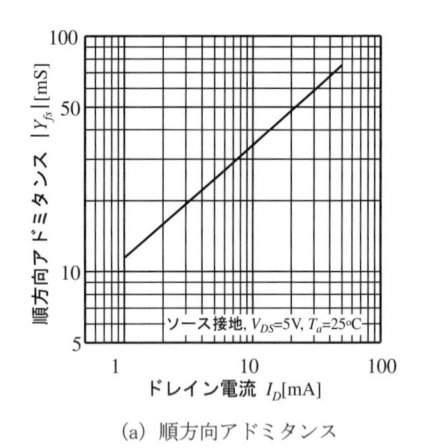

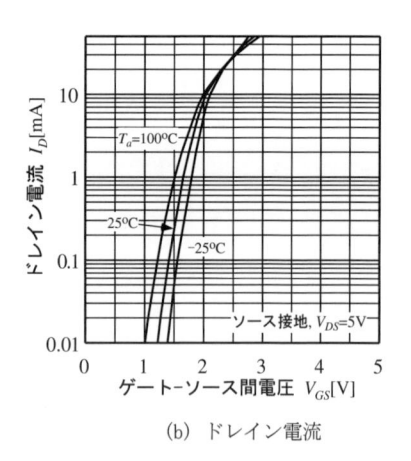

(b) ドレイン電流

図 3.21　FET 2SK1825 の規格((株)東芝セミコンダクター社 提供)

抗と呼ばれる）のみを開放とすれば[†]，図 3.20(a) の等価回路を用いてそのまま回路計算ができる．また，図 3.21 の規格表では，相互コンダクタンス g_m が順方向伝達アドミタンス $|Y_{fs}|$ として記載されている．

FET では h パラメータを回路解析に用いることは無いが，ここではやはり「回路計算の練習」のため，図 3.20 の回路を h パラメータによる小信号等価回路に変換してみる．図 3.20(a) を整理すると，図 (b) のようになる．次に計算

[†] r_d は理想的には ∞ となるが，実際にはチャネル長変調効果（半導体工学の専門書を参照）によりピンチオフ領域でのドレイン電流が一定とならないため，有限の値になる．

を簡単にするために，図 (c) のように寄生素子を以下の式で表される三つのインピーダンス Z_x で表す．

$$Z_i = \frac{1}{j\omega C_{iss}} \qquad Z_r = \frac{1}{j\omega C_{rss}} \qquad Z_o = \frac{r_d \cdot 1/j\omega C_{oss}}{r_d + 1/j\omega C_{oss}} \qquad (3.40)$$

未知電流 $i_1(t)$, $i_2(t)$ を図 (c) のようにおくことで，以下の式が得られる．

$$v_{in}(t) = Z_i i_1(t) \qquad (3.41)$$

$$v_{out}(t) = Z_o i_2(t) \qquad (3.42)$$

$$v_{in}(t) - Z_r \left(i_{in}(t) - i_1(t) \right) - v_{out}(t) = 0 \qquad (3.43)$$

$$g_m v_{gs}(t) = g_m v_{in}(t) = i_{in}(t) - i_1(t) + i_{out}(t) - i_2(t) \qquad (3.44)$$

ここで，式 (3.40) が複素数表現であることから分かるように，複素電圧・電流として計算を行なっている．電子回路では，「**複素数表現の場合でもベクトル記号で書くことを慣習的に省略**」しているため，混乱しないようにしてほしい．

次に，式 (3.41) と式 (3.43) を連立させることで $i_1(t)$ が消去され，以下の式が得られる．

$$v_{in}(t) - Z_r \left(i_{in}(t) - \frac{v_{in}(t)}{Z_i} \right) - v_{out}(t) = 0$$

$$\rightarrow \quad v_{in}(t) = \frac{Z_i Z_r}{Z_i + Z_r} i_{in}(t) + \frac{Z_i}{Z_i + Z_r} v_{out}(t) \qquad (3.45)$$

式 (3.41)，式 (3.42)，式 (3.44) および式 (3.45) を連立させることで $i_1(t)$, $i_2(t)$, $v_{in}(t)$ が消去され，以下の式が得られる．

$$g_m \left(\frac{Z_i Z_r}{Z_i + Z_r} i_{in}(t) + \frac{Z_i}{Z_i + Z_r} v_{out}(t) \right) = i_{in}(t) - \frac{v_{in}(t)}{Z_i} + i_{out}(t) - \frac{v_{out}(t)}{Z_o}$$

$$\rightarrow \quad i_{out}(t) = \frac{(g_m Z_r - 1) Z_i}{Z_i + Z_r} i_{in}(t) + \left(\frac{g_m Z_i + 1}{Z_i + Z_r} + \frac{1}{Z_o} \right) v_{out}(t) \qquad (3.46)$$

次に求めたそれぞれの式の意味を考え，等価回路に当てはめてみる．まず，h_r と h_f は，電圧源または電流源の係数（比）としての意味しかないので，そのままにしておく．

電圧源と直列接続されたインピーダンス h_i は，式 (3.45) を見ると，Z_i と Z_r の並列接続となっていることは明らかである．次に，電流源と並列接続された

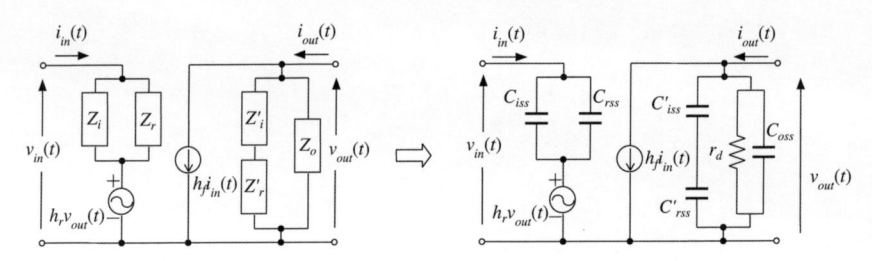

図 3.22 FET の h パラメータによる小信号等価回路

インピーダンスの逆数 h_o は，最初の項は $Z'_i = \dfrac{Z_i}{g_m Z_i + 1}$ と $Z'_r = \dfrac{Z_r}{g_m Z_i + 1}$ の直列接続であり，さらにそれに加えて Z_o が並列接続されていることが分かる．以上のことから，小信号等価回路は図 3.22 のように表される．もちろん，先述したように，この回路を実際の回路解析に用いることは基本的には無い．

3.6 まとめ

本章のポイントは以下のとおりである．

1. 半導体素子で交流信号を増幅するためにはバイアス（直流電源）が必要．
2. 脈流回路は直流成分と交流成分に分けて考える．
3. 脈流回路のうち交流成分だけを取り出した回路を小信号等価回路と呼ぶ．
4. 半導体素子の特性を線形近似することで素子の小信号等価回路が作れる．

演習問題

1. 図 3.1(a) でダイオードの向きを左右逆にした場合，図 3.1(b) の波形はどのようになるか．
2. 図 3.3 で V_{D0} の値を増加させた場合，$i_D(t)$ の振幅はどのように変化するか．
3. 普通，BJT の B-E 間に印加されるバイアス電圧は，しきい値電圧（図 3.3(a) の V_{th}）の近傍となる．それはなぜか．
4. 図 3.6(a) の回路について，R_E により BJT に過大な電流が流れることを防ぐ仕組みを述べよ．
5. 図 3.7(b) で $v_{out}(t)$ と $v_{in}(t)$ が逆位相となっているのはなぜか．
6. 2SC1815（GR グレード）のエミッタ接地小信号等価回路において，出力側に 1kΩ の抵抗を接続し，実効値 0.1V の交流信号を印加したときの出力電圧・電流を，h_{re}，h_{oe} の影響を無視した場合と無視しない場合について求め，比較せよ．ただし，コレクタバイアス電流を 2mA とする．

7. 図 3.13 の BJT の厳密な T 型小信号等価回路が同図 (a) のように簡略化できるための条件を式で示せ．また，同図 (a) におけるエミッタ接地の h パラメータを求めよ．
8. 図 3.18 で V_{GG} の値を増加させた場合，$I_{DS}(t)$ の振幅はどのように変化するか．
9. 図 3.20(c) の小信号等価回路の h パラメータを求めよ．

第4章
トランジスタ基本増幅回路

電子回路において,最も基本的かつ重要な回路が増幅回路である.バイポーラトランジスタにはエミッタ・ベース・コレクタ,FET にはソース・ゲート・ドレインの三つの端子がそれぞれあり,増幅回路を構成する場合,いずれの端子を接地するかによって,回路特性が異なる.本章では,これらの基本について説明する.

4.1 バイポーラトランジスタ基本増幅回路

4.1.1 エミッタ接地増幅回路と小信号等価回路

npn 型トランジスタを用いたエミッタ接地増幅回路の基本形を図 4.1 に示す.図では回路図下端がグランド(直流電圧0V)になっているが,場合によっては

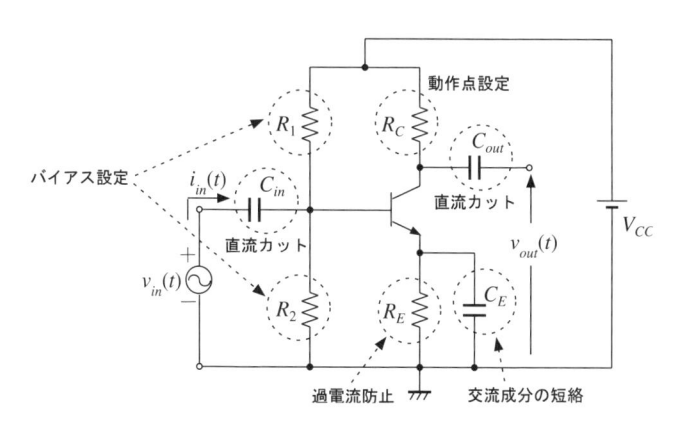

図 4.1 エミッタ接地増幅回路

グランドとなっていない場合があるため,「エミッタ共通回路」とも呼ばれる. 第3章までの回路では, B-E 間に直流電源が接続されていたが, 図の回路には接続されていない. この回路では, R_1 および R_2 の分圧回路により, B-E 間および C-B 間のバイアスが設定できるようになっており, このような回路を「**自己バイアス回路**」と呼ぶ. つまり, 実際の電子機器では, 直流電源ラインの電圧は一つに統一されているほうがシンプルで良いので, 図のように V_{CC} のみでまかなえるように工夫されているのである.

R_C は出力信号の動作点を決定する抵抗で, これについては後で詳しく述べる. また, R_E は第3章でも述べたように, B-E 間の pn 接合 (ダイオード) に過電流が流れるのを防止する働きがあり, このことは後述するように, 回路全体のバイアスの安定化につながる. この回路において R_E は必要不可欠であるが, 一方で交流出力信号へも影響を与えてしまう. この問題を解決するために, R_E と並列に**バイパスコンデンサ** C_E を接続し, エミッタ端子を交流的に短絡している. このことについても後で詳しく述べる.

最後に入力および出力端子に直列接続された C_{in}, C_{out} であるが, これは, 入出力信号の直流成分 (バイアス) をカットするためのもので, **結合コンデンサ (カップリングコンデンサ)** と呼ばれる. 入力信号が脈流となっている場合, 入力をそのままベースに直結すると, ベースにおけるバイアスが変動してしまう. また, 図 4.1 ではコレクタ端子が出力となっているが, もし C_{out} が無いとすると, 脈流の状態で出力されることになる. これら C_{in}, C_{out} を設定する際には, 入出力信号が影響を受けないように十分大きな値を選ぶことが重要である. つまり, これらのコンデンサによって, 入出力信号は電圧降下を起こすため, コンデンサのインピーダンス $(1/j\omega C)$ をできるだけ小さくする必要がある. しかし一方で, コンデンサは容量が大きくなるほどその寸法も大型化し, また価格も上昇するため, 回路の小型化やコストの観点を踏まえた設計が必要となる.

次に, 図 4.1 の小信号等価回路を求めてみる. バイポーラトランジスタの小信号等価回路は図 3.11 の等価回路で与えられるので, 図 4.2(a) のような回路が導ける. ここで,「重ね合わせの理」より直流電源 V_{CC} は短絡としている.

(a) 小信号等価回路 (b) 図(a)の整理

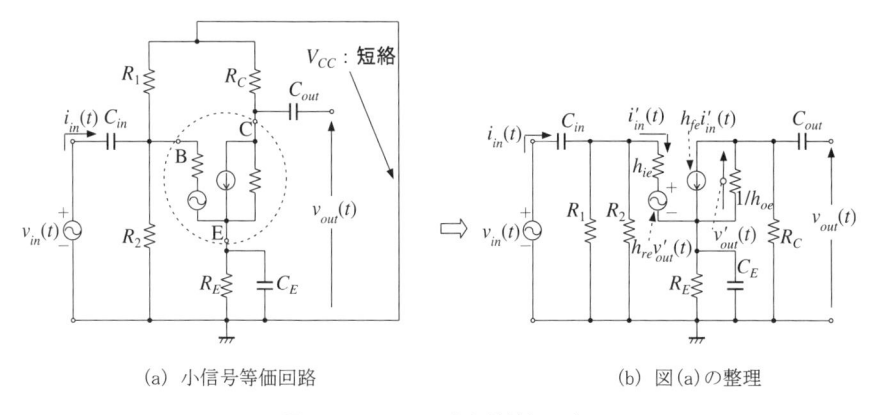

図 4.2 図 4.1 の小信号等価回路

図 4.2(a) を整理すると図 4.2(b) のようになる．つまり，R_1 や R_C も接地されていると見なせる．この図 **4.1** から図 **4.2(b)** への書換えは非常に重要であり，このような作図ができるようになることが電子回路解析の第一歩である．必ず自分で考え，試み，納得してほしい．また，ここで注意すべきは，トランジスタの等価回路中の電圧源および電流源の表記である．電圧源の $v'_{out}(t)$ とは $v_{out}(t)$ ではなく，抵抗 $1/h_{oe}$ の端子間電圧であり，電流源の $i'_{in}(t)$ とは $i_{in}(t)$ ではなく抵抗 h_{ie} を流れる電流である．

さて，この回路の電圧・電流特性をこのまま計算すると，付録 H のようにかなり複雑になる．そこで，本章では以下のような「仮定」のもと計算を行なうことにする．

「**入力信号は kHz オーダー**」「**BJT の寄生抵抗 r_c は非常に大きい**」

「C_{in}, C_{out}, C_E のインピーダンスは十分小さい」

このような条件の下では，第 3 章で述べたように BJT の小信号等価回路は図 3.14 のように簡略化できる．また，コンデンサのインピーダンスは十分小さい，すなわち短絡と見なせることから，図 4.3(b) のような回路が導ける．注意すべきは，C_E を短絡することで R_E には交流信号が流れないため，R_E は開放としてよいということである．したがって，$v'_{out}(t) = v_{out}(t)$ となることが分かる．

さらに，計算を簡単にするために，図 (b) のように，R_1 と R_2 の並列接続を

(a) 厳密な小信号等価回路

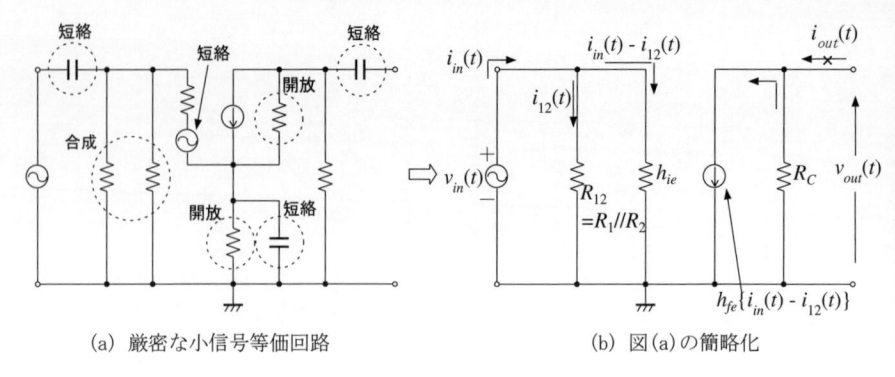

(b) 図(a)の簡略化

図 4.3 図 4.2(b) の簡略化

まとめて $R_{12} = R_1 // R_2 = \dfrac{R_1 R_2}{R_1 + R_2}$ とおき†，電流 $i_{12}(t)$ を図 (b) のようにおくと，以下のような関係式を導くことができる．

$$v_{in}(t) = R_{12} i_{12}(t) = h_{ie}(i_{in}(t) - i_{12}(t)) \tag{4.1}$$

$$v_{out}(t) = -R_C \cdot h_{fe}(i_{in}(t) - i_{12}(t)) \tag{4.2}$$

式 (4.1) より $i_{12}(t)$ を消去すると入力電流が以下のように求まる．

$$i_{in}(t) = \left(\dfrac{1}{h_{ie}} + \dfrac{1}{R_{12}} \right) v_{in}(t) \tag{4.3}$$

式 (4.2) を式 (4.1) で割ると，以下のように電圧増幅率 A_v が求まる．

$$A_v = \dfrac{v_{out}(t)}{v_{in}(t)} = -\dfrac{h_{fe} R_C}{h_{ie}} \tag{4.4}$$

また，図 4.3 では出力端子が開放されているので，電流増幅率 A_i はゼロとなる．ここで，式 (4.4) は負の値をとるため，図 3.7(b) と同様に**入力電圧と出力電圧が反転（逆位相）している**ことが分かる．

　式 (4.4) は，増幅回路に交流信号を印加し出力を開放としたときの電圧増幅率であるが，実際に電子回路が使われる際には，出力に何らかの素子や回路が接続されるはずであり，そのような素子や回路を**負荷**と呼ぶ．例えばオーディオでは，入力が CD プレーヤーなどから出力された微小な音声信号であり，出

---

† R_1 と R_2 を並列接続したときの合成抵抗を慣習的に $R_1 // R_2$ と表記する．

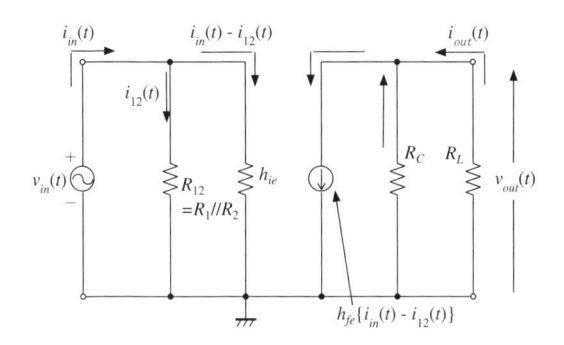

図 4.4 図 4.3(b) に負荷抵抗を接続した回路

力負荷がスピーカとなる．そこで次に，出力に負荷抵抗 R_L を接続した図 4.4 の回路を考える．この回路の入力電圧は式 (4.1) と同じであるが，出力電圧は式 (4.2) とは異なり，以下のようになる．

$$v_{out}(t) = -R_L i_{out}(t) = -R_C \{h_{fe}(i_{in}(t) - i_{12}(t)) - i_{out}(t)\} \quad (4.5)$$

式 (4.5) より出力電流は以下のようになる．

$$i_{out}(t) = -\frac{v_{out}(t)}{R_L} \quad (4.6)$$

式 (4.5) に式 (4.1), (4.6) を代入することで電圧増幅率は以下のように求まる．

$$A_v = \frac{v_{out}(t)}{v_{in}(t)} = -\frac{R_L}{R_L + R_C} \cdot \frac{h_{fe} R_C}{h_{ie}} = -\frac{R_{CL}}{h_{ie}} h_{fe} \quad (4.7)$$

ここで，$R_{CL} = R_C // R_L$ である．また，式 (4.3), (4.6), (4.7) より，電流増幅率が以下のように求まる．

$$A_i = \frac{i_{out}(t)}{i_{in}(t)} = -\frac{1}{R_L} \cdot \frac{h_{ie} R_{12}}{h_{ie} + R_{12}} \cdot \frac{v_{out}(t)}{v_{in}(t)} = \frac{R_C}{R_L + R_C} \cdot \frac{h_{fe} R_{12}}{h_{ie} + R_{12}} \quad (4.8)$$

したがって，**電圧増幅率や電流増幅率は負荷抵抗** R_L **の大きさによって変化する**ことが分かる．また，電流増幅率が正の値をとることから $i_{out}(t)$ を図の向きにとった場合，入力電流と出力電流が同位相であることが分かる．

次に図 4.5 の回路のように，R_E の影響について考える．付録 H の詳細な電圧増幅率の式 (43) において，C_{in}, C_{out} のインピーダンス，および h_{re}, h_{oe} を

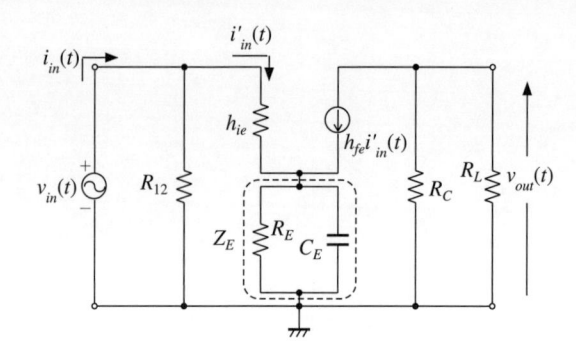

図 4.5 R_E の影響を考慮した回路

ゼロと見なすと，以下のようになる．

$$A_v = -\frac{R_{CL} h_{fe}}{h_{ie} + (h_{fe} + 1) Z_E} \quad (4.9)$$

この式を見ると，Z_E の値が大きければ，増幅率が激減することは明らかである．したがって先述したように，$Z_E = R_E // (1/j\omega C_E)$ の値をゼロに近づけるために，なるべく容量の大きな C_E を R_E と並列に接続する必要があることが分かる．

ここでは図 3.13(a) の T 型等価回路を用いて解析を行なってみる．第 3 章で述べたように，T 型等価回路の寄生素子の値は基本的に未知のため，実際の電圧・電流値は求められないが，ここでは回路計算の練習として行なう．図 4.1 の小信号等価回路を，T 型等価回路を用いて描くと図 4.6(a) のようになる．ここで，出力に負荷抵抗 R_L が接続されている場合を考える．先ほどの h パラメータによる等価回路のときと同様の仮定を用いてコンデンサの短絡などを行なうと，図 4.6(b) のように書き換えられる．r_e に流れる電流を $i_e(t)$ とおくと，以下の関係が導ける．

$$v_{in}(t) = R_{12} \{ i_{in}(t) - (1-\alpha) i_e(t) \} = r_b (1-\alpha) i_e(t) + r_e i_e(t) \quad (4.10)$$

$$v_{out}(t) = -R_L i_{out}(t) = -R_C (\alpha i_e(t) - i_{out}(t)) \quad (4.11)$$

ここで，α は第 2 章で説明したエミッタ電流とコレクタ電流の比である．式

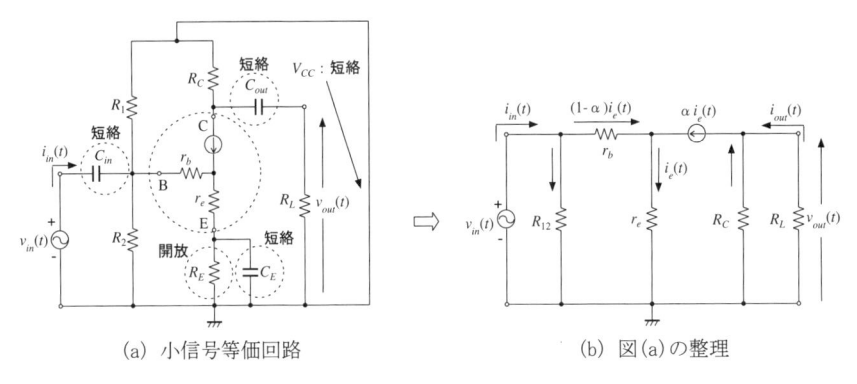

図 **4.6**　図 4.1 の T 型小信号等価回路

(4.10), (4.11) より各電流は以下のようになる．

$$i_e(t) = \frac{v_{in}(t)}{r_e + (1-\alpha)r_b}$$

$$i_{in}(t) = \left\{ \frac{1-\alpha}{r_e + (1-\alpha)r_b} + \frac{1}{R_{12}} \right\} v_{in}(t)$$

$$i_{out}(t) = -\frac{v_{out}(t)}{R_L} = \frac{\alpha R_c}{R_L + R_c} i_e(t) \tag{4.12}$$

以上の式を連立させることで電圧増幅率，電流増幅率は以下のように求まる．

$$A_v = \frac{v_{out}(t)}{v_{in}(t)} = -\frac{R_L}{R_L + R_C} \cdot \frac{\alpha R_C}{r_e + (1-\alpha)r_b} = \frac{-\alpha R_{CL}}{r_e + (1-\alpha)r_b}$$
$$= \frac{-\beta R_{CL}}{r_b + (\beta+1)r_e} \tag{4.13}$$

$$A_i = \frac{i_{out}(t)}{i_{in}(t)} = -\frac{1}{R_L} \cdot \frac{\{r_e + (1-\alpha)r_b\} R_{12}}{r_e + (1-\alpha)(r_b + R_{12})} \cdot \frac{v_{out}(t)}{v_{in}(t)}$$
$$= \frac{R_C}{R_L + R_C} \cdot \frac{\alpha R_{12}}{r_e + (1-\alpha)(r_b + R_{12})}$$
$$= \frac{R_C}{R_L + R_C} \cdot \frac{\beta R_{12}}{r_b + (\beta+1)r_e + R_{12}} \tag{4.14}$$

ここで，β は第 2 章で説明したベース電流とコレクタ電流の比である．式 (4.7)，(4.8) と式 (4.13), (4.14) を比べると，以下の関係があることが分かる．

$$h_{fe} = \beta \qquad h_{ie} = r_b + (\beta+1)r_e \tag{4.15}$$

この関係は，厳密には先述したkHzオーダーの入力信号などの仮定のもとでのみ成立しているが，基本的に「バイポーラトランジスタのh_{fe}とβはほぼ等しい」と見なして差し支えない．

4.1.2 入力・出力インピーダンスと整合

ここでは，増幅回路の入出力インピーダンスの概念について解説する．図4.7は増幅回路を四端子のブラックボックスで表し，入力信号源と負荷抵抗を接続した回路である．入力信号源はこれまで交流電圧源のみで表していたが，厳密には，図のように交流起電力$v_s(t)$と内部抵抗r_sの直列接続として表される．また普通，入力信号源は脈流電圧源であるが，図は小信号等価回路であるため$v_s(t)$は起電力の交流成分のみを表している．図の増幅回路において**入力端子abより右側を全てまとめて一つのインピーダンスと等価とした場合，そのインピーダンスを入力インピーダンスと呼ぶ**．また，**出力端子cdより左側を全てまとめて一つの電圧源とそれに直列の一つのインピーダンスと等価とした場合，そのインピーダンスを出力インピーダンスと呼ぶ**．

次にこのようなインピーダンスを考慮する意味を説明する．図4.7の右図において入力信号源から増幅回路（の入力インピーダンス）に，電力がどの程度伝達されているかについて考察する．入力インピーダンスZ_{in}への供給電力（Z_{in}での消費電力）は以下のように表せる．

$$P_{zin} = \frac{Z_{in}V_s^2}{(r_s+Z_{in})^2} \tag{4.16}$$

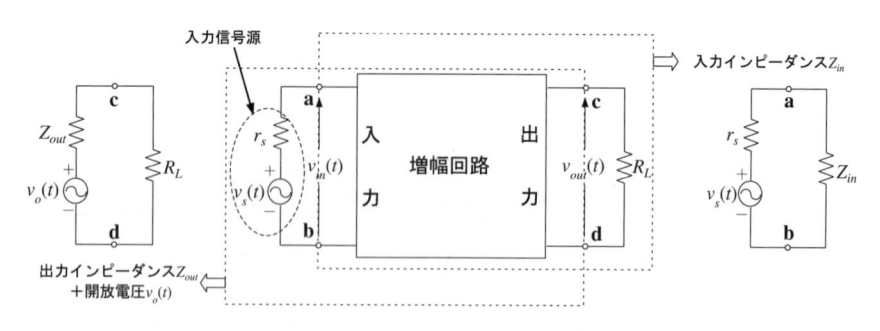

図 **4.7** 入出力インピーダンスの定義

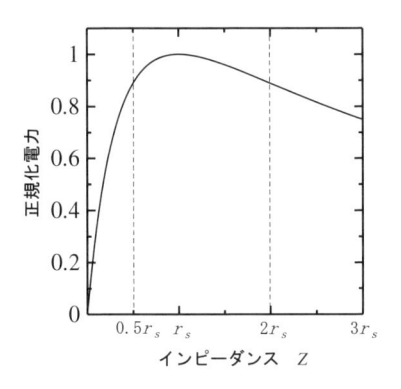

図 4.8 インピーダンスと電力との関係

ここで V_s は $v_s(t)$ の実効値である．P_{zin} が最大値となるのは $Z_{in} = r_s$ のときであり，そのときの電力 P_{zmax} は以下のようになる（→演習問題 **2**）．

$$P_{zmax} = \frac{V_s^2}{4r_s} \tag{4.17}$$

つまり，「入力信号源から最も効率よく電力を取り出すためには，$Z_{in} = r_s$ とする必要がある」ということであり，このことを，「**インピーダンス整合**」をとるという．左図の出力インピーダンスにもまったく同様のことが当てはまり，増幅した信号（電力）を負荷に最も効率よく伝達する条件は，$Z_{out} = R_L$ となる．

図 4.8 に供給電力のインピーダンス依存性のグラフを示す．図を見ると，インピーダンス整合がとれていなくても，例えば，$Z_{in} = 0.5r_s$ や $Z_{in} = 2r_s$ の場合でも，電力は 10 ％程度しか減少しないことが分かる．したがって，インピーダンス整合はあまりシビアに考えなくてもよく，「**オーダーを合わせる程度**」でも十分であることが分かる．

図 4.9 に入出力インピーダンスの測定法を示す．図の R_L は負荷抵抗，r_s は入力信号源の内部抵抗である．まず，入力インピーダンスについて考えると，その測定回路は図 4.4 とまったく同じ接続状態であり，図 4.4 の $v_{in}(t), i_{in}(t)$ が，$v_1(t), i_1(t)$ に対応している．したがって，式 (4.3) より，**エミッタ接地増幅回路の入力インピーダンスは**，

$$Z_{in} = \frac{v_1(t)}{i_1(t)} = R_1 // R_2 // h_{ie} = \frac{R_1 R_2 h_{ie}}{R_1 R_2 + h_{ie}(R_1 + R_2)} \tag{4.18}$$

と求まる．

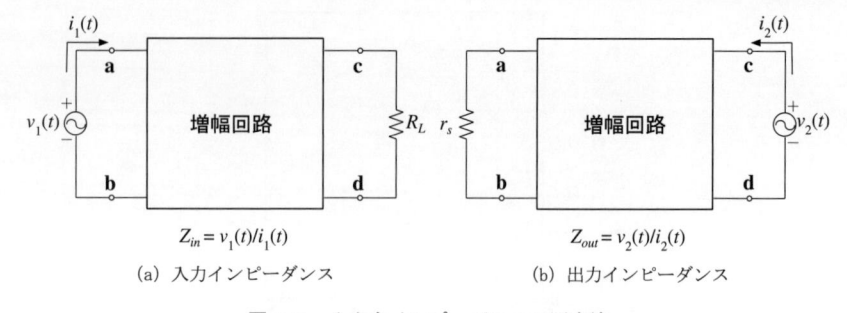

図 4.9 入出力インピーダンスの測定法

(a) 入力インピーダンス　　　(b) 出力インピーダンス

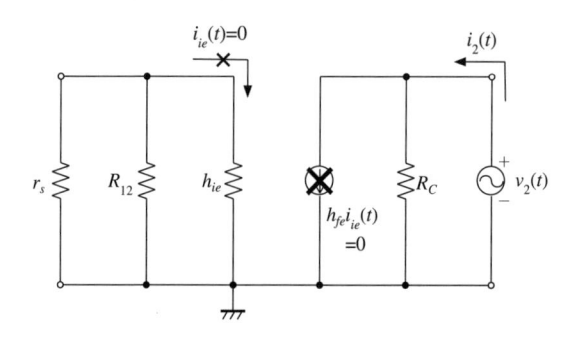

$Z_{in} = v_1(t)/i_1(t)$　　　$Z_{out} = v_2(t)/i_2(t)$

図 4.10 出力インピーダンス測定回路の小信号等価回路

一方，出力インピーダンスについては，測定回路が図 4.4 の状況とは異なるため，測定回路に対応した小信号等価回路（図 4.10）を考えなければならない．図から明らかなように，入力電流が流れていないので出力側の電流源は開放状態になり，エミッタ接地増幅回路の出力インピーダンスは以下の式で表される．

$$Z_{out} = \frac{v_2(t)}{i_2(t)} = R_C \tag{4.19}$$

以上の入出力インピーダンスの式は，先述した等価回路簡略化のための仮定においてのみ成立しており，厳密には付録 H に示されるような複雑な式になる．

4.1.3　バイアスの設定

これまでに導いた小信号回路の特性は，第 3 章で述べた「小振幅動作」の状態で回路が動作しているという前提において成り立つ．例えば，出力電圧 $v_{out}(t)$ は，コレクタ端子におけるバイアス電圧がその振幅の中心となる．したがって，

(a) エミッタ接地増幅回路

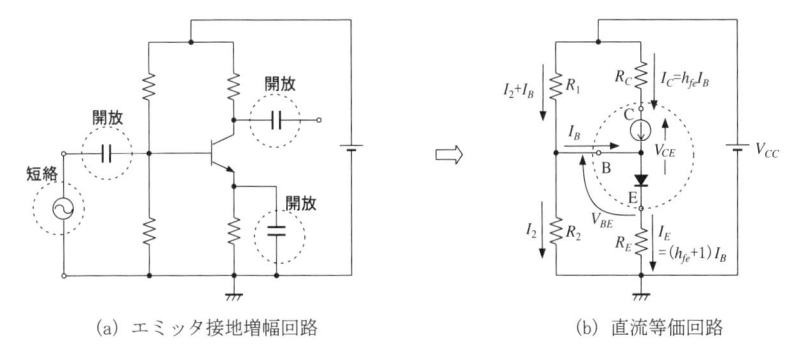

(b) 直流等価回路

図 **4.11** エミッタ接地増幅回路の直流等価回路

小振幅動作を上手く成立させるために，回路のバイアス設定は極めて重要となる．ここでは，そのバイアス設定法についてやはりエミッタ接地増幅回路を例にとって述べる．

図 4.1 の直流成分のみを考慮すると，コンデンサを開放するとともに，重ね合わせの理に従って直流電源のみを残せばよく，また，図 2.14 の等価回路を用いると図 4.11(b) のようになる．この回路について電流と電圧の関係を導いてみる．各電圧・電流を図のようにおくと，以下のような関係が導ける．

$$V_{CC} = R_1 (I_2 + I_B) + R_2 I_2 \tag{4.20}$$

$$V_{out} = V_{CC} - R_C I_C = V_{CC} - R_C h_{fe} I_B \tag{4.21}$$

$$R_2 I_2 = V_{BE} + R_E (h_{fe} + 1) I_B \tag{4.22}$$

$$V_{CE} = V_{out} - R_E (h_{fe} + 1) I_B \tag{4.23}$$

ここで，ベース電流を基準に電流を設定し，式 (4.15) の関係を用いて，β ではなく h_{fe} を用いている．V_{out} はコレクタの電位であり，また，第 3 章で述べたように，$V_{BE} \simeq V_{th} = 0.7[\text{V}]$ と見なせる．ここで，計算を簡略化するために，**電子回路のポイントの一つである近似計算**を行なう．電子回路の回路計算で使う近似は，主に加減算における大小比較である．すなわち，

$A \pm B$ の計算において，$|A| \gg |B|$ のとき，$A \pm B \simeq A$

と見なせる．ここで勘違いしないでほしいのは，

「決して,$B=0$ と見なすのではない!」

ということである.まず,h_{fe} は 100 以上の値となるため,$h_{fe} \gg 1$ である.したがって,エミッタ電流は,

$$I_E = (h_{fe}+1)I_B \simeq h_{fe}I_B = I_C \tag{4.24}$$

と見なせる.この式と式 (4.20), (4.22) から,近似したコレクタ電流が以下のように求まる.

$$I_C = h_{fe}I_B = h_{fe}\frac{\frac{R_2}{R_1+R_2}V_{CC} - V_{BE}}{h_{fe}R_E + R_{12}} \tag{4.25}$$

ここで,$R_{12} = R_1 // R_2$ である.この式から,R_E の役割について考察してみる.まず,実際のバイポーラトランジスタは,同じ型番の素子においても h_{fe} の値に大きなばらつき(個体差)がある.また,「h_{fe} およびダイオードのしきい値電圧 V_{th} は温度上昇によって変化」し,例えばシリコントランジスタの h_{fe} は,1°C 当たり 0.5〜1 % 程度変動する.そこで,h_{fe} の違いに対するコレクタ電流の変化を求めてみる.h_{fe} の値が h_{fe1} の場合のコレクタ電流が I_{C1},h_{fe2} の場合が I_{C2} であったときのコレクタ電流の変動率は以下のように導出できる.

$$\frac{I_{C2} - I_{C1}}{I_{C1}} = \frac{h_{fe2}\frac{\frac{R_2 V_{CC}}{R_1+R_2} - V_{BE}}{h_{fe2}R_E + R_{12}} - h_{fe1}\frac{\frac{R_2 V_{CC}}{R_1+R_2} - V_{BE}}{h_{fe1}R_E + R_{12}}}{h_{fe1}\frac{\frac{R_2 V_{CC}}{R_1+R_2} - V_{BE}}{h_{fe1}R_E + R_{12}}}$$
$$= \frac{1}{1 + h_{fe2}\frac{R_E}{R_{12}}} \cdot \frac{h_{fe2} - h_{fe1}}{h_{fe1}} = K \cdot \frac{h_{fe2} - h_{fe1}}{h_{fe1}} \tag{4.26}$$

ここで,定数 K を h_{fe} 安定指数と呼ぶ.この式で,もし $R_E = 0[\Omega]$ であった場合,例えば $h_{fe1} = 100$, $h_{fe2} = 200$ では,コレクタ電流の変動率は 1.0 すなわち 100 % にもなる.それに対して,$R_E = 1[k\Omega]$,$R_{12} = 5[k\Omega]$ の場合では,変動率は 1/41 すなわち約 2.4 % まで抑えられることが分かる.コレクタ電流が変動することは,出力側の抵抗での電圧降下すなわち設定したバイアスが変動することを意味する.つまり,R_E はバイアスを安定化する効果があり,その値が大きければ大きいほど効果も大きくなることが分かる.

それでは,R_E はいくら大きくしても良いのだろうか? もちろんそうはならない.これは R_E が無限大(開放)となれば $I_E = 0$ となり,トランジスタが

動作しなくなることからも明らかであるが，より理論的に理解するために，R_E の出力電圧に対する影響について考察する．式 (4.21)，(4.24) を式 (4.23) に代入すると以下の関係が得られる．

$$V_{CE} \simeq V_{out} - R_E I_C = V_{CC} - (R_C + R_E) I_C \tag{4.27}$$

この式を npn 型トランジスタの I_C-V_{CE} 特性上に重ねて図示すると，図 4.12(a) の直線 A のようになる．直線 A は，エミッタ接地増幅回路の 4 つの抵抗値とバイアス電源 V_{CC} が決まると，V_{CE} および I_C が直線上のある一点として決定されることを示しており，**直流負荷直線**と呼ばれる．ここで V_{CE} は 0[V] から V_{CC}[V] の間で決定される[†]のに対し，I_C の上限は R_C および R_E の値により決まる．次に脈流としての C-E 間電圧を考えると，C_E で交流成分が短絡されているため，R_E には直流成分のみが流れることから以下のような式が導ける．

$$V_{CE}(t) = V_{CC} - R_C I_C(t) - R_E I'_C \tag{4.28}$$

I'_C を定数と見なしてこの式をグラフ化すると直線 B のようになり，I'_C は直線 A と B の交点として決まる．また，直線 B の Y 切片は，$I_{CM} = (V_{CC} - R_E I'_C)/R_C$

(a) 負荷直線（I_C-V_{CE}）

(b) 負荷直線（I_C-V_{out}）

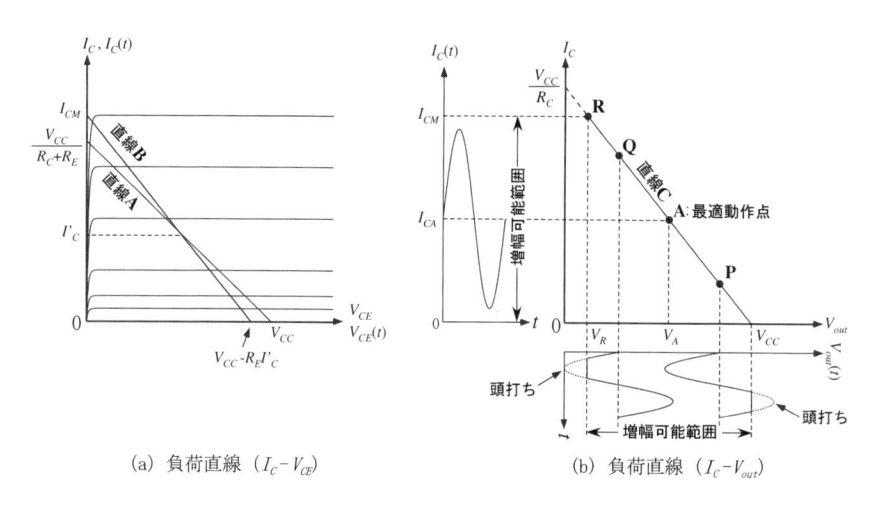

図 4.12 エミッタ接地増幅回路の負荷直線

[†] 厳密には 0[V] 付近ではトランジスタが飽和領域に入るため，下限はオン電圧と呼ばれる小さな値になる．

で表される. $V_{CE}(t) \geq 0$ であるので, この I_{CM} がコレクタ電流（脈流）の上限となり, その値はバイアス電流 I'_C により変化することが分かる.

次に I_C-V_{out} 特性を考えると, 式 (4.21) より, 図 4.12(b) の直流負荷直線 C が描ける. ここで, 抵抗値やバイアス電源の値に従って決定される I_C および V_{out} の値（直線 C 上のある一点）が, 交流信号が加わって脈流となったときに出力信号の振幅の中心となり, これを**増幅回路の動作点**と呼ぶ. 例えば, 動作点が点 P の時, 出力電圧信号のプラス振幅側の波形において, V_{CC} を超過した分は増幅できず頭打ちとなるため, 波形が歪むことが分かる. 同様に点 Q では, 図 (a) のように I_C の上限が I_{CM} であることを考えると, マイナス振幅側の波形が点 R の位置で頭打ちになることが分かる. したがって, 波形が歪まない範囲（小振幅動作）での出力信号 $v_{out}(t) = V_{om} \sin\omega t$ の最大振幅 V_{omax} は, 図 (b) の V_{CC} と V_A の差となるため, $I'_C = I_{CA}$ として, 以下のように求まる.

$$I'_C = I_{CA} = \frac{I_{CM}}{2} = \frac{V_{CC} - R_E I'_C}{2R_C} \quad \rightarrow \quad I_{CA} = \frac{V_{CC}}{2R_C + R_E} \simeq I_{EA} \quad (4.29)$$

$$V_A = V_{CC} - R_C I_{CA} \quad \rightarrow \quad V_{omax} = R_C I_{CA} = \frac{R_C V_{CC}}{2R_C + R_E} \quad (4.30)$$

よって, R_E を大きくすると, 出力信号の取り得る最大振幅が減少することが分かる. また, (V_A, I_{CA}) がこの時の最適動作点である. 以上をまとめると,

「バイアス安定化には大きな R_E」「増幅可能範囲の拡大には小さな R_E」

が必要となり, トレードオフの関係となっている. また, これに加えて R_E の大きさは, エミッタを短絡させるためのバイパスコンデンサの容量や, 式 (4.9) で説明したように電圧増幅率の低下にも関係してくる. 結局のところ, 「ちょうど良い R_E の値を考える」ことが必要になる. ちなみに, 最近のシリコン BJT は品質がかなり安定しているため, 同じグレードのトランジスタを選ぶようにすれば, h_{fe} 安定指数についてあまり神経質にならなくてもよい. したがって, R_E はどちらかと言えば小さめに設定するのが良い.

次に実際にバイアスを設定してみる. 各抵抗値等の設定手順にはさまざまな方法があり, 「設計する回路にどのような特性が求められるか」という条件によって, ケースバイケースである. ここではその一例を示す. トランジスタと

して 2SC1815 を使い，以下の設計条件が与えられたとする．

電圧増幅率 $A_v = -150$，コレクタ電流 $I_C = 2\text{mA}$，最大出力振幅 $V_{omax} = 4\text{V}$

ここで，$h_{fe} \gg 1$ の近似を使い，$I_C \simeq I_E$ と見なす．$V_{omax} = 4\text{V}$ とするためには，式 (4.30) より，バイアス電源 V_{CC} は最低でもその 2 倍の 8[V] は必要であるが，余裕を見てここでは 10[V] としておく．次に，R_C を決定する．図 3.15 の 2SC1815 の h パラメータ（GR グレード）を見ると，$I_C = 2\text{mA}$ のときの h_{fe} は 300，h_{ie} は 4kΩ である．したがって，無負荷状態で設計すると式 (4.4) より R_C は以下のように与えられる．

$$A_v = -150 = -\frac{h_{fe}R_C}{h_{ie}} \quad \rightarrow \quad R_C = \frac{h_{ie}}{2} = 2[\text{k}\Omega] \tag{4.31}$$

式 (4.29) の最適動作点 (I_{CA}) を与える R_E を求めると以下のようになる．

$$I_{CA} = \frac{V_{CC}}{2R_C + R_E} = 2[\text{mA}] \quad \rightarrow \quad R_E = 1[\text{k}\Omega] \tag{4.32}$$

ここで，V_{omax} の値を求めてみると，

$$V_{omax} = \frac{R_C}{2R_C + R_E} \cdot V_{CC} = 4[\text{V}] \tag{4.33}$$

となり，なぜかぴったりの値である．実は式 (4.30) より，$V_{omax} = R_C I_{CA}$ であるので，電圧増幅率 A_v およびコレクタ電流 I_C により R_C を設定した時点で，V_{omax} は自動的に決定されていたのである．つまりタネを明かすと，今回の $V_{omax} = 4[\text{V}]$ はこのことを見越した上で，ちょうど良い値を条件として書いただけのことである．したがって，回路設計において，

「電圧増幅率，コレクタバイアス電流，最大出力振幅はそれぞれ相関しており，実現不可能な組合せがある」

ことを常に考慮する必要がある．

次に，R_1, R_2 を設定する．ベースの電位 V_{R2} は式 (4.22) より，以下のように与えられる．

$$V_{R2} = R_2 I_2 = V_{BE} + R_E I_E = 2.7[\text{V}] \tag{4.34}$$

ここで，V_{BE} はダイオードのしきい値電圧 0.7[V] である．V_{CC} と R_1, R_2 の関係は式 (4.20) で与えられるが，計算を簡単にするため，$I_2 \gg I_B$ の条件で近似

を行なう†. よって，以下の関係が得られる.

$$V_{CC} \simeq R_1 I_2 + R_2 I_2, \quad V_{R2} = \frac{R_2 V_{CC}}{R_1 + R_2} = 2.7[\text{V}] \rightarrow 27R_1 = 73R_2 \quad (4.35)$$

ここで，式 (4.26) を見ると，R_1, R_2 が小さければ小さいほど，それらの並列接続の合成抵抗である R_{12} も小さくなりバイアスが安定することが分かる．しかしながら，ここでもやはりトレードオフが生じている．すなわち，以下の式で与えられる，R_1, R_2 における消費電力を考える．

$$P_{12} \simeq V_{CC} I_2 = \frac{V_{CC}^2}{R_1 + R_2} \quad (4.36)$$

この式を見れば明らかなように，R_1, R_2 が小さければ小さいほど，消費電力が増大してしまう．これは，環境世紀である現代において好ましくない．つまり，

「バイアス安定化には小さな R_1, R_2」「省エネには大きな R_1, R_2」

が必要であるため，やはり，「ちょうど良い R_1, R_2」を考えなければならない．一般的には，小型抵抗器の定格電力（1/8W など）も考慮して，I_2 が mA オーダー以下となるように設定する．ここでは，$R_2 = 27[\text{k}\Omega]$, $R_1 = 73[\text{k}\Omega]$ と設定する．以上でバイアス設計は終りだが，設定した抵抗値は，$h_{fe} \gg 1$ および $I_2 \gg I_B$ の二つの近似を用いている．そこで最後に，実際の回路特性を近似無しで検証してみる．式 (4.20), (4.22) より各電流値を求めると以下のようになる.

$$I_2 \simeq 0.095[\text{mA}] \qquad I_B \simeq 6.2[\mu\text{A}]$$
$$I_C \simeq 1.9[\text{mA}] \qquad I_E \simeq 1.9[\text{mA}] \quad (4.37)$$

また，式 (4.21), (4.23) より V_{omax} を求めると以下のようになる.

$$V_{omax} = R_C I_{CA} \simeq 3.7[\text{V}] \quad (4.38)$$

したがって，近似を用いたことである程度の誤差が生じるが，バイアス設計はこの程度の精度で十分である．最後に，h_{fe} 安定指数 K を検証してみる．式

---

† 一般的に，この条件が成り立つ状態で回路設計をする．

(4.26) より $h_{fe2} = 300$ とすると，

$$K = \frac{1}{1 + h_{fe2}\frac{R_E}{R_{12}}} \simeq 0.062 \tag{4.39}$$

となる．以上の数値は，机上での算出値であり，実際には，抵抗器の誤差（最大5％程度）やトランジスタの個体差によるhパラメータのばらつきなどがあるため，回路を作製した後で，電圧・電流を実測して確認する必要がある．また，今回は出力に負荷をつないでいない状態での設計であるので，負荷抵抗 R_L をつないだ場合は電圧増幅率が変化することに留意する必要がある．さらに，**実際の設計では，回路の入出力インピーダンスに対する設計条件が課せられる場合が多いため，設計方法はさらに複雑になる．**

4.1.4 ベース接地増幅回路とコレクタ接地増幅回路

本項では，バイポーラトランジスタ基本増幅回路の残りの二つ，ベース接地およびコレクタ接地増幅回路について解説する．増幅率等の回路パラメータの導出過程の説明は省略するので，各自で計算してほしい．

図4.13(a) にベース接地増幅回路を示す．図の C_B は，ベース端子を交流的に接地する役割をしている．エミッタ接地増幅回路のときと同様の仮定をすると，図3.14を用いることで，図(b) のような小信号等価回路が描ける．ここで，C_B を短絡したことで，R_1, R_2 の端子間電圧がゼロとなり，開放と見なせることに注意する．この等価回路より回路方程式を解くと，各パラメータは以下の

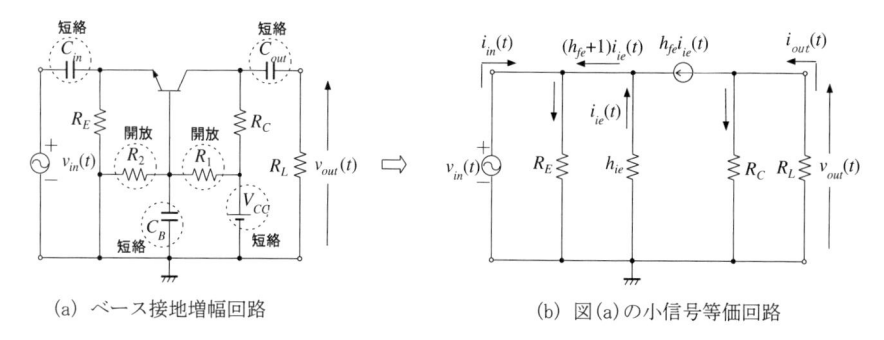

図 **4.13** ベース接地増幅回路

ように導出できる（→演習問題 5）.

$$A_v = \frac{R_L}{R_C + R_L} \cdot \frac{h_{fe}R_C}{h_{ie}} = \frac{h_{fe}R_{CL}}{h_{ie}} \tag{4.40}$$

$$A_i = -\frac{R_C}{R_C + R_L} \cdot \frac{h_{fe}R_E}{h_{ie} + (h_{fe} + 1)R_E} \tag{4.41}$$

$$Z_{in} = \frac{h_{ie}R_E}{h_{ie} + (h_{fe} + 1)R_E} = R_E // \frac{h_{ie}}{h_{fe} + 1} \tag{4.42}$$

ここで $R_{CL} = R_c // R_L$ である．回路方程式を解くと，図の $i_{ie}(t)$ および電流源の向きは，実際には逆であることが分かる．また，$h_{fe} \gg 1$ であり，さらに，$(h_{fe} + 1)R_E \gg h_{ie}$ が成り立つときは以下のように簡略化できる．

$$A_i \simeq -\frac{R_C}{R_C + R_L} \tag{4.43}$$

$$Z_{in} \simeq \frac{h_{ie}}{h_{fe}} \tag{4.44}$$

したがって，入出力電圧は同位相，入出力電流は逆位相であり，$|A_i| \leq 1$ であるため，電流増幅機能が無いことが分かる．また，入力インピーダンスがかなり小さくなることも分かる．一方，出力インピーダンスは図 4.9 に従って以下のように導ける（→演習問題 5）.

$$Z_{out} = R_C \tag{4.45}$$

図 4.14(a) にコレクタ接地増幅回路を示す．一見，エミッタ接地回路と似ているように見えるが，バイパスコンデンサ C_E が無いため，エミッタは接地さ

(a) コレクタ接地増幅回路

(b) 図(a)の小信号等価回路

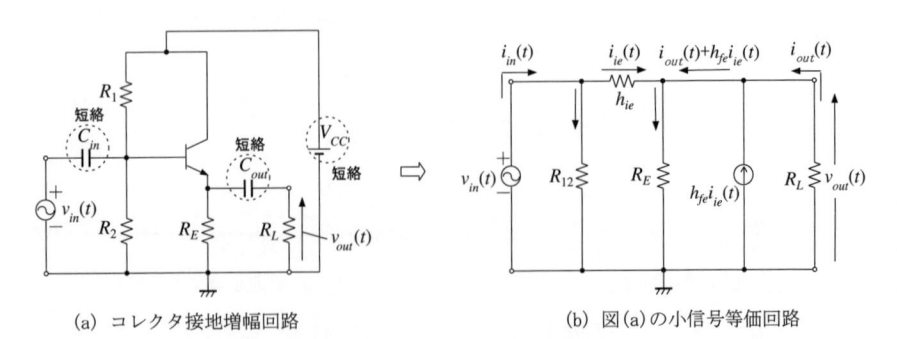

図 4.14 コレクタ接地増幅回路

れていない．また，R_C も接続されていないため，交流的にはコレクタが接地となっている（この回路では交流接地用のバイパスコンデンサが不要であることに注意）ことが分かる．エミッタ接地増幅回路のときと同様の仮定をすると，図 3.14 を用いることで，図 (b) のような小信号等価回路が描ける．この等価回路より回路方程式を解くと，各パラメータは以下のように導出できる（→**演習問題 6**）．

$$A_v = \frac{(h_{fe}+1)R_{EL}}{(h_{fe}+1)R_{EL}+h_{ie}} \tag{4.46}$$

$$A_i = -\frac{R_E}{R_E+R_L} \cdot \frac{(h_{fe}+1)R_{12}}{R_{12}+(h_{fe}+1)R_{EL}+h_{ie}} \tag{4.47}$$

$$Z_{in} = \frac{R_{12}\{(h_{fe}+1)R_{EL}+h_{ie}\}}{R_{12}+(h_{fe}+1)R_{EL}+h_{ie}} = R_{12}//((h_{fe}+1)R_{EL}+h_{ie}) \tag{4.48}$$

ここで，$R_{12} = R_1//R_2$, $R_{EL} = R_E//R_L$ である．式より，入出力電圧は同位相，入出力電流は逆位相であり，$|A_v| \leq 1$ であるため，電圧増幅機能が無いことが分かる．また，$h_{fe} \gg 1$ であり，さらに，「$(h_{fe}+1)R_{EL} \gg$ その他の抵抗値」が成り立つときは以下のように簡略化できる．

$$A_v \simeq 1 \tag{4.49}$$

$$A_i \simeq -\frac{R_{12}}{R_L} \tag{4.50}$$

$$Z_{in} \simeq R_{12} \tag{4.51}$$

したがって，入力電圧と出力電圧（エミッタ端子の電位）が，位相・値ともにほぼ同じとなることが分かる．このことから，コレクタ接地増幅回路は**ヴォルテージフォロワ**または**エミッタフォロワ**とも呼ばれる．また，出力インピーダンスは図 4.9 に従って以下のように導ける（→**演習問題 6**）．

$$Z_{out} = \frac{R_i R_E}{R_i + (h_{fe}+1)R_E} = R_E//\frac{R_i}{h_{fe}+1} \tag{4.52}$$

ここで，$R_i = h_{ie} + r_s//R_{12}$ であり，r_s は入力信号源の内部抵抗（出力インピーダンス）である．また，この式において先ほどと同様の仮定を考えると，以下のように簡略化できる．

$$Z_{out} \simeq \frac{R_i}{h_{fe}} \tag{4.53}$$

したがって，出力インピーダンスがかなり小さくなることが分かる．このことを利用して，コレクタ接地増幅回路はインピーダンス変換回路（→演習問題 9(g)）としてよく用いられる．

4.2 FET 基本増幅回路

FET を用いた増幅回路は，バイポーラトランジスタによる回路と基本的にほぼ同じ構造をしている．違いは，BJT ではベース電流が出力側に流れ込んでいたが，FET ではゲートとソース・ドレインとの間には電流が流れていないことである．このことは，FET のほうが BJT よりも回路計算が簡単になることを意味する．

4.2.1 ソース接地増幅回路

まず，ソース接地増幅回路について解説する．この回路はバイポーラトランジスタにおけるエミッタ接地回路に相当する．FET の厳密な小信号等価回路は

(a) ソース接地増幅回路

(b) 図(a)の小信号等価回路

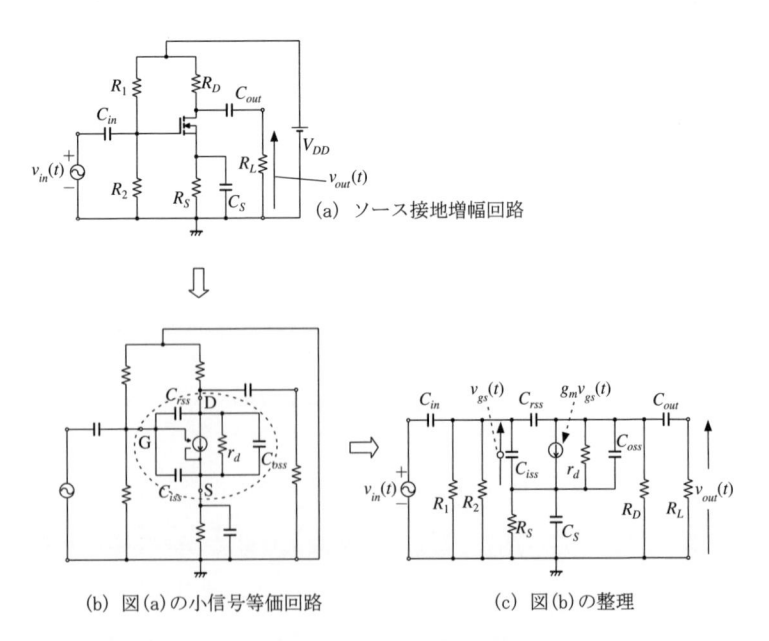

(c) 図(b)の整理

図 4.15　ソース接地増幅回路

図 3.20(a) の回路で与えられるので，図 4.15(b) のような回路が導ける．ここで，「重ね合わせの理」よりバイアス電源 V_{DD} は短絡としている．

図 4.15(b) を整理すると図 4.15(c) のようになる．ここで，電流源 $g_m v_{gs}(t)$ の $v_{gs}(t)$ は $v_{in}(t)$ ではなく入力容量（寄生容量）C_{iss} の端子間電圧であることに注意する．この回路の電圧・電流特性は，付録 H のエミッタ接地増幅回路の厳密計算よりもさらに複雑になるため，本書では導出しないことにする†．そこで，ここでは以下のような仮定のもと計算を行なうことにする．

「入力信号は kHz オーダー」「FET の各寄生容量は非常に小さい」

「C_{in}, C_{out}, C_s のインピーダンスは十分小さく，交流信号に影響を与えない」

このような条件のもとでは各寄生容量を開放と見なせるので，FET の小信号等価回路は図 4.16(a) のようにドレイン抵抗 r_d および電流源 $g_m v_{gs}(t)$ だけで表現できる．また，各コンデンサ (C_{in}, C_{out}, C_S) のインピーダンスは十分小さい，すなわち短絡と見なせることから，図 4.16(c) のような回路が導ける．

ここで，$R_{12} = R_1 // R_2, R_{DD} = r_d // R_D$ である．C_S を短絡することで R_S

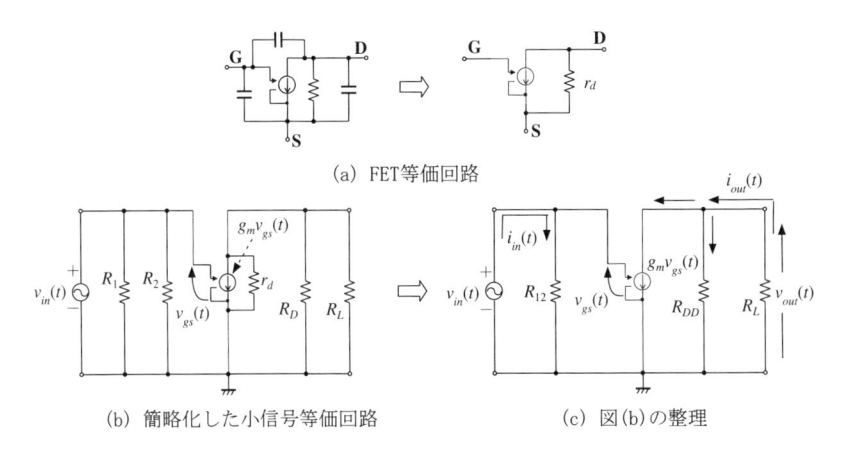

(a) FET等価回路

(b) 簡略化した小信号等価回路

(c) 図(b)の整理

図 4.16 図 4.15(c) の簡略化

---

† 第 3 章で算出した FET の h パラメータを用いることで，付録 H のエミッタ接地回路と基本的に同じように計算できる．

には電流が流れないため，エミッタ接地の場合と同様に R_S は開放と見なせる．したがって，この場合は $v_{gs}(t) = v_{in}(t)$ となることが分かる．この等価回路より各パラメータは以下のように導出できる．

$$A_v = \frac{v_{out}(t)}{v_{in}(t)} = -\frac{g_m R_{DD} R_L}{R_{DD} + R_L} = -g_m R_{DDL} \tag{4.54}$$

$$A_i = \frac{i_{out}(t)}{i_{in}(t)} = \frac{g_m R_{DD} R_{12}}{R_{DD} + R_L} \tag{4.55}$$

$$Z_{in} = \frac{v_{in}(t)}{i_{in}(t)} = R_{12} \tag{4.56}$$

ここで，$R_{DDL} = r_d // R_D // R_L$ である．式より，入出力電圧は逆位相，入出力電流は同位相であり，入力インピーダンスを大きく設定できることが分かる．

図 4.9 に従うと，出力インピーダンスは，図 4.17 に示す小信号等価回路を用いることで導ける．図より入力側に電流が流れないため $v_{gs}(t) = 0$ となり，出力側の電流源も $g_m v_{gs}(t) = 0$ すなわち開放となることから，以下のように表せることは明らかである．

$$Z_{out} = r_d // R_D = R_{DD} \tag{4.57}$$

さて，第 3 章の図 3.21 を見ると，A_v, A_i, Z_{out} の式に含まれるドレイン抵抗 r_d の値は FET の規格表に載っていないことが分かる．そこで **実際に回路設計を行なう際には，r_d は非常に大きい，すなわち開放と見なす**[†]．したがって，式

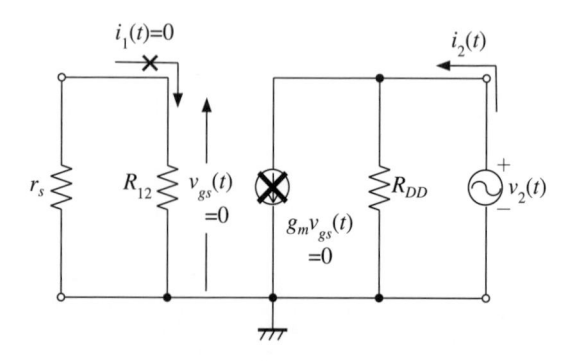

図 4.17 ソース接地増幅回路の出力インピーダンス測定回路

[†] r_d は通常 50kΩ 以上の大きな値をとる．また，規格表のオン抵抗 R_{DS} はまったく別の抵抗成分なので，混同しないように注意する．

(4.54), (4.55), (4.57) において，「$r_d \gg R_D \to R_{DD} \simeq R_D$」とすることで，以下のような実用上の式が求まる．

$$A_v \simeq -g_m R_{DL} \tag{4.58}$$

$$A_i \simeq \frac{g_m R_D R_{12}}{R_D + R_L} \tag{4.59}$$

$$Z_{out} \simeq R_D \tag{4.60}$$

ここで，$R_{DL} = R_D // R_L$ である．これらの式を用いた計算値と実際に作製した回路における測定値との間には，ある程度の誤差が生じ，もちろんその誤差要因の一つとして「r_d を無視したことによる影響」が挙げられる．しかしそれ以上に，「抵抗器の誤差（5％以下）」や「FET の個体差による g_m のバラツキ」などが，大きな誤差要因になり得る．したがって，基本的にアナログ電子回路の理論設計は，それほど厳密に行なうものではなく，

「実際に作製した回路の特性を測定しながら微調整する」

ものであると認識してほしい．

4.2.2　ソース接地増幅回路のバイアスの設定

　ソース接地増幅回路における各抵抗・コンデンサの役割は，エミッタ接地増幅回路とほぼ同じである．したがって，バイアス特性もほとんど同じである．違うのは，ゲートとソース・ドレインとの間に電流が流れていないことであり，これによって，エミッタ接地の場合とは違い，各バイアスが近似計算を用いずに正確に計算できる．

　ちなみに，FET の電圧・電流特性はバイポーラトランジスタのような指数関数ではなく，式 (2.8) で表される二乗特性である．すなわち，V_{GS} の変動による過電流はあまり心配する必要が無いため，それよりもむしろ，素子数の削減および出力電圧の最大振幅の増大のために，R_S を短絡，および C_S を開放としたソース接地回路もよく使われている．

　図 4.15(a) の直流成分のみを考慮すると，コンデンサを開放し，直流電源のみを残すので，図 4.18(b) のようになる．この回路について電流と電圧の関係

(a) ソース接地増幅回路

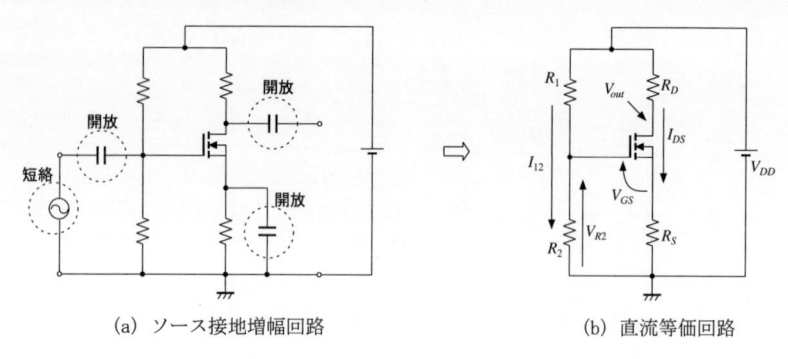

(b) 直流等価回路

図 **4.18**　ソース接地増幅回路の直流等価回路

を導いてみる．各電圧・電流を図のようにおくと，以下のような関係が導ける．

$$V_{DD} = R_1 I_{12} + R_2 I_{12} \tag{4.61}$$

$$V_{out} = V_{DD} - R_D I_{DS} \tag{4.62}$$

$$R_2 I_{12} = V_{GS} + R_S I_{DS} \tag{4.63}$$

$$V_{DS} = V_{out} - R_S I_{DS} \tag{4.64}$$

R_S の出力電圧に対する影響はエミッタ接地増幅回路の R_E とほぼ同じである．式 (4.62) を式 (4.64) に代入すると以下の関係が得られる．

$$V_{DS} = V_{out} - R_S I_{DS} = V_{DD} - (R_D + R_S) I_{DS} \tag{4.65}$$

この式を FET の I_{DS}-V_{DS} 特性上に重ねて図示すると，図 4.19(a) の直線 A のようになる．次に脈流としての D-S 間電圧を考えると，以下の式が導ける．

$$V_{DS}(t) = V_{DD} - R_D I_{DS}(t) - R_S I'_{DS} \tag{4.66}$$

この式をグラフ化すると，エミッタ接地増幅回路の場合と同様に直線 B が描ける．次に I_{DS}-V_{out} 特性を考えると，図 4.19(b) のように，出力は点 R の位置で頭打ちになるため，波形が歪まない範囲（小振幅動作）での出力交流信号 $v_{out}(t) = V_{om} \sin\omega t$ の最大振幅 V_{omax} は，以下のように求まる．

$$I'_{DS} = I_{DSA} = \frac{I_{DSM}}{2} = \frac{V_{DD} - R_S I'_{DS}}{2R_D} \quad \rightarrow \quad I_{DSA} = \frac{V_{DD}}{2R_D + R_S} \tag{4.67}$$

$$V_A = V_{DD} - R_D I_{DSA} \quad \rightarrow \quad V_{omax} = R_D I_{DSA} = \frac{R_D V_{DD}}{2R_D + R_S} \tag{4.68}$$

(a) 負荷直線（I_{DS}-V_{DS}）

(b) 負荷直線（I_{DS}-V_{out}）

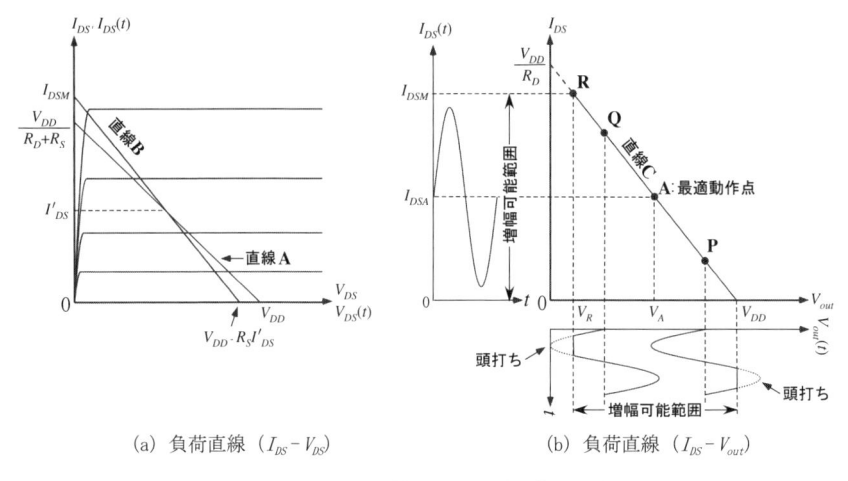

図 **4.19** ソース接地増幅回路の負荷直線

このときの (V_A, I_{DSA}) が最適動作点であり，式 (4.29),(4.30) と等価な式となる．

次に実際にバイアスを設定してみる．設定手順は設計条件によってケースバイケースであるが，ここではその一例を示す．FET として 2SK1825 を使い，以下の設計条件が与えられたとする．

$$V_{DD} = 12\text{V}, A_v = -30, I_{DS} = 3\text{mA}, Z_{in} = 100\text{k}\Omega$$

図 3.21 の FET の規格表をみると，$I_{DS} = 3\text{mA}$ のときの g_m は 20mS と求まる．したがって，式 (4.58) より R_D は，

$$R_D = -\frac{A_v}{g_m} = 1.5[\text{k}\Omega] \tag{4.69}$$

となる．ここで，今回は出力に負荷を接続しない状況を考え，$R_{DL} = R_D$ としている．式 (4.67) より最適動作点を与える R_S は，以下のように求まる．

$$R_S = \frac{V_{DD}}{I_{DSA}} - 2R_D = 1.0[\text{k}\Omega] \tag{4.70}$$

規格表より，$I_{DS} = 3\text{mA}$ のときの V_{GS} は 1.7V であるので，V_{R2} の式から，R_1, R_2 の関係が以下のように求まる．

$$V_{R2} = \frac{R_2}{R_1 + R_2} V_{DD} = V_{GS} + R_S I_{DSA} = 4.7[\text{V}] \quad \rightarrow \quad 47R_1 = 73R_2 \tag{4.71}$$

この式と $Z_{in} = R_{12} = 100\mathrm{k}\Omega$ の条件から，R_1, R_2 は以下のように求まる．

$$R_1 \simeq 255[\mathrm{k}\Omega] \qquad R_2 \simeq 164[\mathrm{k}\Omega] \tag{4.72}$$

以上の設計は，負荷抵抗 R_L を接続していない場合であり，負荷を接続した場合には電圧増幅率等の値が変化する．FET 回路の設計において注意してほしいのは，「規格表に載っているパラメータは，ある特定の測定条件下での数値である」ということである．すなわち，図 3.21 の規格表は $V_{DS} = 5[\mathrm{V}]$ においてメーカーが測定した値であるので，今回設計した回路の V_{DS} が式 (4.64) より $4.5[\mathrm{V}]$ になることを考えると，必ず回路特性にある程度の誤差が生じることが分かる．しかしながら，実際に回路を作製すれば分かるが，規格表の測定条件より，実際の V_{DS} が多少高い分にはほとんど問題が無い．逆に，V_{DS} が規格表の条件より低くなってしまった場合には，図 2.18(a) のように FET が線形領域で動作する可能性があるため，

「規格表の測定条件より V_{DS} をあまり低く設計しない」

ように注意する．

4.2.3　ゲート接地増幅回路とドレイン接地増幅回路

本項では，バイポーラトランジスタのベース接地回路に対応するゲート接地回路と，コレクタ接地回路に対応するドレイン接地回路について解説する．

図 4.20(a) にゲート接地増幅回路を示す．ソース接地増幅回路のときと同様

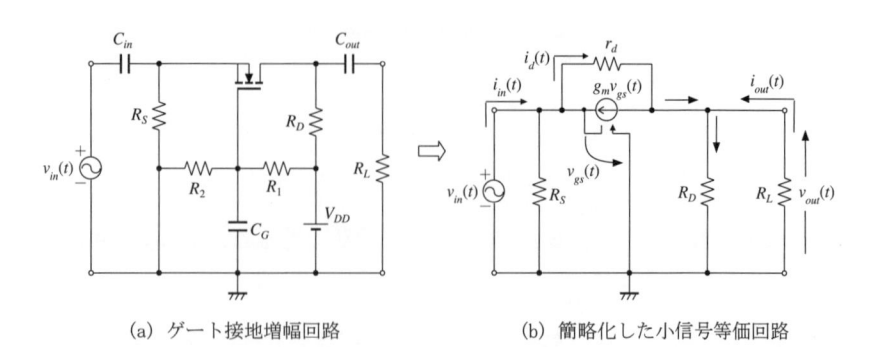

(a) ゲート接地増幅回路　　(b) 簡略化した小信号等価回路

図 **4.20**　ゲート接地増幅回路

の仮定をすると，図 4.16(a) を用いることで，図 (b) のような小信号等価回路が描ける．ここで，C_G を短絡したことで，R_1, R_2 の端子間電圧がゼロとなり，開放と見なせることに注意する．この回路では，ドレイン抵抗 r_d が入出力間をつないでいるため計算が少し複雑になるが，各パラメータは以下のように導出できる（→**演習問題 7**）．

$$A_v = \frac{g_m r_d + 1}{\frac{r_d}{R_{DL}} + 1} \tag{4.73}$$

$$A_i = -\frac{R_D}{R_D + R_L} \cdot \frac{R_s(g_m r_d + 1)}{r_d + R_{DL} + R_s(g_m r_d + 1)} \tag{4.74}$$

$$Z_{in} = \frac{R_s(r_d + R_{DL})}{r_d + R_{DL} + R_s(g_m r_d + 1)} \tag{4.75}$$

ここで，$R_{DL} = R_D // R_L$ である．図を見ると，$v_{gs}(t) = -v_{in}(t)$ であるため，図の電流源の向きは実際には逆であることが分かる．また，入出力電圧は同位相，入出力電流は逆位相であり，$|A_i| \leq 1$ であるため電流増幅機能が無いことが分かる．次に，出力インピーダンスは図 4.9 に従って以下のように導ける．

$$Z_{out} = \frac{R_D}{1 + \frac{R_D}{R_i + r_d(g_m R_i + 1)}} \tag{4.76}$$

ここで，$R_i = r_s // R_s$ であり，r_s は入力信号源の内部抵抗である．実際の回路設計においては，「$r_d \gg$ 他の抵抗値」としてドレイン抵抗の影響を消した，以下のような式を用いる．

$$A_v \simeq g_m R_{DL} \tag{4.77}$$

$$A_i \simeq -\frac{R_D}{R_D + R_L} \cdot \frac{g_m R_s}{g_m R_s + 1} \tag{4.78}$$

$$Z_{in} \simeq \frac{R_s}{g_m R_s + 1} \tag{4.79}$$

$$Z_{out} \simeq R_D \tag{4.80}$$

図 4.21(a) にドレイン接地増幅回路を示す．ソース接地増幅回路のときと同様の仮定をすると，図 4.16(a) を用いることで，図 (b) のような小信号等価回路が描ける．したがって，各パラメータは以下のように導出できる（→**演習問

(a) ドレイン接地増幅回路

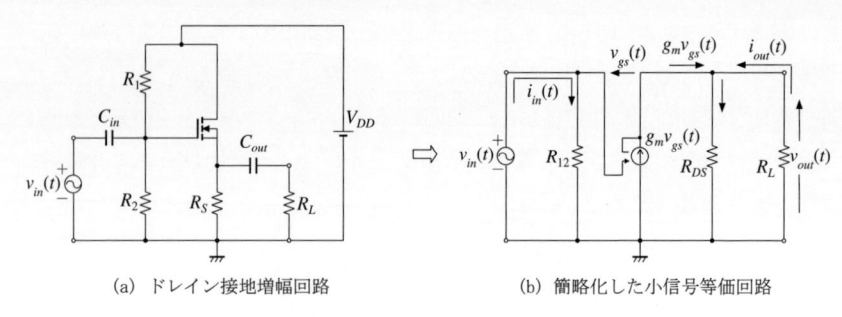

(b) 簡略化した小信号等価回路

図 **4.21** ドレイン接地増幅回路

題 8).

$$A_v = \frac{g_m}{\frac{1}{R_{DS}} + \frac{1}{R_L} + g_m} \tag{4.81}$$

$$A_i = -\frac{R_{12}}{R_L}A_v = -\frac{R_{12}}{R_L} \cdot \frac{g_m}{\frac{1}{R_{DS}} + \frac{1}{R_L} + g_m} \tag{4.82}$$

$$Z_{in} = R_{12} \tag{4.83}$$

ここで，$R_{12} = R_1 // R_2$, $R_{DS} = r_d // R_S$ である．式より，入出力電圧は同位相，入出力電流は逆位相であり，$A_v \leq 1$ であるため，電圧増幅機能が無いことが分かる．また，入力インピーダンスを大きく設定できることが分かる．さらに，「$g_m \gg$ 各抵抗のコンダクタンス」が成り立つときは，$A_v \simeq 1$ であることから，コレクタ接地増幅回路の場合と同様に，ドレイン接地増幅回路はソースフォロワとも呼ばれる．次に出力インピーダンスは図 4.9 に従って以下のように導ける．

$$Z_{out} = \frac{R_{DS}}{g_m R_{DS} + 1} \tag{4.84}$$

実際の回路設計においては，「$r_d \gg$ 他の抵抗値」としてドレイン抵抗の影響を消した，以下のような式を用いる．

$$A_v \simeq \frac{g_m}{\frac{1}{R_S} + \frac{1}{R_L} + g_m} \tag{4.85}$$

$$A_i \simeq -\frac{R_{12}}{R_L} \cdot \frac{g_m}{\frac{1}{R_S} + \frac{1}{R_L} + g_m} \tag{4.86}$$

$$Z_{out} \simeq \frac{R_S}{g_m R_S + 1} \tag{4.87}$$

4.3 まとめ

本章のポイントは以下のとおりである．

1. 「トランジスタの個体差による特性のバラツキ」「抵抗器の許容誤差」などを考慮すると，回路計算はあまり厳密に行なう必要は無い．
2. したがって，回路を構成する素子のインピーダンスの大小を考え，なるべく小信号等価回路を簡略化することで，計算を簡略化する．
3. 増幅回路において，**BJT** と **FET** は，ほとんど同じように使える．

演習問題
---

1. 式 (4.7), (4.8), (4.13), (4.14) を導け．
2. 式 (4.16) で $Z_{in} = r_s$ のとき供給電力が最大となることを示せ．
3. 図 4.1 のエミッタ接地増幅回路において，式 (4.18), (4.19) を導け．
4. 2SC1815（GR グレート）を用いたエミッタ接地増幅回路において，電源電圧 $V_{CC} = 17\text{V}$, $I_c = 2\text{mA}$, $R_L = \infty$ のときの電圧増幅率 $A_v = -300$ となるように R_C, R_E, R_1, R_2 を決定せよ．ただし，$V_{BE} = 0.7\text{V}$ とする．
5. 図 4.13 のベース接地増幅回路において，式 (4.40)～(4.42), (4.45) を導け．
6. 図 4.14 のコレクタ接地増幅回路において，式 (4.46)～(4.48), (4.52) を導け．
7. 図 4.20 のゲート接地増幅回路において，式 (4.73)～(4.76) を導け．
8. 図 4.21 のドレイン接地増幅回路において，式 (4.81)～(4.84) を導け．
9. 図 4.22 の各回路について，電圧増幅率，電流増幅率，入力インピーダンス，出力インピーダンスを求めよ．また，(a)～(c) の回路における動作点を求めよ．ただし，$V_{CC} = V_{DD} = 20\text{V}$, 負荷抵抗 $R_L = 10\text{k}\Omega$ であり，BJT のパラメータは $h_{ie} = 27\text{k}\Omega$, $h_{re} = 0$, $h_{fe} = 100$, $h_{oe} = 2.3 \times 10^{-7}\text{S}$ とし，FET のパラメータは $g_m = 6\text{mS}$, $r_d = 740\text{k}\Omega$ とする．

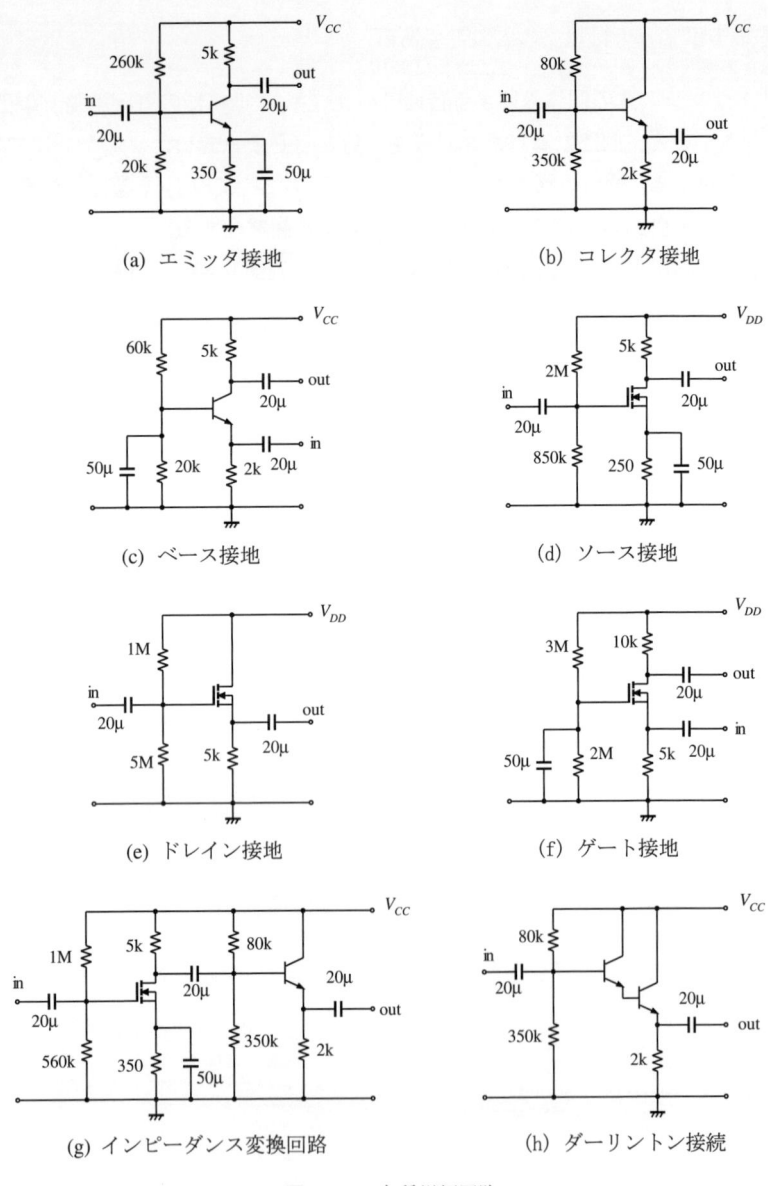

90 第4章 トランジスタ基本増幅回路

(a) エミッタ接地

(b) コレクタ接地

(c) ベース接地

(d) ソース接地

(e) ドレイン接地

(f) ゲート接地

(g) インピーダンス変換回路

(h) ダーリントン接続

図 4.22 各種増幅回路

第5章
電力増幅回路

　第3章で，トランジスタによる交流電力の増幅とは「バイアス電源の直流電力を交流電力に変換し出力として取り出す」ことであると述べた．したがって，バイアス電源の電力が，どれだけ有効に交流電力として活用されたかは，「省エネ」の観点から重要である．本章では，FET 増幅回路の電力効率について考察するが，BJT 増幅回路でもほぼ同様の回路構成および特性となる．

5.1　A 級増幅回路

　第4章で，小振幅動作には，出力（ドレイン端子）のバイアスを図 4.19(b) の点 A に設定することが最適であることを説明した．出力バイアスを点 A（およびその付近）に設定した増幅回路を **A 級増幅回路** と呼び，また点 A における電圧・電流を **A 級動作点** と呼ぶ．第4章では，出力を開放としていたが，ここでは図 5.1(a) のように負荷 R_L を接続した回路の負荷直線について考えてみる．まず，直流負荷直線は式 (4.65) より，図 5.1(b) の直線 A のように描ける．一方，各電流を図 5.1(a) のようにおくと，ソース接地増幅回路の小信号等価回路（簡単のため r_d は開放とする）から，交流成分において以下の関係が得られる．

$$i_{ds}(t) = g_m v_{gs}(t) = i_d(t) + i_{out}(t) \tag{5.1}$$

$$v_{out}(t) = -R_D i_d(t) = -R_L i_{out}(t) = -R_{DL} i_{ds}(t) \tag{5.2}$$

ここで，$R_{DL} = R_D // R_L$ である．また，脈流電流 $I_{DS}(t)$ は次式で表される．

$$I_{DS}(t) = I_{DS} + i_{ds}(t) \tag{5.3}$$

(a) ソース接地増幅回路

(b) 負荷直線 (I_{DS} - V_{DS})

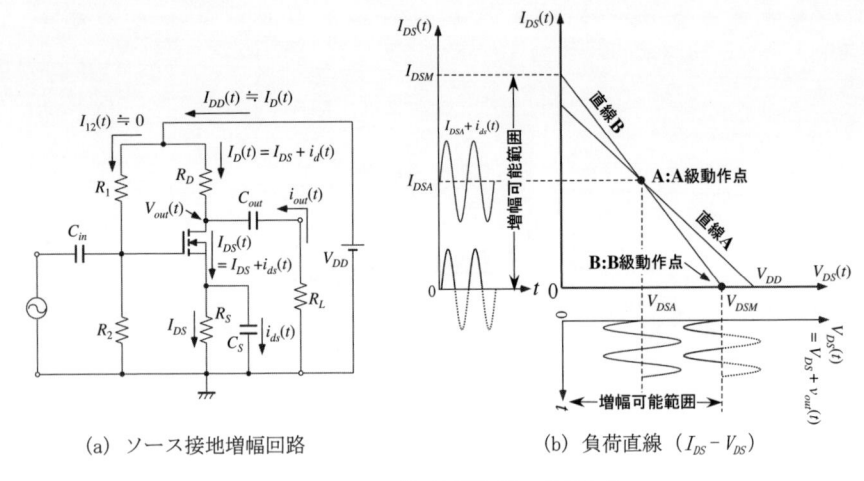

図 **5.1** ソース接地増幅回路の負荷直線

C_S で交流成分が短絡されているため R_S にはバイアス成分しか流れていないことを考慮すると，D-S 間の脈流電圧 $V_{DS}(t)$ および出力（ドレイン端子）の脈流電位 $V_{out}(t)$ は式 (5.2),(5.3) を使って以下のように導ける．

$$V_{DS}(t) = V_{DD} - R_S I_{DS} - R_D (I_{DS} + i_d(t)) = V_{DS} + v_{out}(t)$$
$$= V_{DD} - (R_D + R_S - R_{DL}) I_{DS} - R_{DL} I_{DS}(t) \tag{5.4}$$

$$V_{out}(t) = V_{DS}(t) + R_S I_{DS} = V_{DS} + R_S I_{DS} + v_{out}(t) \tag{5.5}$$

ここで V_{DS} は D-S 間のバイアス電圧である．これらの式より，脈流における負荷直線を考えると，$R_S I_{DS} > 0$ であるので，$V_{out}(t)$ の負荷直線は，$V_{DS}(t)$ の負荷直線を＋X 方向に平行移動した直線となることが分かる．したがって，**出力信号の振幅は，**$V_{DS}(t)$ **の負荷直線の切片によって制限される**ことになる．

次に $V_{DS}(t)$ に関する負荷直線を描いてみる．式 (5.4) について，バイアス成分 I_{DS} を定数 I_{DSA} と見なしてグラフ化すると図 5.1(b) の直線 B のようになる．ここで，I_{DSA} は直線 A と B の交点に相当し，FET の脈流電圧・電流は，この交点 (V_{DSA}, I_{DSA}) を中心として直線 B 上を時間変動することになる．したがって，**出力信号の振幅を最大にするためには，直流負荷直線 A の中点では**

なく，脈流における負荷直線 B の中点に交点（動作点）を取る必要があり，これが A 級動作点となる（図 (b) では，あらかじめ A 級動作点に調整した交点 A が描かれている）．ここで，V_{DSM} は $V_{DS}(t)$ の上限であり，$I_{DS}(t) = 0$ の条件より以下の式で表される．

$$V_{DSM} = V_{DD} - (R_D + R_S - R_{DL}) I_{DSA} \tag{5.6}$$

A 級動作点では $2V_{DSA} = V_{DSM}$ の関係が成り立つことと，式 (4.65) を用いて，V_{DSA}, I_{DSA}, および出力電圧の A 級動作点 V_A は以下のように導ける．

$$2V_{DSA} = 2V_{DD} - 2(R_D + R_S) I_{DSA} = V_{DD} - (R_D + R_S - R_{DL}) I_{DSA}$$
$$\rightarrow \quad I_{DSA} = \frac{V_{DD}}{R_D + R_S + R_{DL}} \quad , \quad V_{DSA} = \frac{R_{DL} V_{DD}}{R_D + R_S + R_{DL}} \tag{5.7}$$

$$\rightarrow \quad V_A = V_{DSA} + R_S I_{DSA} = \frac{(R_S + R_{DL}) V_{DD}}{R_D + R_S + R_{DL}} \tag{5.8}$$

次に，この A 級増幅回路の電力効率について考えてみる．ドレイン電流 $I_{DS}(t)$ の交流成分 $i_{ds}(t)$ の取り得る最大振幅は，図 5.1(b) から分かるように I_{DSA} となる．また，図 5.1(a) のように，R_L には $i_{ds}(t)$ を R_D と R_L で分流した交流電流 $i_{out}(t)$ のみが流れている．したがって，$i_{out}(t) = I_m \sin \omega t$ とおくと，R_L で消費される交流電力の平均値 P_L は，以下のように求められる．

$$\begin{aligned} P_L &= \frac{1}{T} \int_0^T |v_{out}(t) i_{out}(t)| dt = \frac{1}{T} \int_0^T R_L (I_m \sin \omega t)^2 dt \\ &\leq \frac{R_L}{2} \left(\frac{R_D I_{DSA}}{R_D + R_L} \right)^2 = \frac{R_L}{2} \cdot \left(\frac{R_D V_{DD}}{(R_D + R_L)(R_D + R_S + R_{DL})} \right)^2 \end{aligned} \tag{5.9}$$

ここで，$T = 2\pi/\omega$ は信号の周期である．また，「バイアス設定抵抗（R_1, R_2）で消費される電力が出力側で消費される電力に比べて無視できるほど小さい」と仮定すると，バイアス電源が供給する電力として，R_D 側に流れ込む電流 $I_D(t)$ についてのみ考えればよいことになる．$I_D(t)$ は，直流電流 I_{DSA} を振幅の中心とした脈流であることから，その平均値は I_{DSA} そのものとなる．したがって，「脈流電流が流れる直流電圧源」での供給電力の平均値 P_S は，V_{DD} と I_{DSA} の

積で表せる.このことを式で確認すると以下のようになる.

$$P_S = \frac{1}{T}\int_0^T V_{DD}I_D(t)dt = \frac{V_{DD}}{T}\int_0^T (I_{DSA} + I_x\sin\omega t)\,dt$$
$$= V_{DD}I_{DSA} \tag{5.10}$$

ここで I_x は $I_D(t)$ の振幅であるが,I_x の値に関わらず,上式は成り立っている.したがって,A級増幅回路の最大電力効率 η は以下のように求まる.

$$\eta = \frac{P_{Lmax}}{P_S} = \frac{R_L}{2(R_D + R_S + R_{DL})}\cdot\left(\frac{R_D}{R_D + R_L}\right)^2 \tag{5.11}$$

この式より $R_D \gg R_S$ と仮定して η の最大値を求めると $1.5 - \sqrt{2} \simeq 8.6\,\%$ となり,そのときの条件は $R_D = \sqrt{2}R_L$ となる(→演習問題 1).次に,この条件における電力配分は以下のように求まる.

$$\begin{aligned}P_D &= \frac{1}{T}\int_0^T V_D(t)I_D(t)dt = \frac{1}{T}\int_0^T R_D\,(I_D(t))^2\,dt\\ &\leq \frac{R_D}{T}\int_0^T \left(I_{DSA} + \frac{R_L I_{DSA}}{R_D + R_L}\sin\omega t\right)^2 dt\\ &= \frac{2R_D^2 + R_{DL}^2}{2R_D(R_D + R_S + R_{DL})^2}V_{DD}^2\end{aligned} \tag{5.12}$$

R_D の電力配分 : $\dfrac{P_{Dmax}}{P_S} = \sqrt{2} - 1 \simeq 41.4\,\%$

FET の電力配分 : $1 - \dfrac{P_{Lmax} + P_{Dmax}}{P_S} = 0.5 = 50\,\%$

ここで,P_D は R_D での消費電力,$V_D(t)$ は R_D の端子間電圧である.以上より,A級増幅回路では,非常に電力効率が悪いことが分かる.また,計算では無視していた抵抗(R_1, R_2, R_S)を考慮した場合は,電力効率はさらに低くなる.

5.2 B級増幅回路

A級ソース接地増幅回路では,一つのトランジスタで歪の少ない交流増幅が行なえるが,その一方で電力効率が非常に悪い.したがって,電力効率を上げるためにさまざまな回路が考案され,広く使われている.ここでは,図 5.1(b) の点 B を動作点とした **B 級増幅回路**について考える.

5.2 B級増幅回路

エミッタ接地増幅回路でもソース接地増幅回路でも，点Bを動作点にとると入力信号の正の振幅しか増幅されない（電圧は反転増幅なので，図5.1(b)では $V_{out}(t)$ の負側の振幅が $v_{in}(t)$ の正側の振幅に対応している）ことになる．しかしながら，ちょうど波形の半分だけを増幅しているので，これを逆に利用する．すなわち，「正の振幅のみを増幅する回路」と「負の振幅のみを増幅する回路」を組み合わせて，二つの出力を足し合わせることで，全波形分をカバーすることが可能となる．

図5.2(a)は，プッシュプル回路と呼ばれるB級動作による交流増幅を可能にした回路である．コンプリメンタリ（相補）トランジスタ対（特性の同じnチャネルFET(Q1)とpチャネルFET(Q2)）†を図のように組み合わせる．B級増幅の場合，ゲート電極に接続された二つの直流電源 V_{GG} は，それぞれのFETをドレイン電流が流れる直前のG-S間電圧（FETのしきい値電圧 V_T）になるように設定する．したがって，入力がないときは，出力側には電流が流れないため，低消費電力化が図れる．このようなコンプリメンタリトランジスタによる低消費電力化は，ディジタル集積回路の基本要素となる「CMOS回路」の概念の基本になっている．

次に回路動作について考察する．図(b)に図(a)の直流等価回路を示す．この回路は上下で完全に対称な回路であり，それぞれがドレイン接地増幅回路と

(a) FETプッシュプル回路

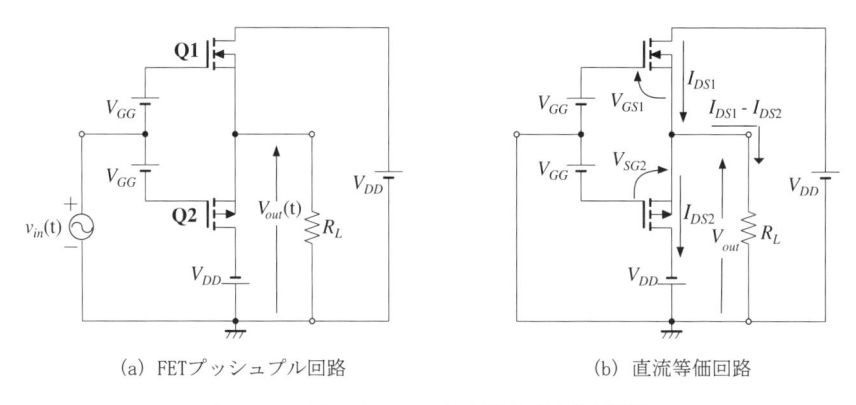

(b) 直流等価回路

図 5.2 FET プッシュプル回路と直流等価回路

---

† npn-BJT およびnチャネルFETにおいて，その対となる特性の同じpnp-BJTおよびpチャネルFETの型番が，それぞれ用意されている．

なっている．このことからも，動作点 V_{out} は中点，すなわちグランドとなることが予想できる．図 (b) において式 (2.8) を用いることで，以下の回路方程式が導ける．

$$V_{out} = R_L(I_{DS1} - I_{DS2}) = R_L\left\{\frac{\gamma_1}{2}(V_{GS1} - V_T)^2 - \frac{\gamma_2}{2}(V_{SG2} - V_T)^2\right\} \quad (5.13)$$

$$= V_{GG} - V_{GS1} \quad (5.14)$$

$$= V_{SG2} - V_{GG} \quad (5.15)$$

ここで，二つの FET の γ は等しい $(\gamma_1 = \gamma_2)$ ので，式 (5.13)～(5.15) を連立させることで，以下の関係が導ける．

$$V_{out}\{2\gamma_1 R_L(V_{GG} - V_T) + 1\} = 0 \quad (5.16)$$

この式が常に成り立つためには，予想どおり $V_{out} = 0$ であることが必要である．すなわち，V_{GG} や V_{DD} の値に関わらず，「V_{out} は**直流的には接地状態**」と見なせる．したがって，この回路では，出力端子に直流カット用の結合コンデンサを接続する必要が無い．また，式 (5.13)～(5.15) より，$I_{DS1} = I_{DS2}, V_{GS1} = V_{SG2} = V_{GG}$ が成立していることも分かる．

次に入力電圧波形とドレイン電流波形の関係について考えてみる．出力脈流電圧の直流成分 $V_{out} = 0$ であることを考慮すると，それぞれの FET の G-S 間脈流電圧は以下のような式で表される．

$$V_{GS1}(t) = V_{GG} + v_{in}(t) - V_{out}(t) = V_{GG} + v_{in}(t) - v_{out}(t)$$

$$= V_{GG} + (1 - A_v)v_{in}(t) \quad (5.17)$$

$$V_{SG2}(t) = V_{GG} - v_{in}(t) + V_{out}(t) = V_{GG} - v_{in}(t) + v_{out}(t)$$

$$= V_{GG} - (1 - A_v)v_{in}(t) \quad (5.18)$$

ここで，A_v はこの回路の電圧増幅率であるが，基本がドレイン接地回路であることから予想できるように，$A_v < 1$ である（このことは後で確認する）．**B 級プッシュプル回路**（B 級 P-P 回路）では，ドレイン電流が流れる直前の G-S 間電圧 V_T になるように V_{GG} を設定している．したがって，式から分かるように，Q1（n チャネル FET）では $v_{in}(t)$ が正の振幅のときのみドレイン電流 $I_{DS1}(t)$

(a) B級P-P回路の電圧・電流波形

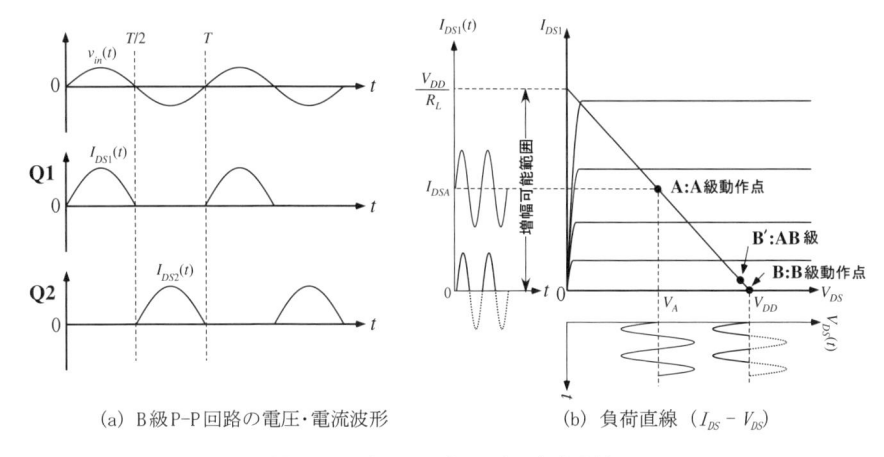

(b) 負荷直線 (I_{DS} - V_{DS})

図 **5.3** プッシュプル回路の負荷直線

が流れ，逆に Q2（p チャネル FET）では $v_{in}(t)$ が負の振幅のときのみドレイン電流 $I_{DS2}(t)$ が流れる．つまり，図 5.3(a) のように，二つの FET が交互（これがプッシュプルの意味）に波形の半分ずつを増幅することになる．

次に，電力効率を求めてみる．図 5.3(b) は P-P 回路における Q1 の負荷直線である[†]．B 級 P-P 回路では図の B 点，すなわちグランドが出力波形の中心となる．つまり，出力交流電流（$i_{out}(t) = I_{DS1}(t) - I_{DS2}(t)$）の最大振幅 I_m は，図 (b) のように V_{DD}/R_L となる．したがって，R_L で消費される平均電力は以下の式で表される．

$$P_L = \frac{1}{T}\int_0^T |v_{out}(t)i_{out}(t)|dt = \frac{R_L}{2}I_m^2 = \frac{V_{DD}^2}{2R_L} \tag{5.19}$$

また図 (a) のように，$v_{in}(t)$ が正の振幅のとき，Q1 側の直流電源 V_{DD} にのみ電流 $I_{DS1}(t)$ が流れることから，Q1 側の電源における平均電力 P_{S1} は以下のように求められる．

$$\begin{aligned}P_{S1} &= \frac{1}{T}\int_0^T V_{DD}I_{DS1}(t)dt = \frac{1}{T}\left(\int_0^{\frac{T}{2}} V_{DD}I_m\sin\omega t dt + \int_{\frac{T}{2}}^T V_{DD}\cdot 0 dt\right)\\ &= \frac{V_{DD}^2}{\pi R_L}\end{aligned} \tag{5.20}$$

[†] Q2 についても x 軸を V_{SD} とすることで同様な負荷直線が描けるが，電圧波形は正負が反転することになる．

ここで，$T = 2\pi/\omega$ は信号の周期である．Q2 側の電源における平均電力 P_{S2} も同様に求められるので，B 級 P-P 回路の最大電力効率は以下のようになる．

$$\eta = \frac{P_L}{P_{S1} + P_{S2}} = \frac{\frac{V_{DD}^2}{2R_L}}{\frac{V_{DD}^2}{\pi R_L} \times 2} = \frac{\pi}{4} \simeq 0.785 \quad (5.21)$$

したがって，かなり高い電力効率が実現できる．

B 級 P-P 回路では，G-S 間電圧をしきい値電圧 V_T に設定するが，FET の G-S 間電圧・ドレイン電流特性は第 2 章で述べたような二乗特性であるため，ドレイン電流がゼロに近づくほど線形性が悪くなる．また，G-S 間電圧をゼロとした回路の場合には，入力信号電圧の絶対値が V_T 以下の場合にドレイン電流が流れない．したがって，図 5.4 のように，出力波形の正の振幅と負の振幅との繋ぎ目において電圧がゼロの領域が生じてしまうが，このような歪を「**クロスオーバー歪**」と呼ぶ．歪をなるべく減少させるためには，図 5.3(b) の B′ 点のように，少しドレイン電流が流れる点を動作点にとると良い．このような使い方を「AB 級動作」と呼び，電力効率は B 級より少し低くなる．

さらに，図 5.3(b) における A 点を動作点にとった場合，**A 級プッシュプル回路**となり，B 級プッシュプル回路には劣るが，ソース接地増幅回路よりははるかに高い電力効率が得られ，また，歪の問題も解決できる．A 級 P-P 回路では，常にドレインバイアス電流 I_{DSA} が流れるように V_{GG} が設定されており，

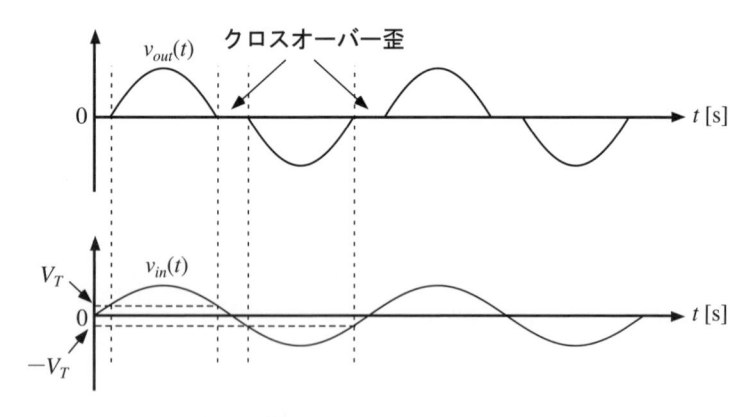

図 **5.4** クロスオーバー歪

Q1, Q2 ともに入力信号の全波形分を増幅する.

先述したように $V_{out} = 0$ であるので，出力電圧は交流電圧成分 $v_{out}(t)$ のみとなっており，その最大振幅はバイアス電圧源 V_{DD} となる（出力端子の電位は $+V_{DD} \sim -V_{DD}$ 間で変化できる）. また A 級 P-P 回路では後述するように，R_L に流れる交流電流は，ドレイン電流の交流成分 $i_{ds}(t)$ の 2 倍となる. I_{DSA} は $i_{ds}(t)$ の最大振幅であり，以下のように導ける.

$$2R_L I_{DSA} = V_{DD} \quad \rightarrow \quad I_{DSA} = \frac{V_{DD}}{2R_L} \tag{5.22}$$

それぞれの FET において，I_{DSA} を振幅の中心とした脈流電流 $I_{DS}(t)$ が流れている. つまり，その電流の時間平均値は，I_{DSA} そのものとなる. したがって，式 (5.10) を参照すると，二つの直流電源における供給電力の合計は以下の式で表される.

$$P_S = \frac{V_{DD}}{2R_L} V_{DD} \times 2 = \frac{V_{DD}^2}{R_L} \tag{5.23}$$

さらに，R_L で消費される電力（交流）の時間平均値は以下のように求められる.

$$P_L = \frac{1}{T} \int_0^T |v_{out}(t) i_{out}(t)| dt = \frac{1}{T} \int_0^T R_L (2I_{DSA} \sin \omega t)^2 dt = \frac{V_{DD}^2}{2R_L} \tag{5.24}$$

したがって，最大電力効率は以下のようになる.

$$\eta = \frac{P_L}{P_S} = 0.5 \tag{5.25}$$

A 級 P-P 回路では，入力信号が無いときでもドレインバイアス電流が常に流れているため，待機時に FET における電力消費が生じる. 一方，**B 級 P-P 回路では待機電力をほぼゼロとすることができるため**，電力増幅回路の多くは，B 級または AB 級動作となっている.

最後に，プッシュプル回路の交流動作について考察する. 図 5.5 に図 3.19(c) の等価回路を用いた場合のプッシュプル回路の小信号等価回路を示す. FET の小信号等価回路は，第 3 章で述べたように，n チャネル・p チャネルともに共通である. まず，図より以下の関係が分かる.

$$v_{gs1}(t) = v_{in}(t) - v_{out}(t) = v_{gs2}(t) \tag{5.26}$$

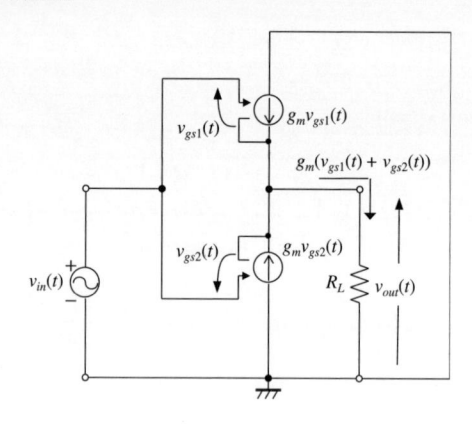

図 5.5 図 5.2(a) の小信号等価回路

A 級 P-P 回路の場合は，二つの FET の等価電流源が常に作動しているので，両電流の和が R_L に流れ込むことになる．したがって，各パラメータは以下のように求められる．

$$v_{out}(t) = R_L\left(g_m v_{gs1}(t) + g_m v_{gs2}(t)\right) = 2g_m R_L v_{gs1}(t)$$

$$A_v = \frac{v_{out}(t)}{v_{in}(t)} = \frac{2g_m R_L}{2g_m R_L + 1} < 1 \tag{5.27}$$

$$A_i = \frac{i_{out}(t)}{i_{in}(t)} \Rightarrow \infty \tag{5.28}$$

$$Z_{in} = \frac{v_{in}(t)}{i_{in}(t)} \Rightarrow \infty \,(\text{開放}) \tag{5.29}$$

つまり，このままでは電流増幅回路にならない．また，図 4.9(b) の回路に従って出力インピーダンスを計算すると，以下のようになる（→**演習問題 4**）．

$$Z_{out} = \frac{1}{2g_m} \tag{5.30}$$

次に，**B 級 P-P 回路の場合**は，半波形ずつ交互に電流源が作動することになるため，R_L に流れる電流は A 級動作時の半分になる．また，B 級動作においても式 (5.26) は成り立っている．したがって，各パラメータは以下のように求められる．

$$A_v = \frac{g_m R_L}{g_m R_L + 1} < 1 \tag{5.31}$$

$$A_i \Rightarrow \infty \tag{5.32}$$

$$Z_{in} \Rightarrow \infty \text{（開放）} \tag{5.33}$$

この場合も，電圧増幅率は 1 未満であることが分かる．また，出力インピーダンス測定回路においても，FET は半波形ずつ交互に作動することになるため，出力インピーダンスは，以下のようになる．

$$Z_{out} = \frac{1}{g_m} \tag{5.34}$$

5.3　C 級増幅回路

図 5.6(b) の C 点に動作点をとった場合，入力信号波形の一部のみが増幅されることになるが，このような回路を「C 級増幅回路」と呼ぶ．全波形を増幅していないため，電力消費は B 級増幅回路よりさらに少なく，その電力効率は B 級の値である 78.5 % から 100 %（この場合出力がゼロ）の間となる．C 級増幅回路では，入出力波形の間に相似の関係は成り立たないが，出力波形の周波数は入力信号の周波数に一致しているので，フィルタ回路を併用することにより正弦波出力とすることができ，特に高周波信号の電力増幅回路として使用されている．

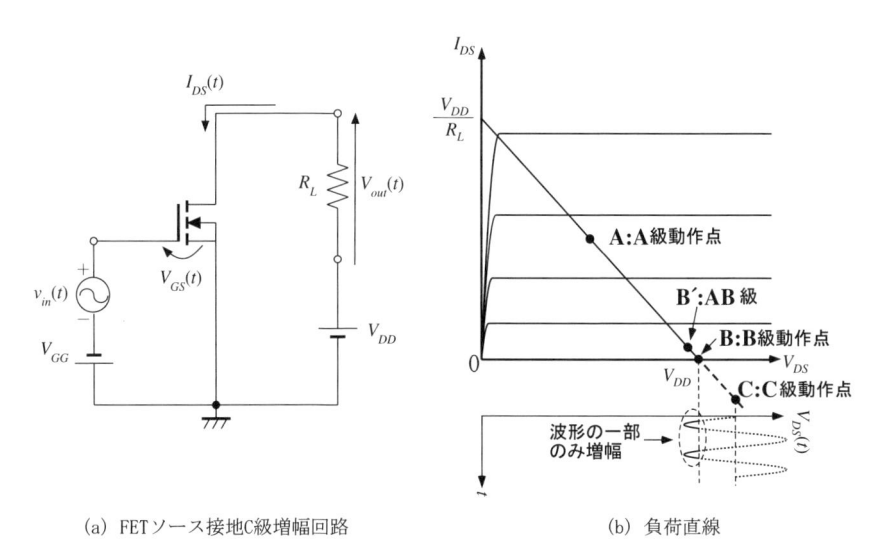

(a) FETソース接地C級増幅回路　　　　　(b) 負荷直線

図 **5.6**　C 級増幅回路と C 級動作点

5.4 まとめ

本章のポイントは以下のとおりである．

1. トランジスタ1個によるソース接地（エミッタ接地）A級増幅回路は，電力効率が非常に悪い．
2. 「B級増幅回路」では，入力が無いときに出力側の電流が流れないため，低消費電力化が図れる．
3. 「プッシュプル回路」を用いることで，交流信号波形全体に対するB級増幅が可能となる．

演習問題
---

1. A級増幅回路の最大電力効率が $1.5 - \sqrt{2}$ となることを示せ．
2. ドレインの外付け抵抗 R_D がそのまま負荷抵抗となっている回路の場合，A級増幅回路の最大電力効率はどうなるか．
3. B級プッシュプル回路の最大電力効率を求めよ．
4. 式 (5.27)〜(5.30) を導け．
5. 図5.7の相補トランジスタ対を用いたB級プッシュプル回路の直流等価回路および小信号等価回路を導き，各FETのG-S間バイアス電圧，電圧増幅率，電流増幅率を求めよ．ここで，C_{in} および C_{out} のインピーダンスは十分小さいものとする．

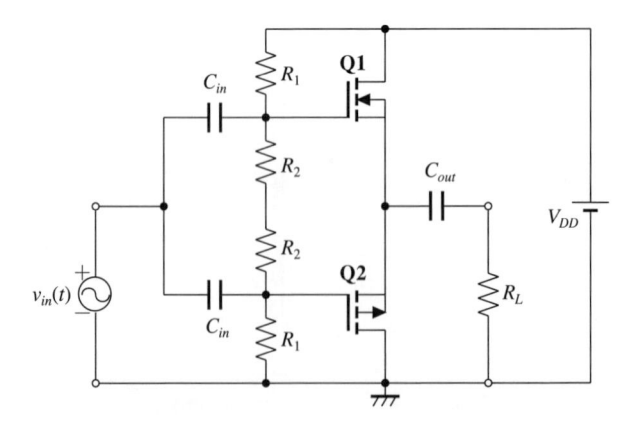

図 5.7　自己バイアス方式のプッシュプル回路

第6章
トランジスタ増幅回路の周波数特性

　これまではバイポーラトランジスタやFETの動作が，扱う信号の周波数によらず一定であるという仮定の下で解析をしてきた．しかし，実際の半導体素子には周波数依存性があり，さらには増幅回路の構成要素となるコンデンサやコイルにおいても，第1章で述べたようにそのインピーダンスが周波数によって変化する．したがって，増幅率や入出力インピーダンスといった回路特性に周波数依存性が現れる．本章では，増幅回路の周波数依存性について解説する．

6.1　利得の対数表現

　増幅回路における増幅率は，「利得」という別の表現で呼ばれる場合が多い．この利得という表現を用いる場合には，増幅率とは異なり，しばしばデシベル(dB) という単位が用いられる．デシベルは，電圧，電流，電力などを比率で表す場合に用いられる対数的な表現方法である．これは，増幅率の周波数依存性などを考える場合，その変動範囲が数桁にもなり，対数表現のほうが表しやすいためである．

　電力 P_1 と P_2 の比をデシベル単位で表現した値を η_p とすれば，

$$\eta_p = 10 \log_{10} \left(\frac{P_2}{P_1} \right) \quad [\mathrm{dB}] \tag{6.1}$$

である．

　電圧，電流については，電力に対して二乗の関係にあるので，電圧比 η_v，電

流比 η_i に対しては，

$$\eta_v = 20 \log_{10}\left(\frac{V_2}{V_1}\right) \quad [\text{dB}] \tag{6.2}$$

$$\eta_i = 20 \log_{10}\left(\frac{I_2}{I_1}\right) \quad [\text{dB}] \tag{6.3}$$

が用いられる．

電圧・電流利得の周波数などに対する変化を考える場合，−3dB という値がしばしば取り上げられる．これは，電力比にしておよそ 1/2 すなわち電流または電圧比ではおよそ $1/\sqrt{2}$ となることを意味している．

6.2　BJT 回路の周波数特性

バイポーラトランジスタ増幅回路の周波数特性は，主に「トランジスタ自体の周波数特性」と，「回路内で使用されたコンデンサおよびコイルの周波数特性」の二つで決まる†．前者は回路的には，図 6.1(a) の BJT の等価回路におけるベース接地電流増幅率 α の周波数依存性や寄生容量のインピーダンス変化として，高周波数領域において影響が出る．これらの α や寄生容量の影響は，付

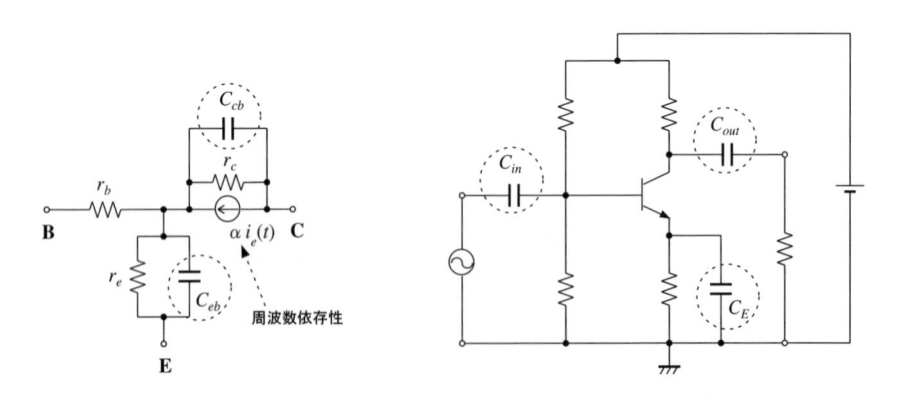

(a) T型等価回路　　　　　(b) エミッタ接地増幅回路

図 6.1　BJT の小信号等価回路とエミッタ接地増幅回路

---

† 100MHz 以上の非常に高い周波数では，この二つに加えて，回路の配線やケースなどによる「浮遊容量」が無視できなくなる．

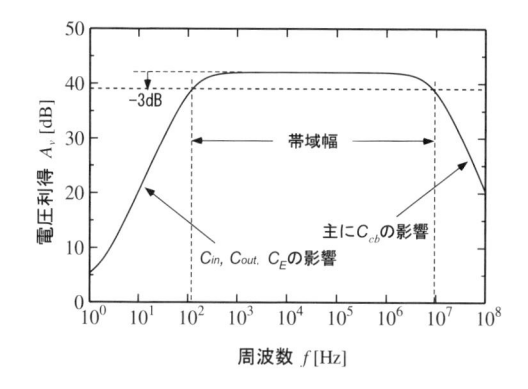

図 6.2 エミッタ接地増幅回路の電圧利得の周波数依存性

録 F の式から分かるように，BJT の h パラメータにおける周波数依存性として現れる．したがって，**高周波領域では h パラメータによる回路計算が困難**となる．また後者は，図 6.1(b) ではバイパスコンデンサおよび入出力の結合コンデンサの特性であり，低周波数領域において影響が出る．

図 6.2 は，4.1.3 項で設計したエミッタ接地増幅回路における，電圧利得の周波数特性を理論計算したグラフである．kHz オーダーの中間領域では利得は一定となっているが，100Hz 以下および 1MHz 以上の周波数において利得が低下していることが分かる．後述するように，低周波側の低下は C_{in}, C_{out}, C_E に，高周波側は主にコレクタ側の寄生容量 C_{cb} によるものである．

このように回路特性に周波数依存性がある場合，「回路がどのような周波数領域で使用可能なのか判断する目安」として**「帯域幅」**という値が定義されている．利得を問題にする場合には，基準となる値に対して -3dB 以上となる範囲を帯域幅とする．すなわち電圧利得であれば，図 6.2 の点線で表されるように，基準値に対して 100 % から $1/\sqrt{2} \simeq 70$ % となる範囲であり，おおよそこの範囲内を「増幅回路を適用できる周波数範囲」として判断する．したがって，ある意味では「帯域幅が広い増幅回路ほど優れた回路」と言える．

6.2.1　ベース接地電流増幅率 α の周波数特性

BJT を高い周波数で使用する場合には，キャリアの走行時間や寄生容量など，低い周波数では無視できていたさまざまな現象が無視できなくなる．エミッタ

から注入されたキャリアが拡散によってベースを通過する時間(ベース走行時間)には周波数依存性があるため,エミッタ電流とコレクタ電流の比である α にも周波数依存性が生じる.詳細は割愛するが,ベース接地電流増幅率 α は,以下の式で与えられる.

$$\alpha = \alpha_0 \frac{1}{1+j\dfrac{\omega}{\omega_\alpha}} \tag{6.4}$$

ここで,α_0 は定数であり,周波数が十分低い条件でのベース接地電流増幅率である.また,$\omega_\alpha = 2\pi f_\alpha$ も定数であり,f_α を「α **遮断周波数**」と呼ぶ.ベース走行時間を τ_B とすれば,おおむね $\omega_\alpha \simeq 1/\tau_B$ である.図 6.3(a) に α の絶対値の周波数依存性を示す.α の絶対値は,低周波数側では α_0 で一定であるが,高周波数側で減少し,角周波数が ω_α のときに,$1/\sqrt{2} \simeq 70\%$ となることが分かる.f_α は普通,数百 MHz オーダーの値となる.図 6.2 の周波数依存性は,付録 H の電圧増幅率の式に,付録 F の h パラメータおよび α の周波数依存性を適用して計算したものである.

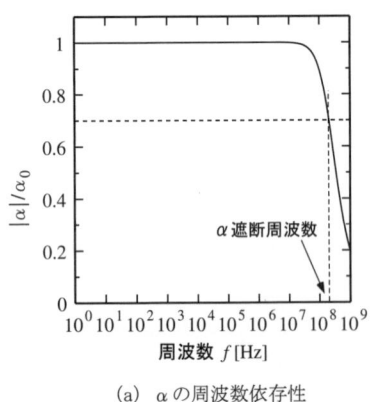

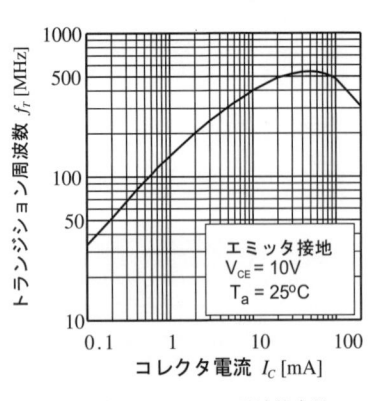

(a) α の周波数依存性

(b) f_T のコレクタ電流依存性

図 **6.3** α の周波数依存性とトランジション周波数 (2SC1815)

BJT の規格表では f_α の値が記載されていることは少なく,代わりにトランジション周波数 f_T という値が書かれている.f_T は,h_{fe} の絶対値が 1 となるときの周波数である.ここでは,付録 F の式 (18) を用いて,f_T と f_α の関係を導いてみる.まず,図 6.1(a) において,コレクタ側の寄生抵抗 r_c は,MΩ オーダー以上の非常に大きな値であるため開放と見なす.また,後述するよう

に C_{eb} は数十 pF であるので,そのインピーダンスの絶対値は 1MHz では kΩ オーダーであり,r_e に比べて十分大きいため,これも開放と見なす.したがって,$\omega_T = 2\pi f_T$ とおくと,以下の式が導ける.

$$|h_{fe}| = \left| \frac{\alpha_0 \frac{1}{1+j\frac{\omega_T}{\omega_\alpha}} \cdot \frac{1}{j\omega_T C_{cb}} - r_e}{\left(1 - \alpha_0 \frac{1}{1+j\frac{\omega_T}{\omega_\alpha}}\right) \cdot \frac{1}{j\omega_T C_{cb}} + r_e} \right|$$

$$= \left| \frac{\alpha_0 - j\omega_T C_{cb} r_e \left(1 + j\frac{\omega_T}{\omega_\alpha}\right)}{\left(1 - \alpha_0 + j\frac{\omega_T}{\omega_\alpha}\right) + j\omega_T C_{cb} r_e \left(1 + j\frac{\omega_T}{\omega_\alpha}\right)} \right| = 1$$

$$\to \quad \omega_T = \sqrt{2\alpha_0 - 1} \cdot \omega_\alpha \simeq \omega_\alpha \tag{6.5}$$

したがって,トランジション周波数と α 遮断周波数はほぼ等しいことが分かる.また,図 6.3(b) のように,f_T はバイアス依存性(図ではコレクタ電流依存性)を持つので注意が必要である.

6.2.2 BJT の寄生容量と高周波特性

先述したように高周波数領域では,ベース接地電流増幅率の低下により利得の減少が起こることになる.しかし,それよりも影響が大きいのが,図 6.1(a) における寄生容量のインピーダンス変化である.

C_{cb} はコレクタ-ベース接合における接合容量(空乏層容量)であり,数 pF オーダーの値となる.また,C_{eb} は主に,エミッタ-ベース間におけるキャリアの拡散現象の周波数依存性に起因する寄生容量であり,拡散容量と呼ばれる.詳細は割愛するが,C_{eb} は以下の式で近似できる.

$$C_{eb} \simeq \frac{1}{\omega_\alpha r_e} = \frac{1}{2\pi f_\alpha r_e} \tag{6.6}$$

ここで f_α は,先述した α 遮断周波数である.つまり,C_{eb} の値は数十 pF オーダーとなる.C_{eb} は,図 6.1(a) のように r_e と並列接続の関係にあり,その合成インピーダンスの絶対値は式 (6.6) より,以下のように表される.

$$|Z_e| = \frac{r_e}{\sqrt{1 + \frac{\omega^2}{\omega_\alpha^2}}} \tag{6.7}$$

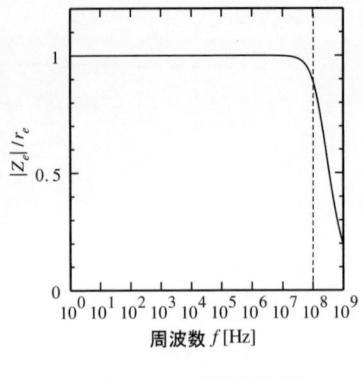

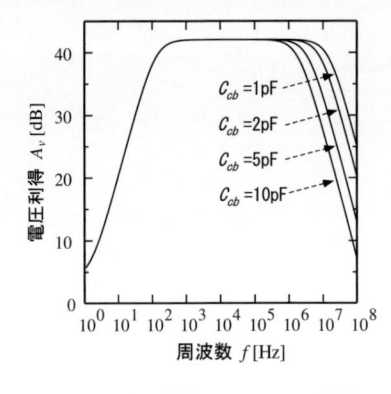

(a) $|Z_e|$ の周波数依存性

(b) 電圧利得における C_{cb} の影響

図 **6.4** C_{eb} と C_{cb} の影響

したがって，100MHz オーダー以上の周波数では，図 6.4(a) のように合成インピーダンスの低下の原因となり，回路特性に影響を及ぼすが，それより低い周波数では開放と見なすことができ，ほとんど影響を及ぼさないことが分かる．

一方，B-C 間の寄生容量 C_{cb} はトランジスタ固有の定数であり，小信号等価回路において電流源 $\alpha i_e(t)$ と並列に接続されているため，回路特性に対する影響が大きい．図 6.4(b) に C_{cb} の値が変化したときの，エミッタ接地増幅回路の電圧利得の周波数特性の変化を示す．図のように，中域以下の周波数ではまったく影響を及ぼさないが，MHz オーダー以上の領域で利得の低下を引き起こしており，かつ容量が少し変化するだけで，高周波特性に大きな変化が現れることが分かる．

C_{cb} は図 6.1(a) のように r_c と並列接続の関係にある．しかし，先述したように，r_c は MΩ オーダー以上の値となるため，常に開放と見なせる．一方，C_{cb} は pF オーダーであり，中域以下の周波数ではインピーダンスが大きいため開放と見なせるが，例えば周波数が 10MHz のときには，そのインピーダンスの絶対値は，kΩ オーダーとなり，開放とは見なせなくなる．したがって，高周波数領域における利得低下の原因となる．

6.2.3 エミッタ接地増幅回路の高周波特性の解析

先述したように，BJT 増幅回路を高周波数領域で使用する場合，h パラメータは周波数によって変化してしまうが，h パラメータの周波数依存性は，規格表には基本的に記載されていない．したがって，これまでの等価回路とは別に，「高周波数領域における小信号等価回路」を導いて回路解析に用いる必要がある．高周波等価回路としていくつかの回路が提案されているが，ここでは，T 型等価回路を元に考察していく．

図 6.5(a) は，エミッタ接地増幅回路の高周波 T 型等価回路であり，図 4.6(b) の回路に二つの寄生容量を付加したものである．ここで後述するように，高周波数領域では結合コンデンサおよびバイパスコンデンサのインピーダンスは非常に小さくなるため，μF オーダーの容量であれば，第 4 章での解析と同様に短絡と見なせる．また，B-C 間抵抗 r_c も，MΩ オーダーの非常に大きな値をとるため，開放と見なしている．

図 6.5(a) の回路において α の周波数依存性を考慮した回路計算を行なえば，かなり精密な周波数特性を導けるが，計算は複雑になる．そこで，回路の簡略化を考える．まず，図 (a) を図 (b) のように書き換える．ここで，各パラメータには以下のような関係が近似的に成り立つ（→演習問題 1）．

$$r_\pi = \frac{r_e}{1-\alpha}, \qquad g_m = \frac{\alpha}{r_e} \tag{6.8}$$

また，$R_{CL} = R_C // R_L$ である．図 6.5(b) はハイブリッド π 型等価回路と呼ばれ，高周波数領域での等価回路としてよく用いられる．

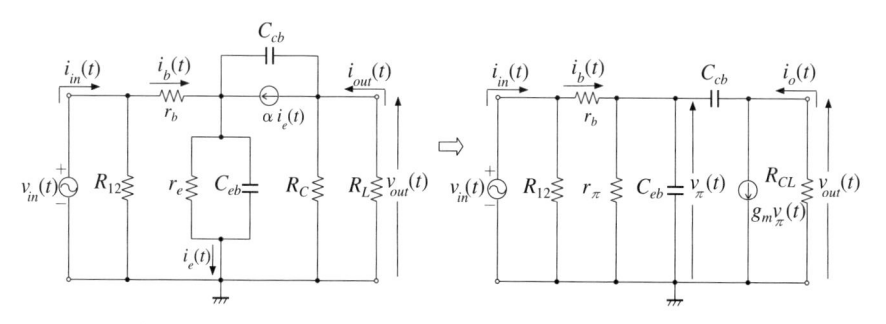

(a) 高周波T型小信号等価回路 (b) 高周波ハイブリッドπ型等価回路

図 6.5 エミッタ接地増幅回路の高周波等価回路

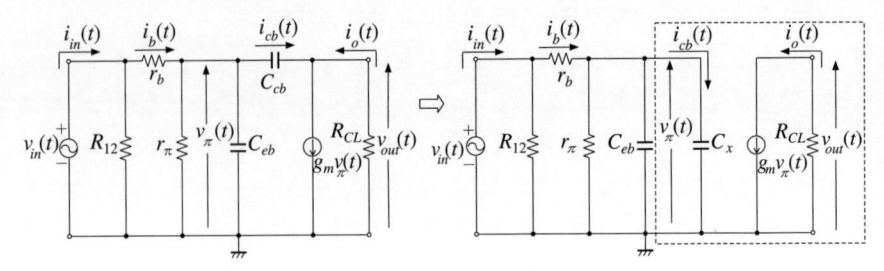

(a) 高周波ハイブリッド π 型等価回路　　(b) ミラー効果による置換え

図 **6.6**　ハイブリッド π 型等価回路の簡略化

この回路をさらに簡単化するために図 6.6 のような書換えを行なう．まず，図 6.6(a) のハイブリッド π 型等価回路の出力電圧は以下の式で与えられる．

$$v_{out}(t) = v_\pi(t) - Z_{cb}i_{cb}(t) \tag{6.9}$$

ここで，$Z_{cb} = 1/j\omega C_{cb}$ である．一方，図 6.6(b) ではコンデンサの位置が変更されており，以下の関係が成り立っている．

$$v_{out}(t) = -R_{CL}i_o(t) = -g_m R_{CL} v_\pi(t) \tag{6.10}$$

$$v_\pi(t) = Z_x i_{cb}(t) \tag{6.11}$$

ここで，$Z_x = 1/j\omega C_x$ である．図 (a) と図 (b) が等価であるためには，式 (6.9)，(6.10)，(6.11) より，以下の関係が成立する必要がある．

$$Z_x = \frac{Z_{cb}}{1 + g_m R_{CL}} \quad \rightarrow \quad C_x = (1 + g_m R_{CL})C_{cb} = (1 - A)C_{cb} \tag{6.12}$$

ここで A は図 (b) の点線部分における電圧増幅率 $A = v_{out}(t)/v_\pi(t)$ である．このように，入力側と出力側とをコンデンサが橋渡ししている増幅回路において，$(1 - A)$ 倍のコンデンサが入力側に並列接続されているものとして，等価的に書き換えられることを「**ミラー効果**」と呼ぶ．ミラー効果は A が無限大であれば，厳密に成立するが，図 6.6 の回路の場合には，「$i_{cb}(t)$ は微小であるため，出力電流に影響しない」という近似†の下で成立している．

---

† 図 6.6(b) では $i_o(t) = g_m v_\pi(t)$ だが，図 (a) では $i_o(t) \neq g_m v_\pi(t)$ となっている．

以上の結果より，$C_t = C_{eb} + C_x = C_{eb} + (1 + g_m R_{CL}) C_{cb}$ とおくと，電圧増幅率 A_v は以下の式のように導かれる（→**演習問題 2**）．

$$A_v = \frac{-g_m R_{CL} r_\pi}{r_b + r_\pi + j\omega C_t r_b r_\pi} = \frac{-\alpha R_{CL}}{r_e + (1-\alpha) r_b} \cdot \frac{1}{1 + j\omega C_t r_t} \tag{6.13}$$

ここで，$r_t = r_b // r_\pi$ である．この式において，α には式 (6.4) で表される周波数依存性がある．しかし，ここでは計算を簡略化するために，「$\alpha = \alpha_0$ で一定と仮定」する．したがって，式 (4.13) と式 (6.13) とを比較すると，電圧増幅率の周波数依存性は，$1/(1 + j\omega C_t r_t)$ の項に集約されることが分かる．また，$\omega C_t r_t = 1$ となる周波数のときに，A_v の絶対値が $1/\sqrt{2}$ 倍（約 3dB 低下）となることは明らかである．このときの周波数は以下のように導かれる．

$$f_{hc} = \frac{1}{2\pi C_t r_t} = \frac{1}{2\pi \{C_{eb} + (1 + g_m R_{CL}) C_{cb}\} \frac{r_e r_b}{r_e + (1-\alpha_0) r_b}} \tag{6.14}$$

ここで，f_{hc} を「高域遮断周波数」と呼び，「帯域幅」における高周波数側の境界になる．

f_{hc} を計算するためにはさまざまな値が既知である必要がある．まず，r_e および C_{eb} は，それぞれ式 (3.9) および式 (6.6) から見積もることができる．また，α_0 は式 (3.30) を変形して $\alpha_0 = h_{fe}/(1 + h_{fe})$ として，第 4 章で用いた h_{fe} から算出できる．さらに，規格表では r_b および C_{cb} に相当するパラメータとして，図 3.15 のように，「ベース拡がり抵抗 $r_{bb'}$」および「コレクタ出力容量 C_{ob}」が記載されているのでこの値を代入する．このように，高周波回路においては，見積もった高域遮断周波数を参考として，「その回路の使用周波数領域において要求される回路性能」を実現できるように設計を行う．

また，高域遮断周波数とは別に，「高周波回路用 BJT の選択基準」として，「**最大発振可能周波数**」と呼ばれる値が用いられる．最大発振可能周波数 f_{max} は，以下の式で近似できる（付録 I 参照）．

$$f_{max} \simeq \sqrt{\frac{f_T}{8\pi r_{bb'} C_{ob}}} \tag{6.15}$$

この式の中のパラメータは，全てバイポーラトランジスタ固有の値である．つまり，f_{max} が大きい BJT ほど，高周波特性の優れた（より高い周波数に対応できる）素子ということになる．

以上の解析では，主に「ミラー効果の際の近似」と「α の周波数依存性の省略」の二つの近似を行なっているため，全ての周波数依存性を考慮した厳密な計算結果とはある程度のズレが生じることになる．また，$r_{bb'}$ および C_{ob} は，メーカーが BJT を外側から測定して提示した値であり，例えば C_{ob} には BJT 自体とは無関係の浮遊容量が誤差として含まれることになる．つまり，$r_{bb'}$ および C_{ob} は，理論上の r_b および C_{cb} に対して，本質的に誤差を含んでいる．さらに厳密には，C_{ob} はコレクタ－ベース間電圧に対する依存性を持つ．加えて第 4 章でも述べたように，各パラメータは BJT の個体差によるバラツキがあり，R_C などの外付け抵抗の値にも数%の許容誤差がある．つまり，

「高域遮断周波数の見積もりはかなり誤差を含んでおり，あくまでも目安」

に過ぎない．したがって，実際の回路設計ではやはり，

「周波数特性の実測結果を元に回路の素子パラメータを調整」

していく必要がある．

6.2.4　エミッタ接地増幅回路の低周波特性の解析

BJT の寄生容量は pF オーダーであるため，そのインピーダンスは低周波数領域において極めて大きな値となり，開放と見なすことができる．また，ベース接地電流増幅率 α も，図 6.3(a) から分かるように，低周波数領域において低下は起こらず一定値となる．したがって，低周波数領域における BJT の小信号等価回路として，第 4 章と同様に，図 3.14 の h パラメータによる小信号等価回路を適用することができる．

一方，結合コンデンサやバイパスコンデンサは，普通，μF オーダーの値を用いる．したがって，中域以上の周波数では極めて低いインピーダンスとなり短絡と見なせるが，低周波数領域ではインピーダンスが増大し，短絡と見なせなくなる．つまり，低周波数領域におけるエミッタ接地増幅回路の等価回路は，図 6.7 のようになる．この回路における回路特性を算出すれば，かなり精密な低周波特性が導けるが計算は少し複雑である．そこで，結合コンデンサの影響とバイパスコンデンサの影響を分離して考察することにする．

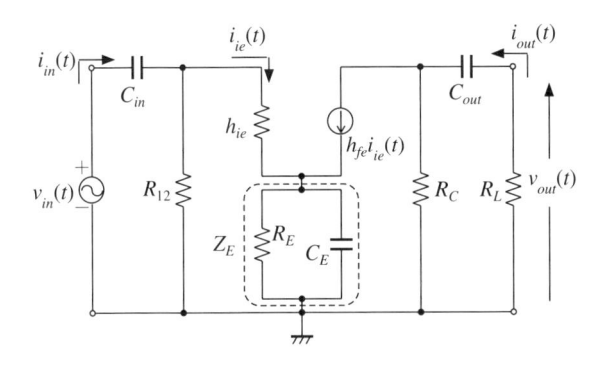

図 **6.7** 低周波数領域におけるエミッタ接地増幅回路の等価回路

6.2.5 低周波数領域における結合コンデンサの影響

結合コンデンサは，入力信号の直流成分のカット，および交流信号のみを出力として取り出す場合に必要となる．しかしながら，低周波数領域ではそのインピーダンスが増大するため，交流信号がコンデンサを通る際に電圧降下を起こし，結果的に利得の低下を引き起こす．図6.8は，4.1.3項で設計したエミッタ接地増幅回路における電圧利得の，周波数依存性に対する結合コンデンサの影響を表している．図のようにコンデンサ容量が小さいほど低周波数領域での利得が低下するが，ある程度以上の容量であれば，影響が無視できることが分か

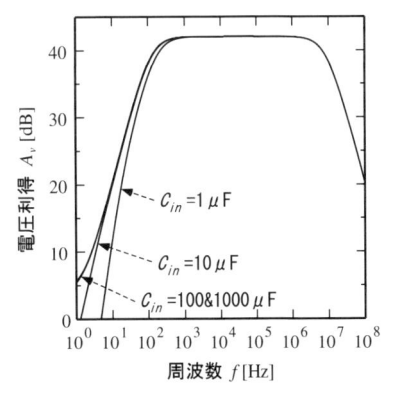

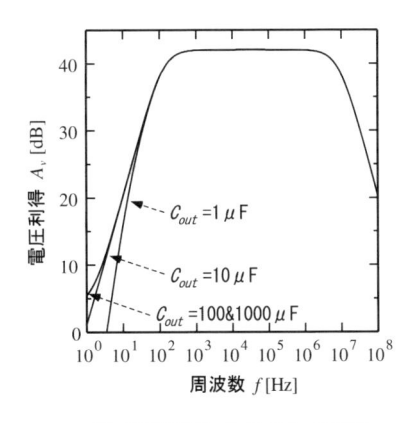

(a) 電圧利得におけるC_{in}の影響 (b) 電圧利得におけるC_{out}の影響

図 **6.8** 低周波数領域における結合コンデンサの影響

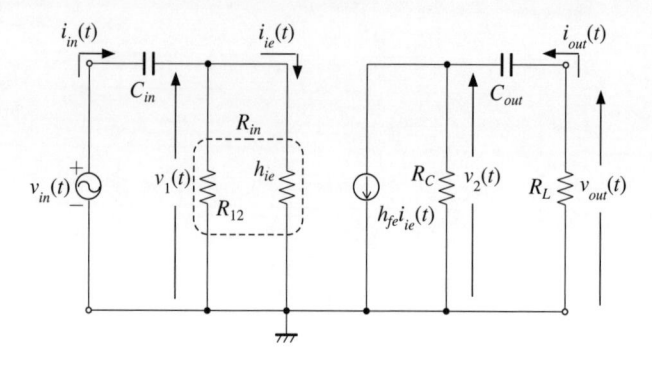

図 6.9 結合コンデンサを考慮した小信号等価回路

る．後述するように，C_{in} は h_{ie} やバイアス設定用抵抗 R_{12} との合成インピーダンスとして，C_{out} はコレクタ抵抗 R_C や負荷抵抗 R_L との合成インピーダンスとして周波数特性への影響が現れる．

図 6.9 は，結合コンデンサのみを考慮した，エミッタ接地増幅回路の小信号等価回路である．まず，計算を簡略化するために，$R_{in} = R_1 // R_2 // h_{ie}$ と合成抵抗をおく．結合コンデンサ前後の電圧を比較すると，以下のようになる．

$$v_1(t) = \frac{R_{in}}{R_{in} + \frac{1}{j\omega C_{in}}} v_{in}(t) = \frac{1}{1 - j\frac{\omega_{in}}{\omega}} v_{in}(t) \tag{6.16}$$

$$\omega_{in} = \frac{1}{R_{in} C_{in}} \tag{6.17}$$

$$v_{out}(t) = \frac{R_L}{R_L + \frac{1}{j\omega C_{out}}} v_2(t) = \frac{1}{1 - j\frac{\omega_{out1}}{\omega}} v_2(t) \tag{6.18}$$

$$\omega_{out1} = \frac{1}{R_L C_{out}} \tag{6.19}$$

つまり角周波数が ω_{in} のとき，C_{in} を通ることで，入力電圧は実質的に 3dB 減少する．同様に角周波数が ω_{out1} のとき，C_{out} を通ることで，出力電圧は実質的に 3dB 減少する．以上のことを踏まえて，電圧増幅率を求めると，以下のように導ける（→演習問題 4）．

$$\begin{aligned} A_v &= \frac{v_{out}(t)}{v_{in}(t)} = \frac{v_2(t)}{v_1(t)} \cdot \frac{1}{1 - j\frac{\omega_{in}}{\omega}} \cdot \frac{1}{1 - j\frac{\omega_{out1}}{\omega}} \\ &= A_{v0} \cdot \frac{1}{1 - j\frac{\omega_{in}}{\omega}} \cdot \frac{1}{1 + \frac{1}{j\omega C_{out}(R_C + R_L)}} \end{aligned}$$

$$= A_{v0} \cdot \frac{1}{1-j\frac{\omega_{in}}{\omega}} \cdot \frac{1}{1-j\frac{\omega_{out2}}{\omega}} \quad (6.20)$$

$$\omega_{out2} = \frac{1}{(R_C+R_L)C_{out}} \quad (6.21)$$

ここで A_{v0} は，結合コンデンサが短絡と見なせるときの増幅率であり，式 (4.7) で与えられ，$A_{v0} \neq v_2(t)/v_1(t)$ であることに注意する．この結果から，結合コンデンサの容量は，ω_{in} および ω_{out2} の値が十分低くなるように，できるだけ大きな値が望ましいことが分かる．

6.2.6 低周波数領域におけるバイパスコンデンサの影響

バイパスコンデンサ C_E は，エミッタ抵抗 R_E を交流的に短絡（接地）するために必要となる．しかしながら，低周波数領域ではそのインピーダンスが増大し，短絡と見なせなくなり，C_E は R_E との合成インピーダンスとして周波数特性への影響が現れる．図 6.10 は，電圧利得の周波数依存性に対するバイパスコンデンサの影響を表している．図から分かるようにコンデンサ容量が小さいほど利得が低下する．

図 6.11 は，C_E と R_E を考慮した，エミッタ接地増幅回路の小信号等価回路である（図 4.5 参照）．ここで，$Z_E = R_E//(1/j\omega C_E)$，$R_{12} = R_1//R_2$，$R_{CL} = R_C//R_L$ である．この回路の電圧増幅率は式 (4.9) で表され，以下のように書き換えられる（→演習問題 5）．

$$A_v = -\frac{R_{CL}h_{fe}}{h_{ie}+(h_{fe}+1)Z_E} = A_{v0} \cdot \frac{1}{1+(h_{fe}+1)\frac{Z_E}{h_{ie}}}$$

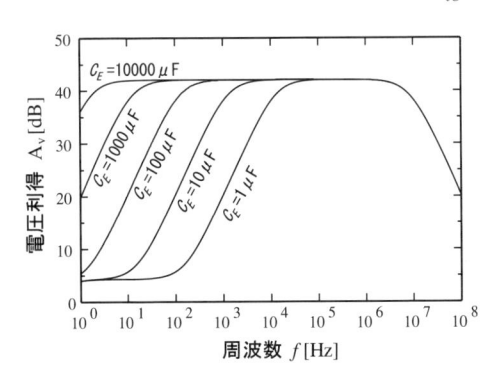

図 6.10 低周波数領域におけるバイパスコンデンサの影響

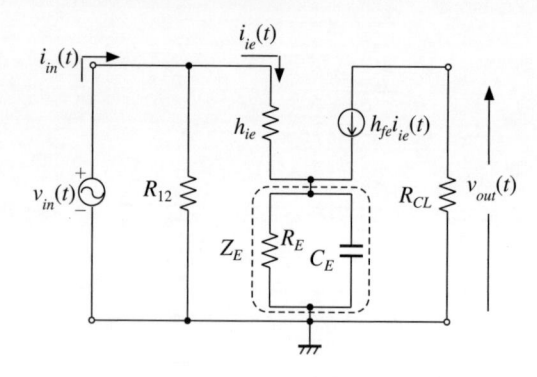

図 **6.11**　バイパスコンデンサを考慮した小信号等価回路

$$= A_{v0} \cdot \cfrac{1}{1 + \cfrac{h_{fe}+1}{h_{ie}} \cdot \cfrac{R_E}{1+j\omega C_E R_E}} = A_{v0} \cdot \cfrac{1 + \cfrac{1}{j\omega C_E} \cdot \cfrac{1}{R_E}}{1 + \cfrac{1}{j\omega C_E}\left(\cfrac{1}{R_E} + \cfrac{h_{fe}+1}{h_{ie}}\right)}$$

$$= A_{v0} \cdot \frac{1 - j\frac{\omega_{E1}}{\omega}}{1 - j\frac{\omega_{E2}}{\omega}} \tag{6.22}$$

$$\omega_{E1} = \frac{1}{C_E R_E} \tag{6.23}$$

$$\omega_{E2} = \frac{1}{C_E}\left(\frac{1}{R_E} + \frac{h_{fe}+1}{h_{ie}}\right) \tag{6.24}$$

ここで A_{v0} は，バイパスコンデンサが短絡と見なせるときの増幅率であり，式 (4.7) で与えられる．この式から，電圧利得の周波数依存性は，ω_{E1}, ω_{E2} という二つの角周波数で決まることが分かる．ω_{E1} は分子に含まれるため，角周波数が ω_{E1} 以下の場合は，周波数を低くするに従い電圧増幅率の絶対値は増大することになる．一方，ω_{E2} は分母に含まれるため，この角周波数以下では周波数を低くするに従い電圧増幅率の絶対値は減少する．また，式 (6.23), (6.24) から，$\omega_{E2} > \omega_{E1}$ となることは明らかである．周波数が非常に低い場合には，ω_{E2} による減少の割合と ω_{E1} による増加の割合は等しくなるので，減少分と増加分が相殺されて電圧利得が一定値となる．このことは，図 6.10 からも確認できる．したがって，低周波用エミッタ増幅回路では，ω_{E2} の値を十分低くするために，バイパスコンデンサの容量はできるだけ大きな値が望ましいことが分かる．また同時に，エミッタ抵抗 R_E もなるべく小さな値となるように設計する必要がある．

エミッタ接地増幅回路の低周波特性では，式 (6.17) の ω_{in}，式 (6.21) の ω_{out2}，式 (6.23) の ω_{E1} および式 (6.24) の ω_{E2} の全ての影響を考慮しなければ正確な解析はできない．しかしながら，帯域幅のみを考えるときには，ω_{in}, ω_{out2}, ω_{E2} のうち，最も値が大きくなる角周波数を見いだすだけでよい．例えば，ω_{E2} が最も大きくなった場合，低周波特性の目安となる「低域遮断周波数」は，式 (6.24) から，以下のように導ける．

$$f_{lc} = \frac{\omega_{E2}}{2\pi} = \frac{1}{2\pi C_E} \cdot \left(\frac{1}{R_E} + \frac{h_{fe}+1}{h_{ie}}\right) \qquad (6.25)$$

以上の結果から，結合コンデンサやバイパスコンデンサには，なるべく容量が大きな素子を用いるほうが望ましいことが分かった．しかしながら，第 4 章でも述べたように，コンデンサは容量が大きくなるに従ってその大きさと価格が増大する．例えば，耐圧 35V-10000μF の電解コンデンサの大きさは，直径 2.5cm ×高さ 4cm 程度であり，価格も 1 個数百円以上になる．したがって，回路の小型化や低コスト化を考えた場合，コンデンサの大容量化には制限が生じることになる．

最後にエミッタ接地増幅回路の帯域幅（利得の低下が 3dB 以内の周波数範囲）を求めてみる．これまで述べてきたように，高域遮断周波数は主に BJT の寄生容量により決まり，低域遮断周波数は C_{in}, C_{out}, C_E により決まる．4.1.3 項で設計した 2SC1815 を用いたエミッタ接地増幅回路において，コレクタバイアス電流 $I_C = 2\text{mA}$，入出力結合コンデンサ $C_{in} = C_{out} = 10\mu\text{F}$，バイパスコンデンサ $C_E = 100\mu\text{F}$，負荷抵抗 $R_L = 10\text{k}\Omega$ の条件で遮断周波数を計算すると低域は ω_{E2} で決まることが分かり，2SC1815 の規格表の値（GR グレード）から以下のように求まる．

$$f_{lc} = \frac{1}{2\pi C_E} \cdot \left(\frac{1}{R_E} + \frac{h_{fe}+1}{h_{ie}}\right) \simeq 120\text{Hz} \qquad (6.26)$$

$$f_{hc} = \frac{1}{2\pi \left\{C_{eb} + (1 + g_m R_{CL})C_{cb}\right\} \frac{r_e r_b}{r_e + (1-\alpha_0) r_b}} \simeq 10\text{MHz} \qquad (6.27)$$

ここで，$f_\alpha \simeq f_T$ として計算を行なった．したがって，この回路の帯域幅は 120Hz から 10MHz までとなる．

6.3 FET 回路の周波数特性

6.3.1 FET の周波数特性

FET におけるドレイン–ソース間のキャリア移動は，印加電圧によるドリフト現象であるため，キャリア走行時間の周波数依存性は，BJT とは違い無視できる．したがって，FET を高い周波数で使用する場合には，図 6.12(a) の FET の等価回路における，寄生容量のみを考慮すればよい．

C_{iss} は入力容量，C_{rss} は帰還容量，C_{oss} は出力容量と呼ばれ，それぞれ pF オーダーの値をとる．図 6.12(b)〜(d) は，4.2.2 項で設計したソース接地増幅回

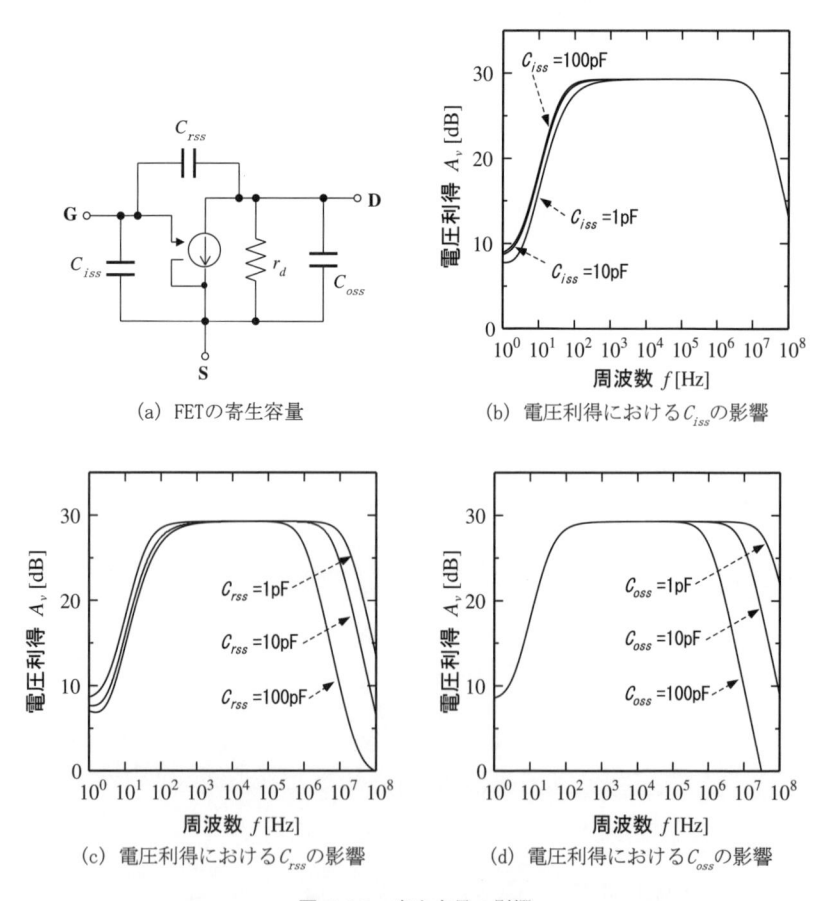

(a) FET の寄生容量

(b) 電圧利得における C_{iss} の影響

(c) 電圧利得における C_{rss} の影響

(d) 電圧利得における C_{oss} の影響

図 **6.12** 寄生容量の影響

路における，電圧利得に対する寄生容量の影響を理論計算した結果である．まず，図 (b) のように，入力側に存在する C_{iss} の高周波数領域における影響は電圧利得に対してはまったく無い．また，低周波数領域においてわずかに影響が現れるが，6.3.3 で解析するソース抵抗およびソースコンデンサを省略した回路の場合，影響はほぼ無くなる．

C_{rss} は入出力間を橋渡ししており，図 (c) のように高周波数領域および低周波数領域の双方に影響を及ぼす．ただし，C_{iss} と同様に，ソース抵抗およびソースコンデンサを省略した回路では，低周波数側における影響は無視できるようになる．また，C_{oss} は出力側に存在するため，容量が大きい場合には高周波数領域において開放と見なせなくなり，図 (d) のような利得の低下を引き起こす．したがって，ソース接地増幅回路の電圧利得の高周波特性においては，帰還容量 C_{rss} と出力容量 C_{oss} を考慮した等価回路を考えればよい．

6.3.2 ソース接地増幅回路の高周波特性の解析

図 6.13(a) は，C_{rss} と C_{oss} を考慮したソース接地増幅回路の高周波等価回路である．ここで，ドレイン抵抗 r_d は，第 4 章での解析と同様に開放と見なしており，$R_{DL} = R_D // R_L$ である．また，BJT 回路の場合と同様に，高周波数領域では結合コンデンサおよびバイパスコンデンサのインピーダンスは非常に小さくなるため，短絡と見なしている．

図 (a) は，図 6.6(a) と同様にコンデンサが入出力間を橋渡ししている回路なので，ミラー効果を用いて図 6.13(b) のように書き換えられる．図 (a) におけ

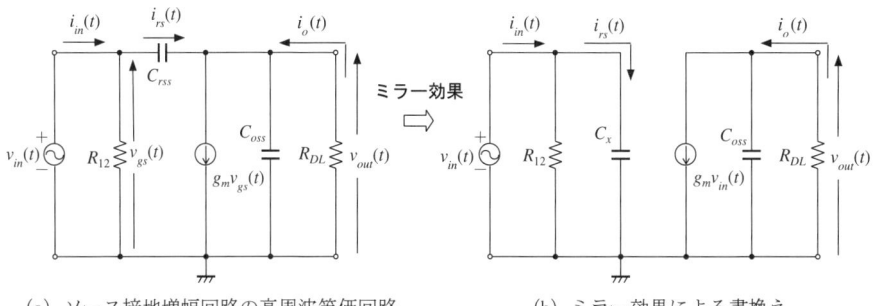

(a) ソース接地増幅回路の高周波等価回路　　(b) ミラー効果による書換え

図 6.13 ソース接地増幅回路の高周波等価回路

る出力電圧は以下の式で与えられる．

$$v_{out}(t) = v_{in}(t) - Z_{rs}i_{rs}(t) \tag{6.28}$$

ここで，$Z_{rs} = 1/j\omega C_{rss}$ である．また，図 (b) では以下の関係が成立している．

$$v_{out}(t) = -g_m v_{in}(t) Z_o \tag{6.29}$$

$$v_{in}(t) = Z_x i_{rs}(t) \tag{6.30}$$

ここで，$Z_o = R_{DL}//(1/j\omega C_{oss})$，$Z_x = 1/j\omega C_x$ である．図 (a) と図 (b) が等価であるためには，式 (6.28)～(6.30) より，以下の関係が成立する必要がある．

$$Z_x = \frac{Z_{rs}}{1+g_m Z_o} \quad \rightarrow \quad C_x = (1+g_m Z_o)C_{rss} = (1-A_v)C_{rss} \tag{6.31}$$

ここで「$i_{rs}(t)$ は微小であるため，出力電流に影響しない」という近似を用いている．また A_v は，この回路の電圧増幅率であり，以下の式のように導ける（→演習問題 7）．

$$A_v = -g_m Z_o = -g_m R_{DL} \cdot \frac{1}{1+j\omega C_{oss}R_{DL}} \tag{6.32}$$

式 (4.58) と式 (6.32) とを比較すると，$1/(1+j\omega C_{oss}R_{DL})$ の項が，電圧増幅率の周波数依存性を表していることが分かる．したがって，A_v の絶対値が $1/\sqrt{2}$ 倍（約 3dB 低下）となる高域遮断周波数は以下のように導かれる．

$$f_{hc} = \frac{1}{2\pi C_{oss}R_{DL}} \tag{6.33}$$

以上の解析では，「ドレイン抵抗 r_d の省略」と「ミラー効果の際の近似」の二つの近似を行なっているため，厳密な計算結果とはある程度のズレが生じることになる．特に，式 (6.32) の電圧利得においては，C_{rss} の効果が無視された式になっている．また，規格表に記載された各寄生容量は，メーカーが FET を外側から測定して提示した値であり，FET 自体とは無関係の浮遊容量が誤差として含まれることになる．したがって，式 (6.33) で求められる高域遮断周波数は，あくまでも目安に過ぎない．

6.3.3 ソース接地増幅回路の低周波特性の解析

FET ソース接地増幅回路の低周波特性における，結合コンデンサ C_{in}, C_{out} およびバイパスコンデンサ C_S の影響は，エミッタ接地増幅回路の場合とほとんど同じである．ただし，第 4 章でも述べたように，ソース接地回路の場合には，ソース抵抗 R_S および C_S を必ずしも接続する必要が無いため，ここでは，これらを省略した回路について考える．

4.2.2 項で設計したソース接地増幅回路において，電圧利得の周波数特性に対する結合コンデンサの影響を厳密計算すると，図 6.8 とほぼ同様のグラフになり，容量が小さいほど低周波領域における利得が低下するが，ある程度以上の容量であれば影響は無視できるようになる．つまり，エミッタ接地増幅回路の場合と同様に，C_{in} はバイアス設定用抵抗 R_{12} との合成インピーダンスとして，C_{out} はドレインの外付け抵抗 R_D や負荷抵抗 R_L との合成インピーダンスとして周波数特性への影響が現れる．

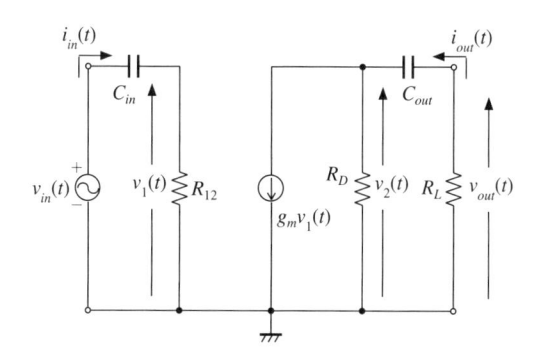

図 6.14 結合コンデンサを考慮した小信号等価回路

図 6.14 は，図 3.19(c) の等価回路を用い，かつ結合コンデンサのみを考慮した，ソース接地増幅回路の小信号等価回路である．まず，計算を簡略化するために，$R_{12} = R_1 // R_2$ と合成抵抗をおく．結合コンデンサ前後の電圧を比較すると，以下のようになる．

$$v_1(t) = \frac{R_{12}}{R_{12} + \frac{1}{j\omega C_{in}}} v_{in}(t) = \frac{1}{1 - j\frac{\omega_{in}}{\omega}} v_{in}(t) \qquad (6.34)$$

$$\omega_{in} = \frac{1}{R_{12} C_{in}} \qquad (6.35)$$

$$v_{out}(t) = \frac{R_L}{R_L + \frac{1}{j\omega C_{out}}} v_2(t) = \frac{1}{1 - j\frac{\omega_{out1}}{\omega}} v_2(t) \tag{6.36}$$

$$\omega_{out1} = \frac{1}{R_L C_{out}} \tag{6.37}$$

したがって，エミッタ接地増幅回路と同様の結果が得られる．次に電圧増幅率を求めると，以下のように導ける．

$$\begin{aligned} A_v &= \frac{v_{out}(t)}{v_{in}(t)} = \frac{v_2(t)}{v_1(t)} \cdot \frac{1}{1 - j\frac{\omega_{in}}{\omega}} \cdot \frac{1}{1 - j\frac{\omega_{out1}}{\omega}} \\ &= A_{v0} \cdot \frac{1}{1 - j\frac{\omega_{in}}{\omega}} \cdot \frac{1}{1 - j\frac{\omega_{out2}}{\omega}} \end{aligned} \tag{6.38}$$

$$\omega_{out2} = \frac{1}{(R_D + R_L) C_{out}} \tag{6.39}$$

ここで A_{v0} は，結合コンデンサが短絡と見なせるときの増幅率であり，式 (4.58) で与えられ，$A_{v0} \neq v_2(t)/v_1(t)$ であることに注意する．この結果から，結合コンデンサの容量は，できるだけ大きな値が望ましいことが分かる．また，低域遮断周波数は，ω_{in} と ω_{out2} のうち，値が大きくなるほうで与えられる．

$$f_{lc1} = \frac{\omega_{in}}{2\pi} = \frac{1}{2\pi R_{12} C_{in}} \tag{6.40}$$

$$f_{lc2} = \frac{\omega_{out2}}{2\pi} = \frac{1}{2\pi (R_D + R_L) C_{out}} \tag{6.41}$$

6.4 まとめ

本章のポイントは以下のとおりである．

1. エミッタ接地増幅回路を高周波数領域で使用する場合，**BJT** の寄生容量およびベース接地電流増幅率 α に起因する利得の低下が起こる．
2. ソース接地増幅回路を高周波数領域で使用する場合，**FET** の寄生容量に起因する利得の低下が起こる．
3. エミッタ接地およびソース接地増幅回路を低周波数領域で使用する場合，結合コンデンサおよびバイパスコンデンサに起因する利得の低下が起こる．
4. 増幅回路の高周波特性の理論計算は，実際の特性とのズレが大きく，目安に過ぎない．

5. 増幅回路は，その使用周波数領域が帯域幅の中に収まるように設計することが理想的である．

演習問題

1. 図 6.5 の回路の書換えにおいて，式 (6.8) の関係が成り立つことを示せ．
2. 図 6.6(b) の回路における，電圧増幅率，電流増幅率および入出力インピーダンスを求めよ．
3. 2SC1815 をコレクタバイアス電流 2mA および 5mA で使用する場合の，最大発振可能周波数を求めよ．
4. 図 6.9 の回路における，電圧増幅率，電流増幅率および入出力インピーダンスを求めよ．
5. 図 6.11 の回路における，電圧増幅率，電流増幅率および入出力インピーダンスを求めよ．
6. 4.1.3 項で設計したエミッタ接地増幅回路において，$C_{in} = C_{out} = 100\mu\text{F}, C_E = 10\mu\text{F}, R_L = 2\text{k}\Omega$ としたときのエミッタ接地増幅回路の帯域幅を求めよ．ただし，2SC1815 は GR グレードとする．
7. 図 6.13(b) の回路における，電圧増幅率，電流増幅率および入出力インピーダンスを求めよ．
8. 2SK1825 を用いたソース接地増幅回路において，バイパスコンデンサ C_S およびソース抵抗 R_S を省略（短絡）した場合の帯域幅を求めよ．ただし，$V_{DD} = 12\text{V}, R_{12} = 100\text{k}\Omega, R_D = 2\text{k}\Omega, C_{in} = C_{out} = 10\mu\text{F}, R_L = 10\text{k}\Omega$ とする．

第7章
差動増幅回路とオペアンプ

　これまで，バイポーラトランジスタ (BJT) または FET による増幅回路とその特性について述べてきた．これらの回路はアナログ電子回路の基本であり，非常に重要である．しかしながら，現在使われている小信号増幅回路の多くは，その利便性から，本章で説明する「**オペアンプ（演算増幅器）**」を用いて設計されている．オペアンプは，多数の BJT（または FET）増幅回路を集積化したアナログ集積回路であるが，「その内部が集積化された複雑な構造である」ということをまったく意識することなく，トランジスタと同様に「一つの素子」としてさまざまな回路に用いられている．そのオペアンプ内部の主な構成要素が「**差動増幅回路**」である．差動増幅回路は二つの入力端子を持ち，その端子間に入力された信号を増幅する回路である．

7.1　差動増幅回路

　差動増幅回路は，左右対称の構造をしており，さまざまな応用ができる万能回路である．本節では，その直流増幅と交流増幅の原理について説明する．

7.1.1　直流増幅

　前章までの増幅回路では，交流信号のみを扱っていたが，信号として直流信号を扱う必要性ももちろんある．直流信号を増幅する場合，基本的にコンデンサを使うことができない．**差動増幅回路の特徴の一つはこの直流増幅機能**である．
　図 7.1(a) に差動増幅回路の基本構造を示す．基本的にはエミッタ接地増幅回

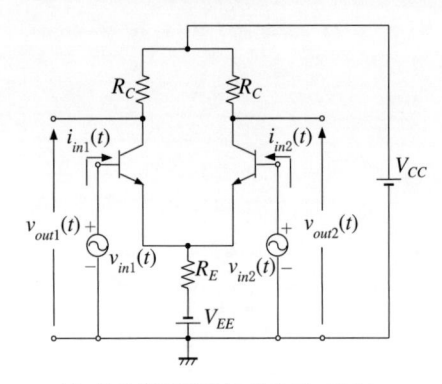

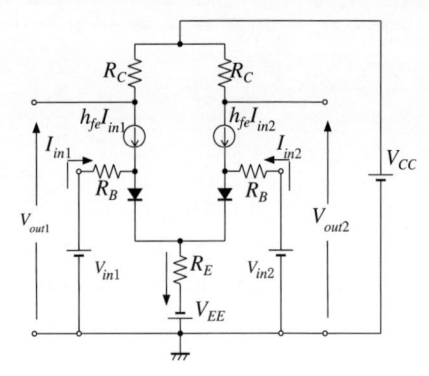

(a) 差動増幅回路（交流増幅の場合）　　(b) 直流用差動増幅回路の等価回路

図 7.1　差動増幅回路の基本構造

路に近い構造であるが，特性の同じ二つのトランジスタを図のように組み合わせ，入力端子・出力端子ともに二つ持つ回路が構成されている．図では BJT を用いているが，FET でも同様に差動増幅回路を構成することができる（→**演習問題 1**）．エミッタ接地増幅回路と同様に，抵抗 R_C, R_E の役割はそれぞれ，「出力電圧を取り出すため」と「ベース–エミッタ間ダイオードの過電流防止」である．エミッタ接地回路との大きな違いは，直流バイアス電源 V_{EE} である．この V_{EE} により，エミッタ端子に負バイアスがかかり，ベースへのバイアス印加が無くてもエミッタ電流が常に流れている状態になる．

直流増幅用差動増幅回路の直流等価回路を図 (b) に示す．図 (b) では図 (a) には無かった R_B が接続されているが，直流を増幅する場合は，二つの入力間の電位差を吸収するためにこの抵抗が必要となる†．図より直流の回路方程式を立てると以下の式が得られる．

$$V_{in1} = R_B I_{in1} + V_{th} + R_E (h_{fe}+1)(I_{in1} + I_{in2}) - V_{EE} \tag{7.1}$$

$$V_{in2} = R_B I_{in2} + V_{th} + R_E (h_{fe}+1)(I_{in1} + I_{in2}) - V_{EE} \tag{7.2}$$

$$V_{out1} = V_{CC} - h_{fe} R_C I_{in1} \tag{7.3}$$

$$V_{out2} = V_{CC} - h_{fe} R_C I_{in2} \tag{7.4}$$

ここで，V_{th} は pn ダイオードのしきい値電圧である．差動増幅回路では，二つ

---

† 実際の BJT では，その内部に寄生抵抗 r_b が存在するため，R_B を接続しなくても問題ない．

の入力端子間の電位差を入力電圧信号とし，二つの出力端子間の電位差を出力電圧信号として使う．つまりこれが「差動」増幅の意味である．もし，入力信号が一つのときは，どちらかの入力端子を接地すればよい．式 (7.1)～(7.4) を用いて，電圧増幅率は以下のように求まる．

$$A_d = \frac{V_{out1} - V_{out2}}{V_{in1} - V_{in2}} = -\frac{h_{fe}R_C}{R_B} \tag{7.5}$$

ここで，差動増幅回路の電圧増幅率 A_d を**差動利得（差動ゲイン）**と呼ぶ．A_d は負となっているが，$V_{out2} - V_{out1}$ を出力にとれば正電圧が得られる．この式だけを見ると，非常に大きな直流電圧を出力できるように見えるが，実際に得られる最大電圧は V_{CC} および V_{EE} の値により制限される．また，何も考えないで回路を製作すると，非常に大きな直流電流が流れる可能性があるため，トランジスタの定格電流や抵抗器の定格電力も考慮して，増幅率を設計しなければならない．

7.1.2 交流増幅

図 3.14 の等価回路を用いた場合の図 7.1(a) の小信号等価回路を図 7.2(a) に示す．また，図 7.2(a) を整理した回路を図 7.2(b) に示す．図 7.1(a) では，これまでの回路とは違い，入出力端子に結合コンデンサが付いていない．これは，先述したように，差動増幅回路では同じ回路で直流の増幅もできるため，流用ができるようにコンデンサをできるだけ接続しないためである．したがって，

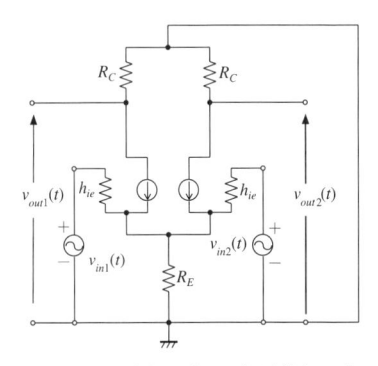

(a) 差動増幅回路の小信号等価回路　　　　(b) 図(a)の整理

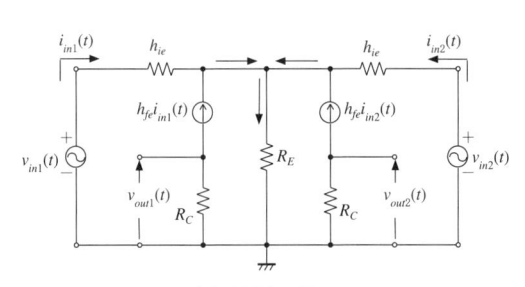

図 **7.2** 差動増幅回路の小信号等価回路

入力信号が交流の場合はこのままでよいが，脈流信号を入力し，交流成分のみを増幅する場合には，当然，入力端子に結合コンデンサを接続する必要がある．一方，この場合にも出力端子の結合コンデンサは不要となる．つまり，差動増幅回路では出力端子間の電位差を考えるが，交流増幅における出力端子のバイアス電圧・電流は両端子とも同じであるため，差をとったときにバイアス成分が打ち消され，交流成分のみが残るのである．

さて，図 (b) より回路方程式を立てると以下の式が得られる．

$$v_{in1}(t) = h_{ie}i_{in1}(t) + R_E(h_{fe}+1)(i_{in1}(t)+i_{in2}(t)) \tag{7.6}$$

$$v_{in2}(t) = h_{ie}i_{in2}(t) + R_E(h_{fe}+1)(i_{in1}(t)+i_{in2}(t)) \tag{7.7}$$

$$v_{out1}(t) = -h_{fe}R_C i_{in1}(t) \tag{7.8}$$

$$v_{out2}(t) = -h_{fe}R_C i_{in2}(t) \tag{7.9}$$

式 (7.6)〜(7.9) を用いて，差動利得は以下のように求まる．

$$A_d = \frac{v_{out1}(t)-v_{out2}(t)}{v_{in1}(t)-v_{in2}(t)} = -\frac{h_{fe}R_C}{h_{ie}} \tag{7.10}$$

したがって，直流増幅の場合と同様の式が得られる．さらに交流増幅の場合は，以下のような値 A_c（**同相利得（同相ゲイン）**と呼ぶ）を考える．

$$A_c = \frac{v_{out1}(t)+v_{out2}(t)}{v_{in1}(t)+v_{in2}(t)} = -\frac{h_{fe}R_C}{h_{ie}+2(h_{fe}+1)R_E} \tag{7.11}$$

差動利得と同相利得の比を CMRR（Common Mode Rejection Ratio：同相信号除去比）と呼び，以下の式で与えられる．

$$CMRR = \frac{A_d}{A_c} = \frac{h_{ie}+2(h_{fe}+1)R_E}{h_{ie}} \tag{7.12}$$

差動増幅回路では，入力信号の差分のみが増幅され，同相分は増幅されないことが望ましいため，CMRR が大きくなるような回路設計が重要である．しかしながら，式 (7.12) に従って R_E を大きくすると，第 4 章で考察したように，出力電圧の最大振幅が小さくなってしまう．これを回避する方法として，トランジスタを利用した擬似直流電流源を R_E の代わりに接続し，見かけ上の R_E を無限大に近くすることができる（**→演習問題 3**）．

7.1.3 単一出力回路とカレントミラー

差動増幅回路の出力は出力端子間の電位差であるので，この回路をエミッタ接地増幅回路などの接地（グランド）を基準とした回路の入力につなぐことは，そのままではできない．そこで，他の回路との整合性を良くするために，接地に対する電圧を出力とした差動増幅回路を図 7.3(a) に示す．図の上部に接続された二つの pnp-BJT のペアは「カレントミラー」と呼ばれる回路であり，両者の I_C はほぼ等しくなる．まず，このことについて説明する．

図 (a) の直流等価回路を図 (b) に示す．二つの pnp-BJT のベース端子はつながっており，また，エミッタ端子も同電位であるため，BJT の特性が同じならば両者のコレクタバイアス電流 I_C は等しくなる．また，下側の npn-BJT は，それぞれベース端子が接地されている．したがって，以下のような電流の関係が成立する．

$$h_{fe}I_{in} = (h_{fem} + 2) I_B \tag{7.13}$$

ここで，$h_{fem} \gg 2$ であることを考えると，図 (b) の四つの電流源すべてにおいて，電流値はほぼ等しくなることが分かる．すなわち，この回路のバイアスは，左右で電圧・電流ともにほぼ等しくなる．このように，片方の電流源の電流値がもう片方の電流源に（ほぼ）等しくコピーされる機能が「カレントミラー」たる所以である．カレントミラー回路は FET でも構成でき，その場合は BJT

(a) 単一出力差動増幅回路 (b) 図(a)の直流等価回路

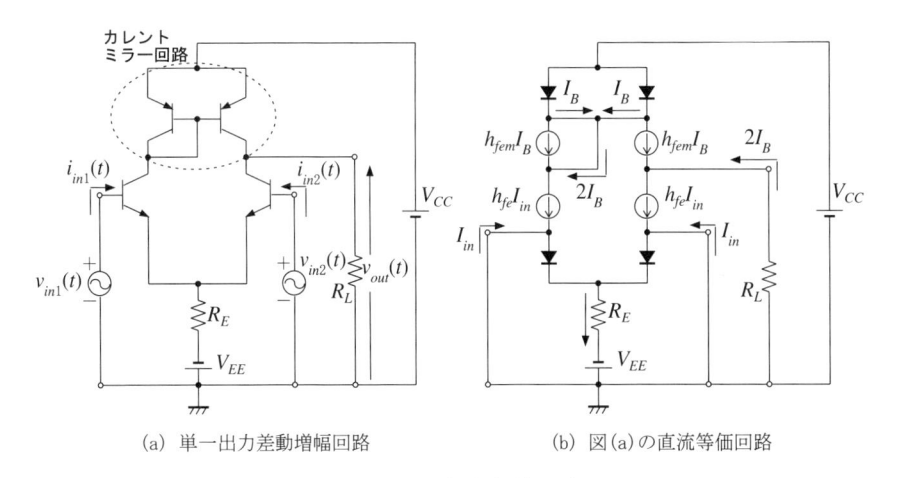

図 **7.3** 単一出力差動増幅回路

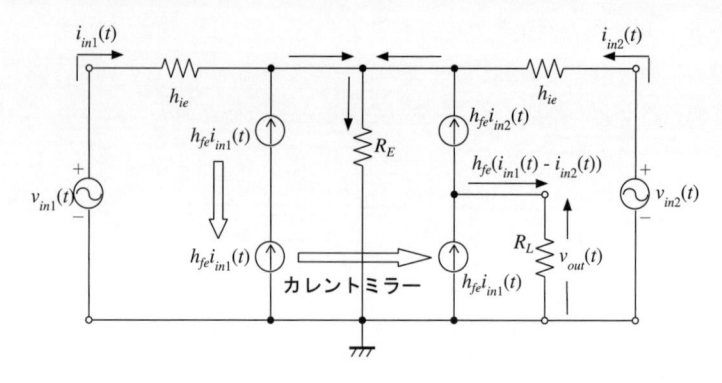

図 7.4 単一出力差動増幅回路の小信号等価回路

のようにベース電流が流れないため，電流値の精度が上がる．

次に，図 3.14 の等価回路を用いた場合の小信号等価回路を図 7.4 に示す．ここで，先ほどのカレントミラー回路は，理想的なものであるとしてベース電流の寄与を無視し，二つの電流源のみで表している．左側の電流源は直列接続であるため，入力電流に従って左上の電流源の値が決まると，左下の電流源も同じ値になる[†]．同時にカレントミラーが働き，左下の電流源が右下の電流源にコピーされる．右側では，電流が負荷抵抗 R_L に流れるので，上側二つの電流源では，電流値に左右で差が生じる．つまりこの差が二つの入力端子における交流電圧信号の差に対応している．回路方程式は以下のように求められる．

$$v_{in1}(t) = h_{ie}i_{in1}(t) + R_E(h_{fe}+1)(i_{in1}(t) + i_{in2}(t)) \tag{7.14}$$

$$v_{in2}(t) = h_{ie}i_{in2}(t) + R_E(h_{fe}+1)(i_{in1}(t) + i_{in2}(t)) \tag{7.15}$$

$$v_{out}(t) = h_{fe}R_L(i_{in1}(t) - i_{in2}(t)) \tag{7.16}$$

以上の式から，電圧増幅率は以下のように求められる．

$$A_d = \frac{v_{out}(t)}{v_{in1}(t) - v_{in2}(t)} = \frac{h_{fe}R_L}{h_{ie}} \tag{7.17}$$

したがって，出力端子を一つとしたとき，カレントミラー回路を用いることで，接地に対する電圧出力において式 (7.10) と同様の差動利得を得られることが分かる．ただし，$v_{out1}(t) - v_{out2}(t)$ の差動出力の場合には入出力電圧が逆位相

[†] 図 7.4 の左下の電流源は，BJT の小信号等価回路として本来は向きが下向きであるが，$-i_{in1}(t)$ の h_{fe} 倍の電流が下向きに流れているということである．

だったのに対し，今回は同位相になっている．図 7.3(a) の回路は，次に述べるオペアンプの基本構造となっている．

7.2 オペアンプ（演算増幅器）

オペアンプ (Operational Amplifier) は，差動増幅回路をベースに多数のトランジスタ，抵抗，コンデンサなどを組み合わせて構成された，アナログ集積回路である．オペアンプは理想的な増幅器に近い特性を持ち，直流から高周波交流までの増幅が可能な，極めて応用範囲の広い素子である．本節では，オペアンプの特性と基本的な使用方法について説明する．

7.2.1　オペアンプの構造と回路記号

図 7.5 にオペアンプの構造の一例を示す．図のように複雑な回路となっているが，よく見るとこれまでに出てきた，差動増幅回路，カレントミラー，エミッタ接地増幅回路，ダーリントン接続などが含まれていることが分かる．それらに加えて，トランジスタによる擬似電流源や位相補償回路などを組み込んで構成されている．

図 7.6(a) にオペアンプの回路記号を示す．オペアンプもやはり小信号増幅の

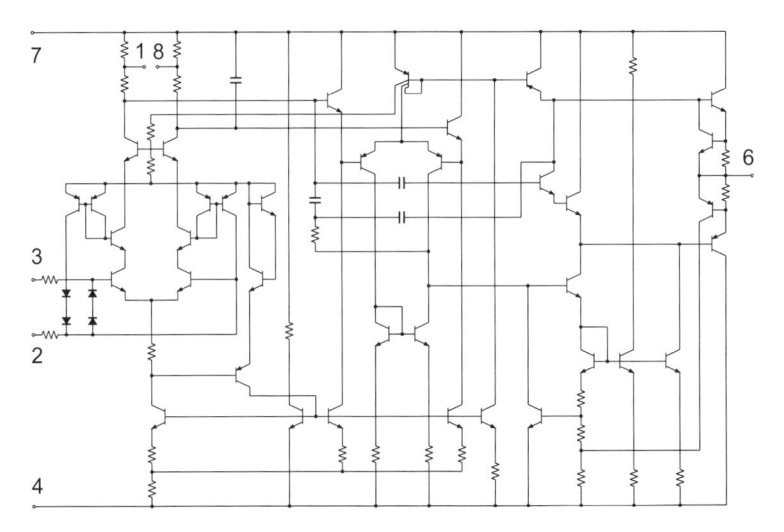

図 **7.5**　オペアンプ (NJMOP-07) の内部構造（新日本無線(株) 提供）

(a) オペアンプの回路記号　　(b) ピン配置（DIP8パッケージ）

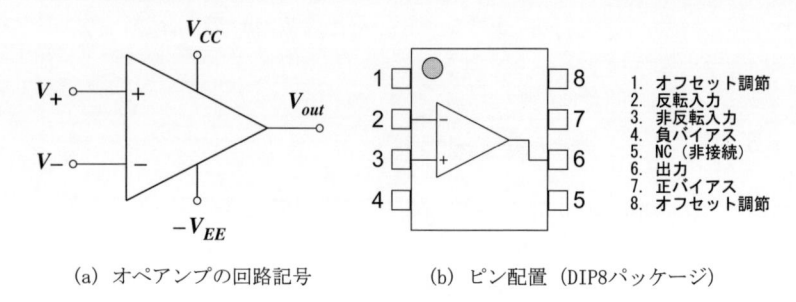

図 **7.6**　オペアンプの回路記号とピン配置

ためにバイアス電源が必要である．図のオペアンプでは，差動増幅回路と同様に正負の 2 電源を接続する必要があるが，素子によっては，正電源一つのみでよい場合もある．入力端子は二つあり，＋端子を非反転入力端子（正相入力端子），−端子を反転入力端子（逆相入力端子）と呼ぶ．出力端子は単一であり，グランド（接地）を基準としている．オペアンプは，バイアス電源電圧を超えるような過大信号が入力されると壊れることがあるため，そのような可能性がある場合には，入力側に保護回路を接続する必要がある．

最も一般的なオペアンプは，図 7.6(b) に示されるような，8 ピンの IC パッケージに一つのオペアンプが内蔵されたシングルタイプである．入出力端子や電源端子の他にオフセット端子などがある．片電源（正電源のみ）のタイプでは，8 ピンパッケージに二つのオペアンプを詰め込んだデュアルタイプもある．

7.2.2　オペアンプの動作原理

オペアンプは差動増幅器であるので，図 7.7(a) のように，2 つの入力を加えた場合，電圧増幅率（差動利得）は以下のように式 (7.17) と同様に表せる．

$$A_d = \frac{v_{out}(t)}{v_+(t) - v_-(t)} = \frac{v_{out}(t)}{v_i(t)} \tag{7.18}$$

オペアンプの特徴は，この A_d が 10^5 以上という非常に高い値になることである．しかしながら，当然，出力電圧には最大値があり，普通，バイアス電源電圧の 90 ％程度で頭打ちとなる．

図 7.7(b) に，オペアンプの最も基本的な回路である反転（逆相）増幅回路を示す．オペアンプでは，バイアスの計算をする必要が無いため，回路図におい

7.2 オペアンプ（演算増幅器）

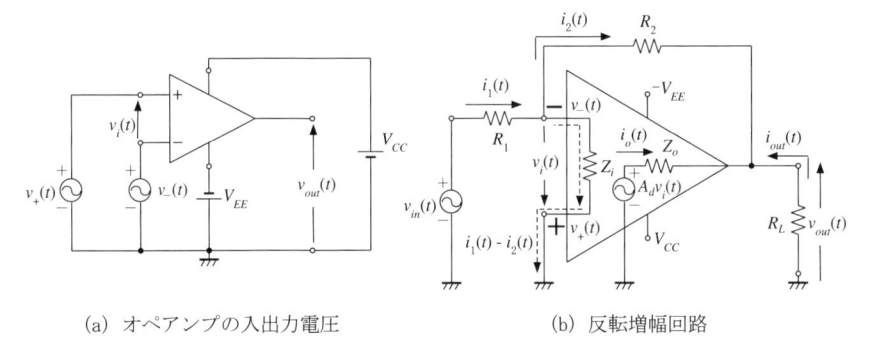

(a) オペアンプの入出力電圧　　(b) 反転増幅回路

図 **7.7** オペアンプの動作原理

てバイアス電源は省略されることが多い．本書でもこれ以降，バイアス電源の表記を省略する．また，オペアンプを最も簡単な等価回路で表すと，図のように，入出力インピーダンス Z_i, Z_o と，出力電圧源 $A_d v_i(t)$ によって構成できる．ここで重要なのは，「**理想オペアンプでは，$Z_i = \infty$，$Z_o = 0$，差動利得 $A_d = \infty$ と見なせる**」ことである．図より，回路方程式は以下のように導ける．

$$i_1(t) = \frac{v_{in}(t) - v_-(t)}{R_1} \tag{7.19}$$

$$i_2(t) = \frac{v_-(t) - v_{out}(t)}{R_2} \tag{7.20}$$

$$i_1(t) - i_2(t) = \frac{v_-(t)}{Z_i} \tag{7.21}$$

$$v_{out}(t) = -R_L i_{out}(t) = A_d v_i(t) - Z_o i_o(t) \tag{7.22}$$

これらの式を連立すると，各パラメータは，付録 J のような複雑な式になる．そこで，計算を簡単にするために，理想オペアンプを考えることで近似を行なう．まず，$Z_o = 0$ より Z_o での電圧降下はゼロと見なせるので，出力電圧と入力端子間電圧の関係は以下のようになる．

$$\begin{aligned} v_{out}(t) &= A_d v_i(t) - Z_o i_o(t) \simeq A_d v_i(t) \\ \rightarrow \quad v_i(t) &= v_+(t) - v_-(t) \simeq \frac{v_{out}(t)}{A_d} \end{aligned} \tag{7.23}$$

ここで式 (7.23) は，「$A_d = \infty$ より，$v_+(t) = v_-(t)$」となる．さらに式 (7.21) は，「$Z_i = \infty$ より，$i_1(t) = i_2(t)$」となる．また，図 7.7(b) の場合には＋端

子は接地されているため,「$v_+(t) = v_-(t) = 0$」となる.以上のような「電圧的には短絡,電流的には開放」という特殊な状態は,オペアンプの回路計算の本質であり,「**ヴァーチャルグランド:仮想接地(仮想短絡)**」と呼ばれる重要な概念である.ここで,ヴァーチャルグランドは,「通常の短絡状態 $(V=0, I \neq 0)$ や開放状態 $(I=0, V \neq 0)$ とは違う」ことに注意する.したがって,この増幅回路の増幅率および入力インピーダンスは,式 (7.19), (7.20), (7.22) より以下のような極めて簡単な表現となる.

$$A_v = \frac{v_{out}(t)}{v_{in}(t)} = -\frac{R_2}{R_1} \tag{7.24}$$

$$A_i = \frac{i_{out}(t)}{i_{in}(t)} = \frac{R_2}{R_L} \tag{7.25}$$

$$Z_{in} = \frac{v_{in}(t)}{i_{in}(t)} = R_1 \tag{7.26}$$

ここで,入出力電圧の関係は逆相(反転),入出力電流は同相となっている.また,この増幅回路の電圧増幅率 A_v は負荷抵抗 R_L の値に無関係であり,外付けの抵抗の比のみによって,任意の値に設定できることが分かる.逆に言うと,オペアンプの差動利得は非常に大きく,そのまま使うとすぐに出力がオーバーフローしてしまうため,**抵抗器などで負帰還(第 8 章参照)をかけ,利得を下げた状態**で使用する必要があることを示している.

次に回路の出力インピーダンス Z_{out} を求める.出力インピーダンス測定は,図 4.9(b) に従って,図 7.8 のような回路となる.ここで,Z_{out} を考えるときは

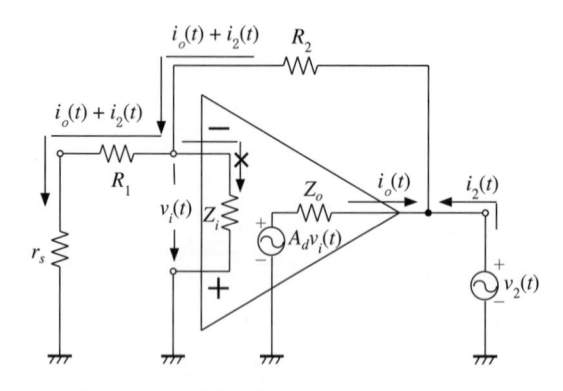

図 **7.8** 反転増幅回路の出力インピーダンス測定

入力信号源が無いので，仮想接地は適用せず，「Z_i が非常に大きい」ことのみを考える．また，オペアンプの出力インピーダンス Z_o も，ここではゼロと見なさないことにする．$Z_i \gg r_s + R_1$ なので，Z_i に流れる電流成分は無視できるとすると，以下のような回路方程式が導ける．

$$v_2(t) = A_d v_i(t) - Z_o i_o(t) = (r_s + R_1 + R_2)(i_o(t) + i_2(t)) \quad (7.27)$$

$$v_i(t) = -(r_s + R_1)(i_o(t) + i_2(t)) \quad (7.28)$$

ここで r_s は，入力信号源の内部抵抗である．したがって，出力インピーダンスは以下のように求まる．

$$\begin{aligned}Z_{out} &= \frac{v_2(t)}{i_2(t)} = \frac{Z_o(r_s + R_1 + R_2)}{A_d(r_s + R_1) + r_s + R_1 + R_2 + Z_o} \\ &\simeq \frac{r_s + R_1 + R_2}{r_s + R_1} \cdot \frac{Z_o}{A_d} \simeq 0 \end{aligned} \quad (7.29)$$

この式から，回路全体の出力インピーダンス Z_{out} は，元々小さい値であるオペアンプの出力インピーダンス Z_o より，さらに 5 桁以上小さくなるため，ゼロと見なせることが分かる．

7.2.3 オペアンプのパラメータ

ここでは，オペアンプによる増幅回路を設計してみる．設計条件は，電圧増幅率 $A_v = -10$，電流増幅率 $A_i = 1$，負荷抵抗 $R_L = 100\mathrm{k}\Omega$ とする．したがって，式 (7.24)〜(7.26) より，$R_1 = 10\mathrm{k}\Omega$，$R_2 = 100\mathrm{k}\Omega$ と求まる．トランジスタ増幅回路の設計と比較すると，拍子抜けするほど簡単である．

次に，この設計値を用いた回路において，「仮想接地」が本当に成立しているか検証してみる．図 7.7(b) において，何の近似も用いずに各パラメータを計算すると，付録 J の式 (72)〜(74) より以下のように求まる．

$$A_v \simeq -9.999725 \simeq -10$$

$$A_i \simeq 0.9999975 \simeq 1$$

$$Z_{in} \simeq 10000.25 \simeq 10[\mathrm{k}\Omega]$$

ここで，オペアンプのパラメータとして，表 7.1 の標準値を用いている．計算結

表 7.1 オペアンプ (NJMOP-07) の規格 (新日本無線(株) 提供)

項　目	最小	標準	最大	単位
電源電圧		±15		V
電圧利得 A_d	100	112		dB
入力抵抗 Z_i	8	33		MΩ
出力抵抗 Z_o		60		Ω
ユニティゲイン周波数		0.5		MHz
入力オフセット電圧		60	150	μV
入力オフセット電流		0.8	6	nA
入力バイアス電流		±1.8	±7	nA
スルーレート SR		0.17		V/μs
同相信号除去比 CMRR	100	120		dB

果を見ると，オペアンプの回路計算は，式 (7.24)～(7.26) の，仮想接地を用いた簡単な式で十分であることが分かる．

以上の計算では，電圧利得として表の標準値（112dB → 4×10^5）を用いたが，実は，**規格表に載っているのは，直流増幅の場合の利得**であり，オペアンプでは周波数を高くすると電圧利得が減少してしまう．ここでは，オペアンプを実際に扱う際の注意点を，表のパラメータを見ながら解説する．

利得帯域幅積（GB 積）

理想オペアンプでは，直流から無限大の周波数まで増幅できると見なせるが，実際のオペアンプでは使用周波数に制限がある．図 7.9 はオペアンプにおける電圧利得の周波数特性である．詳細は割愛するが，普通，オペアンプ内部の高利得増幅回路には，内部での位相遅れを補償するためのコンデンサ C_p が接続されており，このコンデンサが主要因となって一次のローパス特性（高域減衰特性）が生じる．そのため図のように，オペアンプでは，周波数の増大に伴い電圧利得が減少し，周波数が 10 倍になると利得がほぼ 10 分の 1(−20dB) になる．したがって，以下の関係が成り立つ．

$$GB = A_v \times f \simeq \mathrm{const} \tag{7.30}$$

ここで，GB を**利得帯域幅積（GB 積）**と呼び，高周波回路でオペアンプを使用する際に重要な指針となる．GB 積の単位は [Hz] で表し，その値は型番によっ

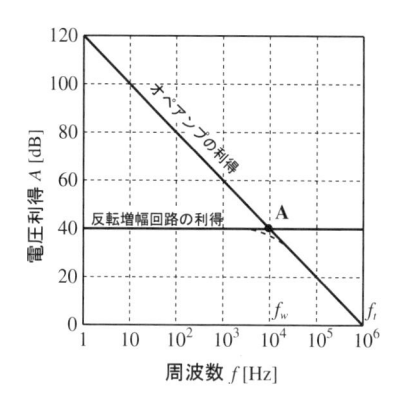

図 **7.9** 電圧利得の周波数特性

て異なるが，100kHz〜10MHz 程度である．また，利得が 0dB となる周波数 f_t（図の X 切片）を**ユニティゲイン周波数**と呼ぶが，この値は図のように基本的に GB 積と等しく，型番によってはそれより少し小さ目の値となる場合もある．

このような周波数特性より，例えば，図 7.7(b) の反転増幅回路を電圧利得 40dB（100 倍）として設計した場合，その利得が確保できるのは，図 7.9 の交点 A までであり，それ以上の周波数では図の特性に従って利得低下が起こることになる[†]．ここで，点 A における周波数 f_w を**周波数帯域幅**と呼び，オペアンプ回路の設計において，使用周波数を f_w より十分低く設定する必要があることが分かる．

スルーレート (Slew Rate)

オペアンプにはもう一つ，**スルーレート (SR)** と呼ばれる周波数特性に関する重要なパラメータがある．スルーレートは「入力信号の急激な電圧変化に出力がどこまで追従できるか」についての指針である．図 7.10 のように高周波のパルス波形を入力すると，実際のオペアンプでは立ち上がりおよび立ち下がりにおいて「入出力間の遅延」が現れる．ここで，SR は以下のように定義される．

$$SR = \frac{\Delta v}{\Delta t} \quad [\text{V}/\mu\text{s}] \tag{7.31}$$

したがって，SR は大きいほど良く，理想オペアンプでは $SR = \infty$ となるが，実

[†] 実際には交点 A 付近で点線のように多少の利得低下が起こる．

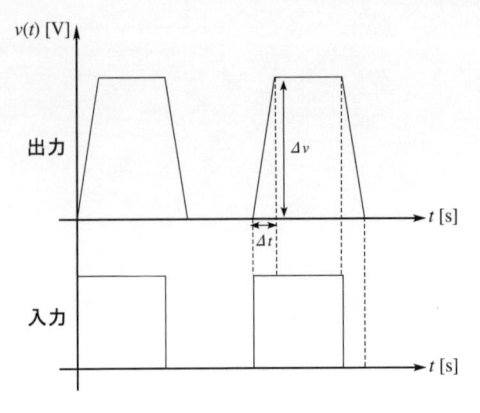

図 7.10　スルーレートの定義

際のオペアンプでは式のとおり，V/µs オーダーである．SR は高周波のパルス波形や方形波では当然考慮する必要が生じるが，正弦波においても波形の歪みに関係してくる．正弦波交流として $v_{out}(t) = V_m \sin\omega t$ を考えると，その電圧の時間変化は電圧波形の傾きに相当する．オペアンプで再現できる電圧の時間変化の最大値が SR であるから，傾きの最大値が SR より大きくなると波形が歪むことになる．したがって，正弦波出力が歪まない条件は以下のようになる．

$$\frac{dv_{out}(t)}{dt} = \omega V_m \cos\omega t$$
$$\rightarrow \quad SR \geq \omega V_m \quad \rightarrow \quad f \leq \frac{SR}{2\pi V_m} \qquad (V_m > 0) \qquad (7.32)$$

したがって，特に大振幅信号や高周波の正弦波信号において，スルーレートを考慮した回路設計が必要となることが分かる．

入力オフセット電圧

理想オペアンプでは，二つの入力端子（＋端子と－端子）を両方とも接地した場合，出力電圧は 0[V] になるはずである．しかし，実際のオペアンプではそうならず，微小な直流電圧が生じてしまう．これは，オペアンプ内部の差動増幅回路を構成する二つのトランジスタが，完全には等しい特性となっていないことが原因である．逆に，出力電圧を 0[V] とした場合にも入力端子間に微小な直流電圧が生じることになる．この電圧を**入力オフセット電圧**と呼び，オペアンプにもよるが，普通，mV～µV オーダーである．したがって，精密な回路を

設計する場合には，オフセット電圧を打ち消すための補償回路として，可変抵抗などをオフセット補償端子（図 7.6 の 1,8 ピン）に接続し，調整を行なう．

入力バイアス電流

理想オペアンプでは入力インピーダンス $Z_i = \infty$ であり，オペアンプ内部には入力電流は流れないと見なす．しかし，実際のオペアンプでは，やはり微小な入力電流が流れている．この電流を**入力バイアス電流**と呼び，一般的には，オペアンプ内部の入力回路が BJT 回路の場合は nA オーダー，FET 回路の場合は pA オーダーとなる．この電流成分を打ち消すために，例えば，反転増幅回路においては，図 7.11 のように，＋端子を抵抗 R_3 を通して接地する．図の回路方程式を解くと，入力バイアス電流と V_o の関係は以下のように求められる．

$$V_o = R_2 \left(I_{B1} - \frac{V_i + R_3 I_{B2}}{R_{12}} \right) \tag{7.33}$$

ここで，$R_{12} = R_1 // R_2$ である．式で差動入力 $V_i = 0$ としたときに出力 $V_o = 0$ となれば，バイアス電流の影響が無くなることになる．したがって，「$I_{B1} = I_{B2}$ のときには，$R_3 = R_1 // R_2$ と設定することで，入力バイアス電流の影響を打ち消す」ことができる．図 7.7(b) の反転増幅回路では R_3 を省略しているが，実際の回路においては R_3 を接続するのが普通である．

一方，$I_{B1} \neq I_{B2}$ のときは，R_3 を接続しても入力バイアス電流の影響を完全には消去することができない．ここで，I_{B1} と I_{B2} の差を**入力オフセット電流**と呼び，入力バイアス電流より小さい値となる．

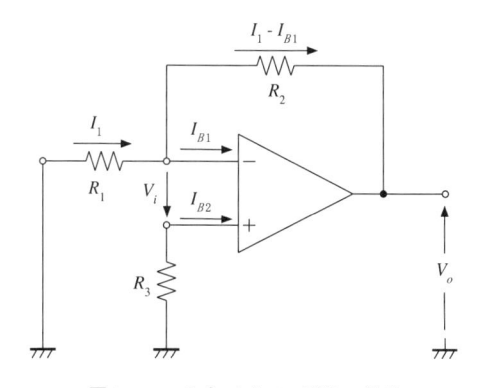

図 7.11 入力バイアス電流の補償

同相信号除去比 CMRR

CMRR については差動増幅回路の解説で述べたとおりであり，その値が大きいほど優れたオペアンプと言える．

7.2.4 非反転増幅回路とヴォルテージフォロワ

ここでは図 7.12(a) のような，正の電圧増幅率が得られる回路について説明する．この回路では，反転増幅回路とは違い入力電流が流れない．また，仮想接地により，−端子の電位は $v_{in}(t)$ となる．したがって，各パラメータは以下のように導ける．

$$A_v = \frac{v_{out}(t)}{v_{in}(t)} = 1 + \frac{R_2}{R_1} \tag{7.34}$$

$$A_i = \frac{i_{out}(t)}{i_{in}(t)} \Rightarrow \infty \tag{7.35}$$

$$Z_{in} = \frac{v_{in}(t)}{i_{in}(t)} \Rightarrow \infty \,(開放) \tag{7.36}$$

つまり，この回路の入力インピーダンスは極めて高くなり，このままでは電流増幅回路としては使えないことが分かる．次に，出力インピーダンスを図 (b) の回路を用いて，反転増幅回路のときと同様に求めると，以下のようになる．

$$Z_{out} = \frac{v_2(t)}{i_2(t)} = \frac{Z_o(R_1 + R_2)}{A_d R_1 + R_1 + R_2 + Z_o}$$

$$\simeq \frac{R_1 + R_2}{R_1} \cdot \frac{Z_o}{A_d} \simeq 0 \tag{7.37}$$

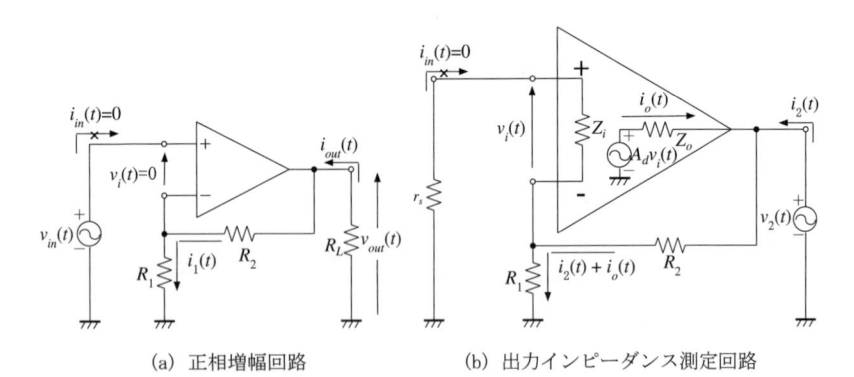

(a) 正相増幅回路 (b) 出力インピーダンス測定回路

図 **7.12** 非反転（正相）増幅回路

したがって，反転増幅回路のときと同様に，出力インピーダンス Z_{out} は，ほぼゼロであることが分かる．

図 7.13 は，非反転増幅回路において，「R_1 を開放，R_2 を短絡」とした応用回路である．この場合は，式 (7.34) より，$A_v = 1$ となることは明らかである．したがって，この回路は**ヴォルテージフォロワ**として利用でき，先述したコレクタ接地増幅回路などに比べて，より正確に入力電圧を出力電圧に伝達できる．また，理想的には入力インピーダンスが開放と見なせるので，入力として他の増幅回路の出力を接続した場合に，その増幅回路の電圧増幅率は，出力開放時とほぼ等しくなる．

例えば，図 7.14 のようにエミッタ接地増幅回路の出力と負荷の間にヴォル

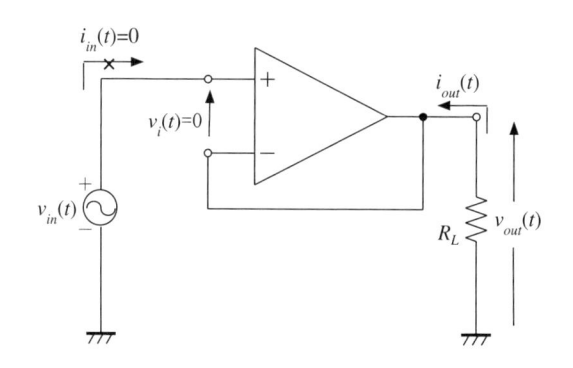

図 **7.13** ヴォルテージフォロワ

(a) エミッタ接地増幅回路　　(b) ヴォルテージフォロワの挿入

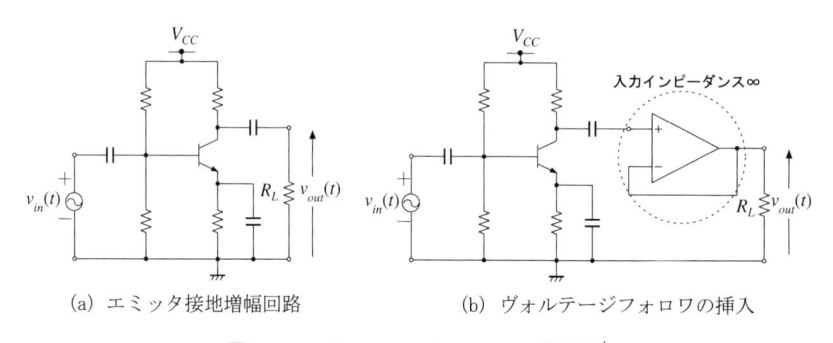

図 **7.14** ヴォルテージフォロワの使用例[†]

---

† この回路はヴォルテージフォロワを理解するための例であり，あまり実用的ではない．

テージフォロワを挿入する．挿入前の回路の電圧増幅率は，式 (4.7) より，

$$A_v = \frac{v_{out}(t)}{v_{in}(t)} = -\frac{R_L}{R_L + R_C} \cdot \frac{h_{fe}R_C}{h_{ie}} \tag{7.38}$$

であるが，挿入後 (図 (b)) では，エミッタ接地回路の出力にはヴォルテージフォロワの入力インピーダンス (∞) が負荷として接続されていることになる．よって，エミッタ接地回路の電圧増幅率は以下のように書き換えられる．

$$A_v = \frac{v_{out}(t)}{v_{in}(t)} = -\frac{h_{fe}R_C}{h_{ie}} \tag{7.39}$$

ここで，ヴォルテージフォロワの電圧増幅率は 1 であるため，図 (b) の回路全体における増幅率も式 (7.39) と等しくなる．したがって，オペアンプによるヴォルテージフォロワを併用することで，どのような増幅回路においても，その電圧増幅率を負荷抵抗 R_L と無関係に設計できることが分かる．

7.2.5　加算回路と減算回路

これ以降は，その名前どおりの「演算増幅器」としてのオペアンプ応用例を紹介する．まず，図 7.15(a) に加算回路を示す．仮想接地により，－端子は接地状態となる．したがって，以下のような回路方程式が導ける．

$$v_{in1}(t) = R_1 i_1(t) \tag{7.40}$$

$$v_{in2}(t) = R_2 i_2(t) \tag{7.41}$$

$$v_{out}(t) = -R_3 \left(i_1(t) + i_2(t) \right) \tag{7.42}$$

以上の式から，入出力電圧の関係が以下のように求められる．

$$v_{out}(t) = -\left(\frac{R_3}{R_1} v_{in1}(t) + \frac{R_3}{R_2} v_{in2}(t) \right) \tag{7.43}$$

したがって，逆相ではあるが，抵抗の比により重み付けをした足し算ができることが分かる．ここで，$R_1 = R_2 = R_3$ とすれば，そのままの足し算ができる．

次に，図 7.15(b) の減算回路について説明する．仮想接地により，－端子と＋端子の電位が等しくなるので，以下のような回路方程式が導ける．

$$R_4 i_2(t) = v_{in1}(t) - R_1 i_1(t)$$

(a) 加算回路

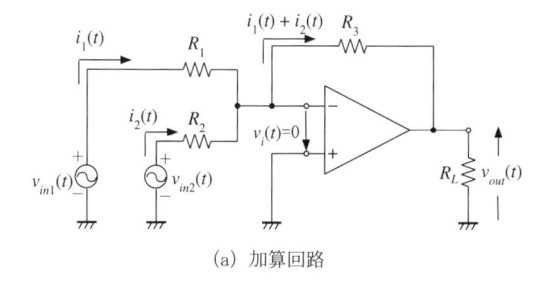

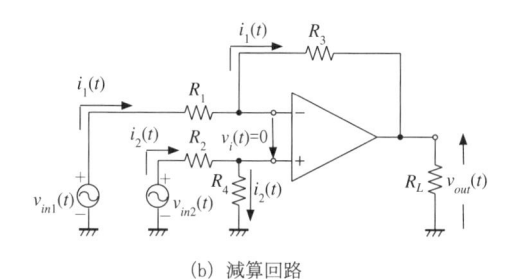

(b) 減算回路

図 **7.15** 加算・減算回路

$$
\begin{aligned}
&= v_{in2}(t) - R_2 i_2(t) \\
&= v_{out}(t) + R_3 i_1(t)
\end{aligned} \tag{7.44}
$$

以上の式を連立させることで，入出力電圧の関係が以下のように求められる．

$$v_{out}(t) = \frac{R_1 + R_3}{R_1} \frac{R_4}{R_2 + R_4} v_{in2}(t) - \frac{R_3}{R_1} v_{in1}(t) \tag{7.45}$$

したがって，抵抗の比により重み付けをした引き算ができることが分かる．ここで，$R_1 = R_2 = R_3 = R_4$ とすれば，そのままの引き算ができる．

7.2.6 微分回路と積分回路

図 7.16(a) に微分回路を示す．仮想接地により，−端子は接地状態となる．ここで，コンデンサに蓄積される電荷量とその時間変化による電流（瞬時値）を考えると，以下の式が導ける．

$$Q(t) = C v_{in}(t) \tag{7.46}$$

(a) 微分回路　　　　　　　　　　(b) 積分回路

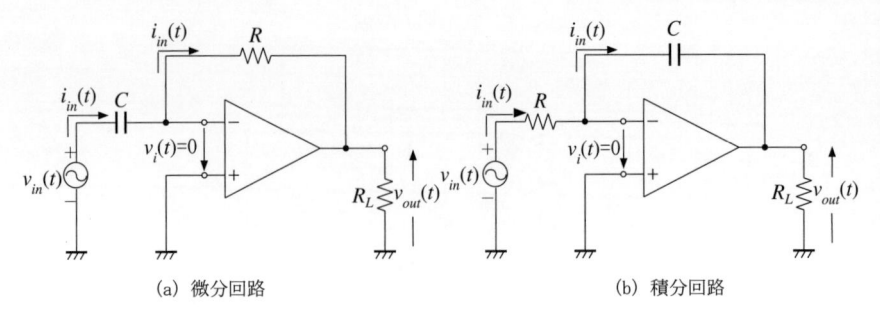

図 7.16 微分・積分回路

$$v_{out}(t) = -R \cdot i_{in}(t) = -R\frac{dQ(t)}{dt} = -RC\frac{d(v_{in}(t))}{dt} \tag{7.47}$$

したがって，入力電圧の時間微分値が反転増幅されて出力される．例えば，時間変化の無い直流電圧を入力とした場合，$v_{out}(t) = 0$ となる．

次に，図 7.16(b) の積分回路について説明する．積分回路は微分回路の抵抗とコンデンサを取り替えた回路となっている．仮想接地により，－端子は接地状態となる．ここで，コンデンサに蓄積される電荷量とその時間変化による電流（瞬時値：向きに注意）を考えると，以下の式が導ける．

$$Q(t) = C \cdot v_{out}(t) \tag{7.48}$$

$$v_{in}(t) = R \cdot i_{in}(t) = R\left(-\frac{dQ(t)}{dt}\right) = -RC\frac{d(v_{out}(t))}{dt}$$

$$\rightarrow \quad v_{out}(t) = -\frac{1}{RC}\int v_{in}(t)dt \tag{7.49}$$

したがって，入力電圧の時間積分値が反転増幅されて出力される．例えば，時間変化の無い直流電圧を入力とした場合，$v_{out}(t) = -at$（a は比例定数）となり，時間に比例して出力電圧（の絶対値）が増大することになる．もちろん，際限なく増大するわけではなく，先述したようにバイアス電源の 90％程度で飽和する．

以上の回路図では交流信号入力としてきたが，オペアンプではまったく同じ回路によって，直流信号についても同様の増幅・演算特性が得られることを最後に付け加えておく．

7.3 まとめ

本章のポイントは以下のとおりである．

1. 差動増幅回路はカレントミラーを組み込むことで，「普通の増幅回路」として使える．
2. オペアンプの二つの入力端子間において，「電圧的には短絡，電流的には開放」と見なせることを「仮想接地」と呼ぶ．
3. 仮想接地を使うと，オペアンプの回路計算はとても簡単になる．

演習問題
---

1. 図 7.1(a) を参考に FET による差動増幅回路を構成し，差動利得および同相利得を求めよ．
2. 同相信号除去比 ($CMRR$) を大きくするにはどうすればよいか．
3. 図 7.17 の回路において，点線内の回路が定電流源と見なせることを示せ．
4. 図 7.18 の回路において，入出力電圧波形を図示せよ．
5. 図 7.19 のそれぞれの回路において，$v_o(t)$ を $v_1(t)$, $v_2(t)$ で表せ．
6. 図 7.20 のそれぞれの回路において，$v_o(t)$ を $v_1(t)$, $v_2(t)$ で表せ．
7. 0℃ で 3.0kΩ，100℃ で 4.2kΩ となる白金抵抗体を用いて，0℃ で 0V，100℃ で 1V を出力するオペアンプ回路を設計せよ．ただし，白金抵抗体の抵抗値は直線的に変化すると見なせるものとする．
8. フルスケール 10mA の電流計とオペアンプを用いてフルスケール 10μV の電圧計を製作するには，どのようにすればよいか．

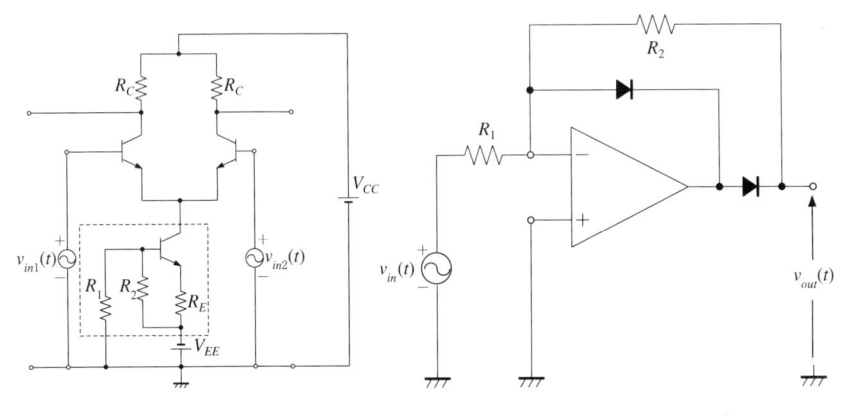

図 7.17　定電流回路の適用　　　図 7.18　理想ダイオード回路

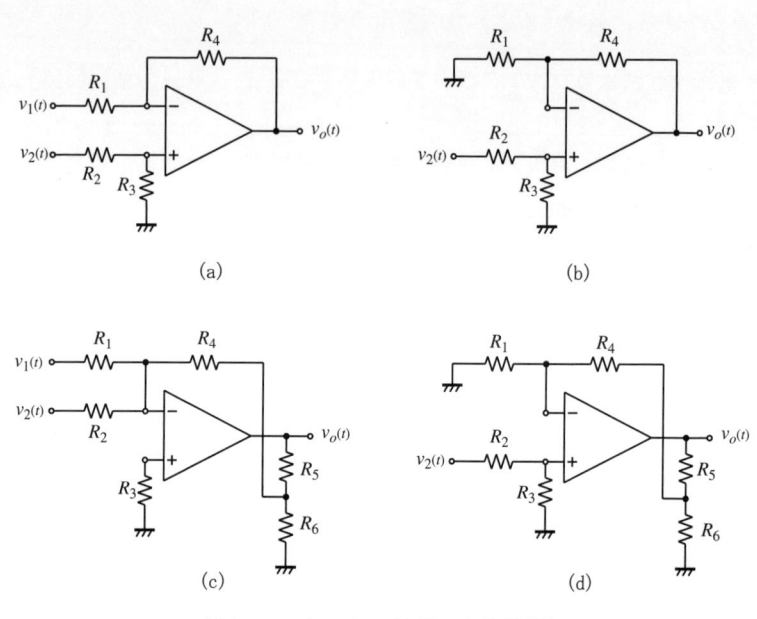

図 **7.19** オペアンプを用いた増幅回路

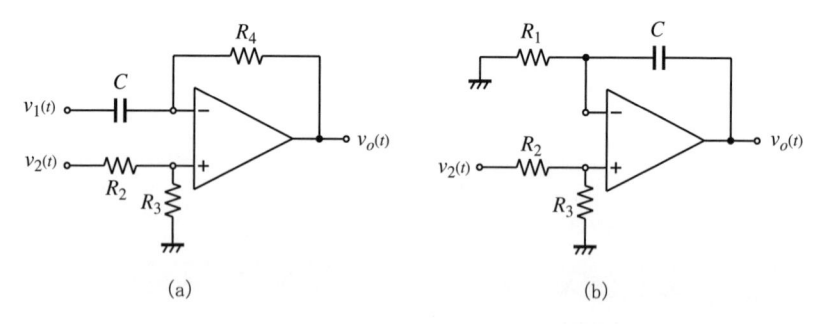

図 **7.20** キャパシタを用いたオペアンプ増幅回路

第8章
帰還増幅回路と発振回路

　出力信号の一部または全部を入力側に戻すことを，「**帰還 (feedback)**」と呼ぶ．帰還を用いると回路動作が安定化したり，また逆に不安定となって発振することがある．実は，前章までに述べてきた増幅回路の多くが，帰還による回路の安定化を図った，帰還増幅回路となっている．本章では，帰還の概念と帰還増幅回路の基本的特性，さらに，帰還による不安定性を積極的に利用した発振回路について説明する．

8.1　帰還増幅回路

8.1.1　正帰還と負帰還

　図 8.1 に帰還の概念図を示す．帰還増幅回路は基本増幅回路 A と帰還回路（減衰回路）H で構成される．帰還回路 H は，出力信号（電圧または電流）を

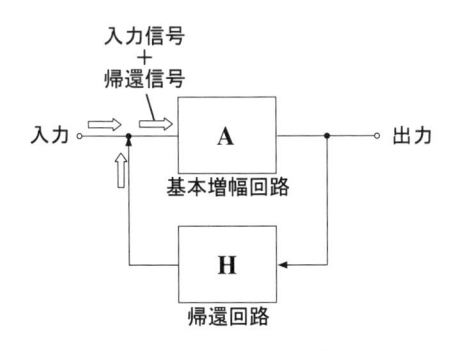

図 **8.1**　帰還増幅回路の概念

検出し，H 倍された出力信号を入力信号（電圧または電流）に帰還（合成）させる．ここで，H を「**帰還率**」と呼ぶ．同時に基本増幅回路は，その合成信号を A 倍して出力する．例えば，電圧を検出し，電圧を帰還させた場合，入出力電圧の関係は以下のように求まる．

$$v_{out}(t) = A\left(v_{in}(t) + Hv_{out}(t)\right)$$
$$\rightarrow \quad A_v = \frac{v_{out}(t)}{v_{in}(t)} = \frac{A}{1-AH} \tag{8.1}$$

分母の AH は，信号が図 8.1 のループを 1 周したときの利得であるので，「**ループ利得**」と呼ばれる．ここで，「$AH > 0$ の場合を**正帰還 (positive feedback)**」と呼び，出力（の絶対値）が増大する方向に帰還がかかる．この場合は，回路動作が不安定になる場合が多く，後述する「発振回路」などの特殊な場合にのみ用いられる．一方，「$AH < 0$ の場合を**負帰還 (negative feedback)**」と呼び，出力を抑制する方向に帰還がかかる．式 (8.1) において $AH < 0$ であれば，回路全体の増幅率の絶対値は，基本増幅回路の増幅率 A の絶対値より小さくなる，すなわち出力が抑制されることが分かる．この場合は，増幅率変動の抑制，ノイズの低減，周波数特性の改善などに応用できるため，多くの増幅回路において，この負帰還回路が構成要素として組み込まれている．

ここで，基本増幅回路 A として，オペアンプを考えると，$A = \infty$ と見なせるので，

$$v_{out}(t) \simeq -\frac{1}{H}v_{in}(t) \tag{8.2}$$

となるのは明らかである．したがって，帰還回路 H を用いることで，半導体素子の増幅率 A とは無関係に，増幅回路全体としての増幅率を設計することが可能となる．このことは，素子の増幅率 A が，熱などの要因により変動（不安定化）する場合に，その影響を抑制できることを意味している．

8.1.2 帰還増幅回路の種類

帰還回路により検出する出力信号，および帰還させる入力信号には，それぞれ，電流と電圧の場合があるため，帰還増幅回路は，図 8.2 の 4 通りに分類される．図の接続状態はそれぞれ一つの例であり，帰還電圧・電流の方向の取り方さえ正確に認識しておけば，例えば，帰還回路を入力の＋端子側に直列接続

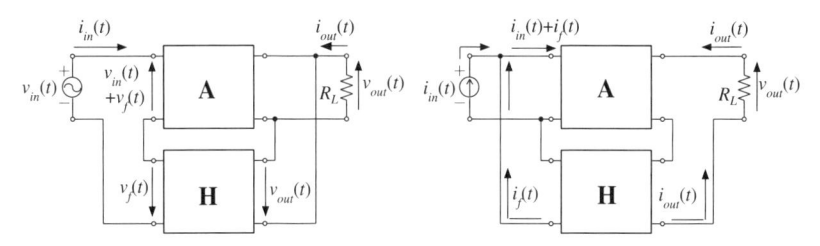

8.1 帰還増幅回路　149

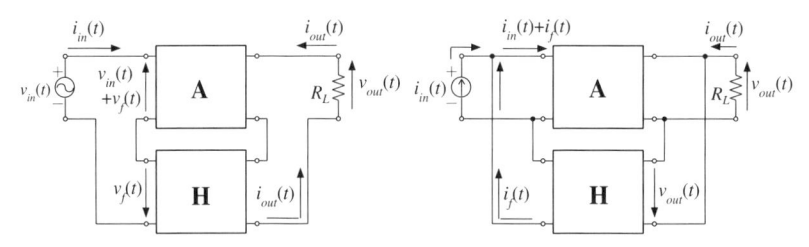

(a) 電圧検出電圧帰還（電圧直列帰還）
(b) 電流検出電流帰還（電流並列帰還）
(c) 電流検出電圧帰還（電流直列帰還）
(d) 電圧検出電流帰還（電圧並列帰還）

図 **8.2**　帰還増幅回路の種類

したり，並列接続において帰還回路の接続端子を入れ替えてもまったく問題はない．以下に各回路における入出力の関係を示す．ここで，G は回路全体の入出力の関係を表す「伝達関数」と呼ばれる値であるが，帰還回路の構成によってその意味（単位）が異なることに注意する．

(a) 電圧検出電圧帰還回路

$$v_f(t) = H \cdot v_{out}(t)$$
$$v_{out}(t) = A\left(v_{in}(t) + v_f(t)\right)$$
$$\rightarrow \quad G = \frac{A}{1-AH} = \frac{v_{out}(t)}{v_{in}(t)} = A_v \quad [無次元] \quad (8.3)$$

(b) 電流検出電流帰還回路

$$i_f(t) = H \cdot i_{out}(t)$$
$$i_{out}(t) = A\left(i_{in}(t) + i_f(t)\right)$$
$$\rightarrow \quad G = \frac{A}{1-AH} = \frac{i_{out}(t)}{i_{in}(t)} = A_i \quad [無次元] \quad (8.4)$$

(c) 電流検出電圧帰還回路

$$v_f(t) = H \cdot i_{out}(t)$$
$$i_{out}(t) = A\left(v_{in}(t) + v_f(t)\right)$$
$$\rightarrow \quad G = \frac{A}{1 - AH} = \frac{i_{out}(t)}{v_{in}(t)} \quad [\mathrm{S}] \tag{8.5}$$

(d) 電圧検出電流帰還回路

$$i_f(t) = H \cdot v_{out}(t)$$
$$v_{out}(t) = A\left(i_{in}(t) + i_f(t)\right)$$
$$\rightarrow \quad G = \frac{A}{1 - AH} = \frac{v_{out}(t)}{i_{in}(t)} \quad [\Omega] \tag{8.6}$$

8.1.3 実際の増幅回路における帰還

増幅回路における負帰還の例として，エミッタ接地増幅回路の直流等価回路におけるエミッタ抵抗 R_E が挙げられる．先述したように，この抵抗はバイアスの変動を抑制しているが，この効果は負帰還を利用したものである．また，外付けの回路ではないが，BJT の h パラメータにおける h_{re} や，FET における帰還容量 C_{rss} は，負帰還の効果を持つ．本項では，より分かりやすい例として，第 7 章のオペアンプ正相増幅回路について調べてみる．

図 8.3(a) を，図 8.2(a) の電圧帰還回路に従って書き換えてみると，オペアンプを基本増幅回路 A として当てはめ，図 8.3(b) のように描ける．したがって，電圧の関係式は以下のようになる．

$$v_f(t) = \frac{-R_1}{R_1 + R_2} v_{out}(t) = H \cdot v_{out}(t) \tag{8.7}$$

$$v_{out}(t) = A_d v_i(t) = A_d\left(v_{in}(t) + v_f(t)\right) = A\left(v_{in}(t) + v_f(t)\right) \tag{8.8}$$

したがって，A, H が以下のように求まる．

$$A = A_d \tag{8.9}$$
$$H = \frac{-R_1}{R_1 + R_2} \tag{8.10}$$

(a) オペアンプ正相増幅回路　　(b) 電圧検出電圧帰還回路

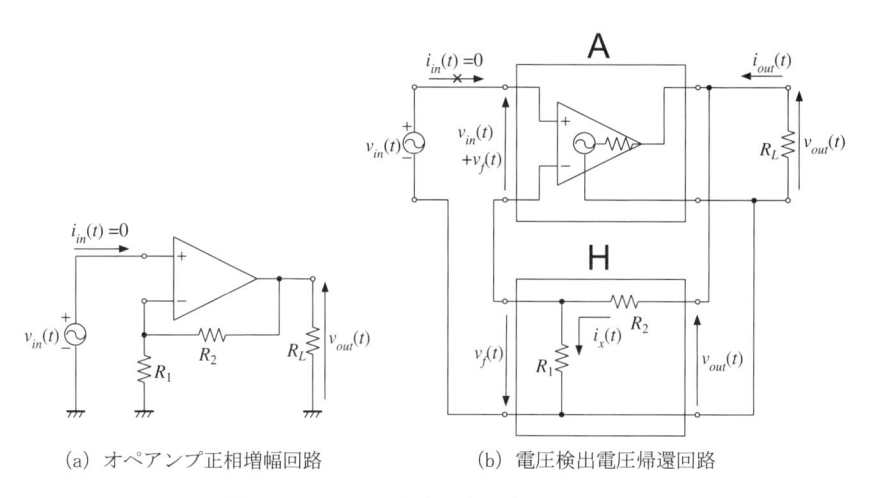

図 **8.3**　オペアンプ正相増幅回路における帰還

$$G = \frac{A}{1-AH} = \frac{A_d}{1+\frac{R_1}{R_1+R_2}A_d} \simeq \frac{R_1+R_2}{R_1} = A_v \qquad (8.11)$$

明らかに $AH < 0$ となるので，図 8.3(b) のような構成を考えた場合，オペアンプ正相増幅回路では，電圧の負帰還がかかっていると見なせる．

このケースでは，回路構成を基本増幅回路 A と帰還回路 H に上手く分けて考えることができたが，増幅回路を基本増幅回路と帰還回路とに完全に分離して考えることは，多くの場合できない．つまり増幅回路においては，図 8.2 の帰還回路構成はある意味「概念」に過ぎない．

8.2　発振回路

「正帰還」は回路の不安定要素となるため，基本的に増幅回路には用いられない．しかしながら，正帰還による回路の不安定性を積極的に利用すると「発振回路」の実現が可能となり，増幅回路と並ぶアナログ電子回路の重要な役割となっている．発振とは「持続振動」が発生することである．すなわち，**電子回路における発振**は，電源が切れたり回路が壊れたりしない限り，「**ある特定の周波数の交流信号がいつまでも発生し続ける**」ことである．

無線通信では MHz オーダー以上の高周波電波を基本とし，そこに通信した

い情報（信号）を上乗せすることで情報通信を行なう．したがって情報通信分野では，高精度かつ安定な高周波発振回路が要求される．さらに電子回路では，正弦波交流だけでなく，ノコギリ波や矩形波を発生させることもできる．ここでは，発振の原理，および基本的な発振回路について説明する．

8.2.1 正帰還と発振

発振に似た現象として，電気回路で学んだ LC 回路における共振現象がある．コンデンサをコイルを通して放電するときに起こる共振は減衰振動であり，時間とともに振幅が徐々に減衰していき持続しない．発振回路では共振で生じた振動に対して適切なエネルギーを供給することで，振動の持続（＝発振）を可能にしている．これが発振回路の簡単な原理である[†]．

正帰還は，式 (8.1) において，ループ利得が $AH > 0$ の状態である．すると，当然 $AH = 1$ の場合もあり得るが，このとき，$G = \infty$ より入力信号がゼロでも出力信号がゼロとはならないことになる．この状態が発振動作である．$AH > 1$ の場合には，信号がループを周回するごとにその振幅が徐々に増大することになるが，増幅回路の出力限界に制限されて振幅が飽和することで，実際の回路では等価的にループ利得が下がり，最終的には $AH = 1$ となる．つまり，結局は発振をする．したがって，帰還回路が発振する条件は，

$$AH \geq 1 \tag{8.12}$$

となる．発振回路では，コイルやコンデンサの複素インピーダンスを積極的に用いて信号ループの位相調整や発振周波数の設定を行なう．したがって，AH は複素数となるため，以下のように発振条件をその虚部と実部とで分けて考える．

$$\mathrm{Im}\,(AH) = 0 \tag{8.13}$$

$$\mathrm{Re}\,(AH) \geq 1 \tag{8.14}$$

式 (8.13) を「周波数条件」，式 (8.14) を「電力条件」と呼び，周波数条件によって発振周波数が決定される．

本書では，回路計算を簡略化するために，オペアンプを用いた発振回路を考え，発振条件を導出することにする．しかし，実際の発振回路にはオペアンプ

[†] 詳細な発振のメカニズムについては本書では割愛する．他の電子回路工学の本を参照すること．

はあまり使われていない．これは，オペアンプが理想増幅器に近い特性を持つため，$AH > 1$ の場合に，振幅の増大に伴うループ利得の等価的な低下が起こりにくく，$AH = 1$ の条件が満たされないためである．したがって，オペアンプにより発振回路を設計する場合には，あまり高性能なオペアンプを用いないことや，ダイオードを接続して強制的に利得を下げるなどの工夫が必要である．一方，トランジスタ (BJT, FET) では，振幅の増大に伴う利得低下が起こりやすく，あまり正確な回路設計を行なわなくても，比較的に容易に発振が起こる．

8.2.2　ウィーンブリッジ型発振回路

RC 回路によって得られる位相差を上手く利用すると，発振回路が形成できる．図 8.4(a) はウィーンブリッジ型と呼ばれる RC 発振回路である．発振回路は交流信号を発生させる回路であるから，図のように入力信号は存在しない．そこで，回路をある個所（図の×印）で切断し，その前後の電圧を比較することで 1 周分のループ利得 AH を求める．ここで，回路の切断個所によっては上手く計算できない場合があるが，とりあえず「切り方[†]」は余り気にせず，記述どおりに AH を計算して，納得してくれればよい．

図 8.4(a) を×印で切断すると，以下のような回路方程式が導ける．

$$v_{out}(t) = A_v \cdot v_1(t) \tag{8.15}$$

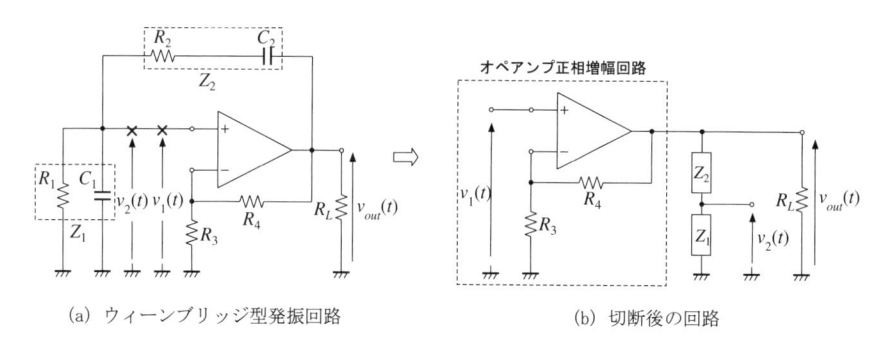

(a) ウィーンブリッジ型発振回路　　(b) 切断後の回路

図 8.4　ウィーンブリッジ型発振回路

[†] 通常は，電流が流れていない点や電圧源の出力端子で切り離す．オペアンプ回路の場合は，その入力・出力端子で切離し可能なことが多い．

$$v_2(t) = \frac{Z_1}{Z_1 + Z_2} v_{out}(t) \tag{8.16}$$

ここで，$Z_1 = R_1 // (1/j\omega C_1), Z_2 = R_2 + 1/j\omega C_2$ であり，A_v はオペアンプ正相増幅回路（図 (b) の点線内）の電圧増幅率である．式 (7.35) を用いて，AH は以下のように求まる．

$$\begin{aligned} AH &= \frac{v_2(t)}{v_1(t)} = \frac{Z_1}{Z_1 + Z_2} A_v \\ &= \frac{R_3 + R_4}{R_3} \cdot \frac{1}{1 + \frac{R_2}{R_1} + \frac{C_1}{C_2} + j\left(\omega C_1 R_2 - \frac{1}{\omega C_2 R_1}\right)} \end{aligned} \tag{8.17}$$

したがって，式 (8.13), (8.14) より，発振条件は以下のように求まる．

$$\mathrm{Im}\,(AH) = 0 \quad \rightarrow \quad \omega = \frac{1}{\sqrt{C_1 C_2 R_1 R_2}} \tag{8.18}$$

$$\mathrm{Re}\,(AH) \geq 1 \quad \rightarrow \quad \frac{R_4}{R_3} \geq \frac{R_2}{R_1} + \frac{C_1}{C_2} \tag{8.19}$$

次に帰還の観点からループ利得を求めてみる．普通，発振回路は電圧検出電圧帰還回路と見なすことができる．図 8.4(a) を図 8.2(a) に従って書き換えると，オペアンプ正相増幅回路を基本増幅回路として当てはめ，図 8.5 のような回路構成が仮定できる．したがって，オペアンプの＋端子に電流が流れないこ

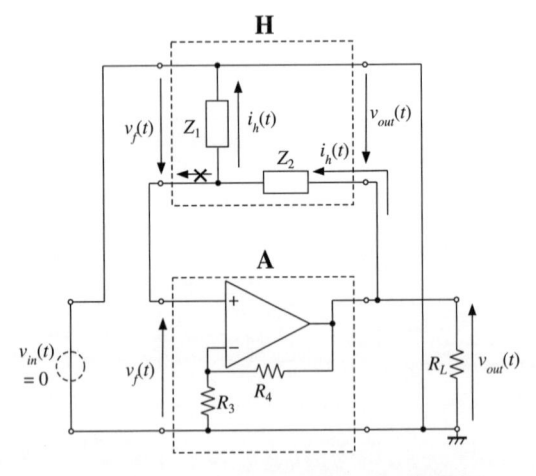

図 **8.5** ウィーンブリッジ型発振回路の帰還構成

とを考慮して，以下のような回路方程式が導ける．

$$v_f(t) = \frac{Z_1}{Z_1 + Z_2} v_{out}(t)$$

$$\rightarrow \quad H = \frac{v_f(t)}{v_{out}(t)} = \frac{Z_1}{Z_1 + Z_2} \tag{8.20}$$

$$A = A_v = \frac{R_3 + R_4}{R_3} \tag{8.21}$$

$$AH = \frac{R_3 + R_4}{R_3} \cdot \frac{1}{1 + \frac{R_2}{R_1} + \frac{C_1}{C_2} + j\left(\omega C_1 R_2 - \frac{1}{\omega C_2 R_1}\right)} \tag{8.22}$$

ここで，A_v は正相増幅回路の電圧増幅率である．したがって，当然ではあるが，回路切断による計算結果と等しくなる．

8.2.3 RC移相型発振回路

図 8.6 は RC 移相型発振回路である．図の×印で切断すると，以下のように発振条件が求まる（→**演習問題 4**）．

$$\text{Im}(AH) = 0 \quad \rightarrow \quad \omega = \frac{1}{\sqrt{6}CR} \tag{8.23}$$

$$\text{Re}(AH) \geq 1 \quad \rightarrow \quad \frac{R_f}{29R} \geq 1 \tag{8.24}$$

したがって，この回路では，R として高い抵抗値を用いる[†]ことで，比較的容易に低周波数の正弦波交流が得られるため，kHz オーダー以下の発振器として用

(a) RC移相型発振回路　　　　(b) 切断後の回路

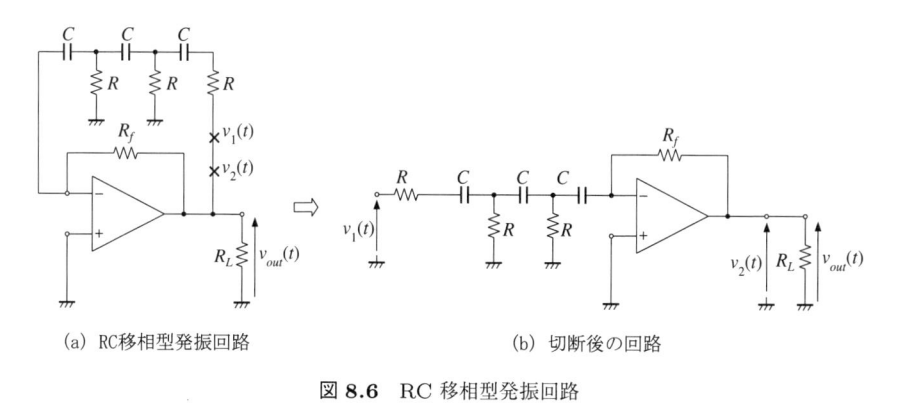

図 **8.6** RC 移相型発振回路

[†] 先述したように，C の場合は容量の増大に伴い素子が大型化してしまう．

8.2.4 コルピッツ型発振回路

LC 回路による共振現象を利用した発振回路にはさまざまな方式がある．まず，図 8.7 のコルピッツ型発振回路を紹介する．図の×印で切断した回路において回路方程式を解くと，ループ利得は以下のようになる．

$$AH = \frac{R_2}{R_1} \cdot \frac{1}{\omega^2 LC_1 - 1 - j\omega R_3 \left(C_1 + C_2 - \omega^2 LC_1 C_2\right)} \tag{8.25}$$

したがって，式 (8.13), (8.14) より，発振条件は以下のように求まる．

$$\operatorname{Im}(AH) = 0 \quad \rightarrow \quad \omega = \sqrt{\frac{C_1 + C_2}{LC_1 C_2}} \tag{8.26}$$

$$\operatorname{Re}(AH) \geq 1 \quad \rightarrow \quad \frac{R_2 C_2}{R_1 C_1} \geq 1 \tag{8.27}$$

また参考として，図 8.7(b) に，ソース接地増幅回路を用いたコルピッツ型発振器の例を示す．

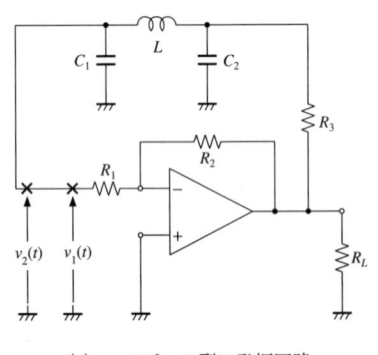

(a) コルピッツ型LC発振回路　　(b) ソース接地増幅回路の適用

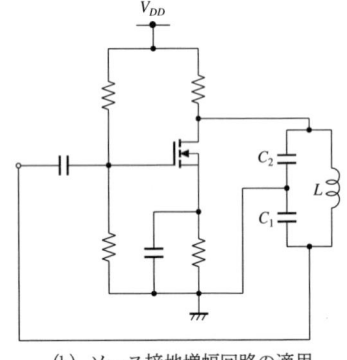

図 **8.7** コルピッツ型発振回路

8.2.5 ハートレー型発振回路

図 8.8 のような，コルピッツ型発振回路のコイルとコンデンサを交換した回路を，ハートレー型発振回路と呼ぶ．図の×印で切断した回路において回路方

(a) ハートレー型LC発振回路 (b) ソース接地増幅回路の適用

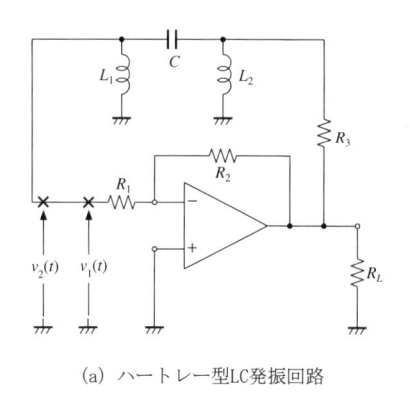

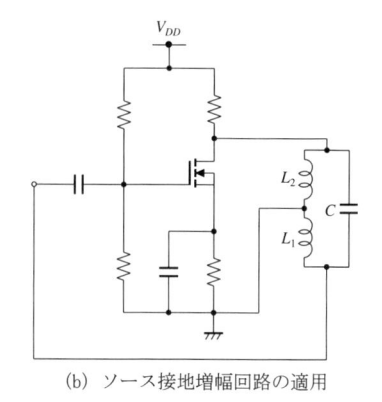

図 **8.8**　ハートレー型発振回路

程式を解くと，発振条件は以下のようになる．

$$\mathrm{Im}\,(AH) = 0 \quad \to \quad \omega = \frac{1}{\sqrt{(L_1 + L_2)\,C}} \tag{8.28}$$

$$\mathrm{Re}\,(AH) \geq 1 \quad \to \quad \frac{R_2 L_1}{R_1 L_2} \geq 1 \tag{8.29}$$

式 (8.26), (8.28) より，LC 型発振回路では L または C を小さくすることで，比較的容易に高周波発振器を構成できる．また実際のコイルは，必ず直列抵抗成分を内蔵している．したがって，この直列抵抗が発振条件に少なからず影響することに注意する．また参考として，図 8.8(b) に，ソース接地増幅回路を用いたハートレー型発振器の例を示す．

　以上のような発振回路において，出力として発振信号を取り出すためには，図 8.8(a) における R_L のような負荷が必ず接続されることになる．オペアンプでは，負荷インピーダンスの変動による電圧・電流特性への影響はほとんどないが，実際の発振回路はトランジスタで構成されることが多いため，その場合は，第 4 章で述べたように，負荷インピーダンスが回路特性に大きく影響する．すなわち，負荷インピーダンスの値によって，発振周波数が変動してしまうため注意が必要である．

8.2.6 水晶発振回路

これまでの，RC 型および LC 型発振回路では，発振条件を決めるコイルやコンデンサの値が周囲の温度によってある程度変動してしまうという問題がある．さらに，トランジスタの寄生容量や，回路基板（配線パターン）の持つ L, C 成分も影響を及ぼす．したがって，精密な発振回路を実現するためには，このような問題を解決し，周波数の変動を極力抑える必要がある．

それに対して，「**現在最も広く使われているのが，水晶発振回路**」である．「水晶」とは，二酸化ケイ素の結晶であり，それを薄く切った板に対してコンデンサのように電極を付けて電圧をかけると，圧縮（または伸張）が起こり厚さが変わるという性質を持つ．逆に外部から圧力が加わると，表面に電荷が現れて電極間に電圧が生じる．これを**圧電効果**と呼ぶ．また，水晶は弾性体でもあるので，交流電圧を印加すると機械的に振動（厚さの伸び縮み）をし，特定の周波数で共振する．したがって，電気的には LC 回路の共振現象と等価と見なせる．

このように，水晶の薄板を電極で挟んだ構造の素子を，「**水晶振動子**」と呼ぶ．水晶振動子の共振周波数は周囲温度にほとんど影響を受けず，回路中の他の L, C 成分の影響も受けにくいため，水晶発振回路では極めて安定な発振周波数を得ることができる．また価格も安価で，数十 kHz から数十 MHz までの範囲の素子が数百円以下で手に入るため，時計から無線通信まで広く使われている．例えば，コンピュータなどのディジタル回路の同期信号（クロック）の供給源には，ほぼ 100 %，水晶発振回路が使われている．

図 8.9(b) に水晶振動子の等価回路を示す．まず，右側の RLC 直列回路について考えると，その共振条件および「共振の鋭さ Q」は以下の式で与えられる．

$$共振条件：\omega_0 L = \frac{1}{\omega_0 C} \quad \rightarrow \quad \omega_0 = 2\pi f_0 = \frac{1}{\sqrt{LC}} \tag{8.30}$$

$$共振の鋭さ：Q = \frac{1}{R}\sqrt{\frac{L}{C}} \tag{8.31}$$

水晶振動子では，$10^4 \sim 10^6$ という，普通の LC 共振回路では実現不可能な高い Q を持つ．また，RLC 回路のインピーダンスの絶対値は以下の式で与えられる．

$$|Z| = \sqrt{R^2 + \left(\omega L - \frac{1}{\omega C}\right)^2} \tag{8.32}$$

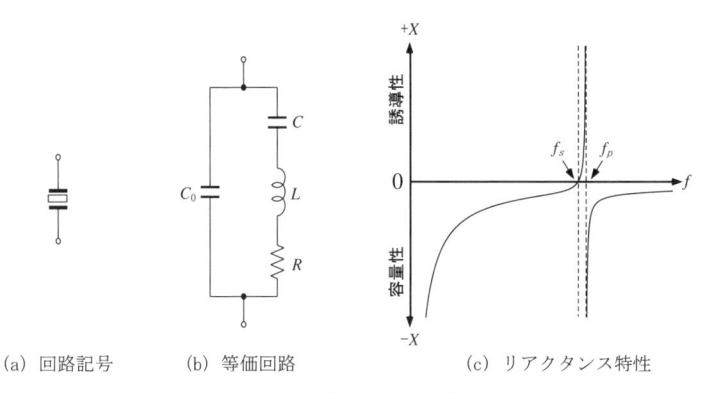

図 **8.9** 水晶振動子の記号と等価回路

結論を言うと，水晶振動子の発振周波数は式 (8.30) よりわずかに高い値となる．その値を $\omega = (1+\delta)\omega_0$ とすると，式 (8.32) の各成分は，式 (8.30), (8.31) を用いて以下のように書き換えられる．

$$R^2 = \frac{1}{Q^2} \cdot \frac{L}{C} \tag{8.33}$$

$$\left(\omega L - \frac{1}{\omega C}\right)^2 = \left(\frac{2\delta + \delta^2}{1+\delta}\right)^2 \cdot \frac{L}{C} \simeq 4\delta^2 \frac{L}{C} \tag{8.34}$$

この式に例えば，$Q = 10^5, \delta = 10^{-3}$ を代入すると，C と L の合成インピーダンスに比べて，抵抗 R のインピーダンスは無視できることが分かる．したがって，R を無視した等価回路全体のインピーダンスが以下のように導ける．

$$Z = j\frac{\omega^2 LC - 1}{\omega(C_0 + C - \omega^2 LC_0 C)} = jX \tag{8.35}$$

等価回路全体の直列共振周波数 f_s は，リアクタンス成分 $X = 0$ の条件（分子=0）で与えられるので，以下のように導ける．

$$f_s = \frac{\omega_s}{2\pi} = \frac{1}{2\pi\sqrt{LC}} \tag{8.36}$$

つまり，式 (8.30) と等しくなる．また，並列共振周波数 f_p は，$X = \infty$ の条件（分母=0）で与えられ，以下の式のようになる．

$$f_p = \frac{\omega_p}{2\pi} = \frac{1}{2\pi\sqrt{L\frac{C_0 C}{C_0 + C}}} = f_s \sqrt{1 + \frac{C}{C_0}} \tag{8.37}$$

リアクタンス成分 X の周波数依存性を図8.9(c) に示す．水晶振動子を，$f_s \sim f_p$ の周波数で発振させた場合，図のように誘導性（コイル的）素子となる．また普通，$C_0 \gg C$ であるので，f_s と f_p の間は非常に狭くなる．したがって，例えば以下のような値を代入すると極めて周波数変動が少ないことが分かる．

$$R = 0.2[\Omega], \quad L = 5[\text{mH}], \quad C = 0.5[\text{pF}], \quad C_0 = 50[\text{pF}]$$

$$f_s = \frac{1}{2\pi\sqrt{LC}} \simeq 3.18[\text{MHz}] \tag{8.38}$$

$$f_p = f_s\sqrt{1 + \frac{C}{C_0}} \simeq 3.20[\text{MHz}] \tag{8.39}$$

$$Q = \frac{1}{R}\sqrt{\frac{L}{C}} = 5 \times 10^5 \tag{8.40}$$

したがってこの水晶振動子は，ほぼ 3.2MHz で安定な発振動作をすることになる．

図 8.10(a) はバイポーラトランジスタを用いた水晶発振回路の例であり，「ピアース発振回路」と呼ばれる．エミッタ接地増幅回路に水晶振動子と LC 共振回路を接続した構造になっており，LC 共振回路のリアクタンスが誘導性となる

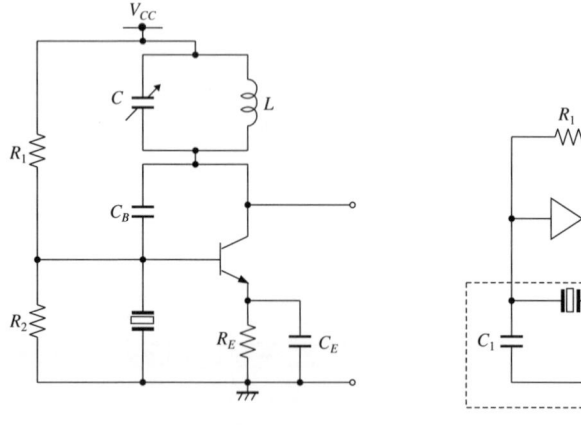

(a) ピアース発振回路　　　(b) インバータを用いた発振回路

図 8.10　水晶発振回路の例

ように可変コンデンサを設定して使用する．この回路では，水晶振動子と C_B を入れ替えても発振回路になり，この場合は，LC 回路が容量性となるように可変コンデンサを調整する．

また，論理（ロジック）回路を用いると簡単に水晶発振回路を構成できるため，広く使用されている．図 8.10(b) はインバータ（NOT 回路）を用いた回路例である．論理回路としては，普通，CMOS-IC を用いる．CPU などでは水晶振動子接続用端子があり，図 (b) の点線部分を接続することで，CPU 内蔵の発振回路によりクロックを得ている．また水晶振動子は，基本共振周波数だけでなく，その奇数倍の高次振動をさせて用いることもできる．これを「オーバートーン」と呼ぶ．CPU クロックに用いるような数十 MHz 以上の高周波発振は，このオーバートーンを用いている．

8.3 まとめ

本章のポイントは以下のとおりである．

1. 出力信号の一部または全部を入力側に戻すことを，「帰還」と呼ぶ．
2. 増幅回路には「負帰還」が，発振回路には「正帰還」が利用される．
3. ループ利得 $AH \geq 1$ のとき，発振が起こる．
4. 発振回路では，帰還ループを切断してループ利得を計算する．

演習問題

1. 負帰還増幅回路で，基本回路の増幅率が極めて大きい場合，増幅率が帰還率により決まることを示せ．
2. 負帰還増幅回路の利点を述べよ．
3. 図 8.11 の回路について以下の問いに答えよ．ただし，$R_L = 10\text{k}\Omega$，トランジスタの h パラメータは $h_{ie} = 27\text{k}\Omega$，$h_{re} = 0$，$h_{fe} = 100$，$h_{oe} = 2.3 \times 10^{-7}\text{S}$ とする．
   (a) 電圧増幅率，電流増幅率を求めよ．
   (b) コレクタ・ベース間に接続されている 50kΩ の抵抗を取り去った場合の回路の電圧増幅率，電流増幅率を求め，(a) の結果と比較せよ．
4. 図 8.6 の RC 移相型発振回路における発振条件を求めよ．
5. 周波数 10kHz の発振器を設計せよ．

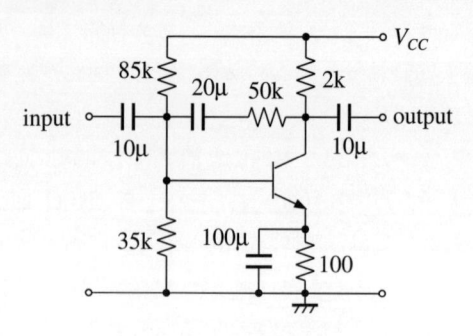

図 8.11　負帰還増幅回路の例

第 9 章
電源回路

　電子回路を動作させるためには，バイアス電源（直流電源）が基本的に必要となる．したがって，所望の直流電圧を生成する「電源回路」が必要である．普通，大本の電源として，100Vまたは200Vの商用交流を使用する場合が多いため，交流電圧から直流電圧を生成しなければならない．このような「AC-DC変換」の機能を実現するためには，やはり「半導体素子」が必要不可欠となる．つまり，電源回路は基本的に，「交流を直流（脈流）に変換する整流回路」，「整流後の波形を滑らかにするための平滑回路」，「電圧または電流値を一定に保つための定電圧回路または定電流回路」から構成されているが，そのいずれの機能についても「アナログ電子回路」により実現されている．

　また，携帯電子機器の普及により，大本の電源として電池（バッテリ）を用いる必要性が高まっているため，「DC-DC変換回路」としての電源回路も重要である．DC-DC変換は，「降圧」に限れば，抵抗器による分圧でも実現できるが，半導体素子を用いることでより安定かつ低損失な電源回路が構成できるため，アナログ電子回路によるDC-DCコンバータが広く使用されている．

　「電源回路」は電子回路の電源としての用途のみならず，弱電から強電分野までほぼ全ての電気機器において必要不可欠であるため，現在，その高性能化・高効率化は「省エネ」の観点も含めてますます重要になっている．

9.1 整流回路

　交流を直流（脈流）に変換するには，ダイオードを利用する．第2章で述べたように，ダイオードはある一定の方向にだけ電流が流れる「整流作用」を持つ．したがって，ダイオードを交流回路に接続することにより，電圧・電流の方向（極性）が一定である直流（脈流）を取り出すことができる．このような回路を「**整流回路**」という．

　電源として用いる一般的な商用交流は，その値が100Vまたは200Vと決まっている．例えば，小信号増幅回路では，10V前後の直流電圧が必要とされるため，商用交流をただ整流しただけでは，得られる直流電圧値が高すぎることになる．したがって，電圧値の変換（降圧または昇圧）も必要となる．電圧値の変換は交流入力側，直流出力側のどちらでも可能であるが，変圧器（トランス）を使用することで，簡単にロスの少ない電圧振幅変換ができるため，整流回路では普通，変圧器による入力側での電圧変換をセットにして設計する．

　図9.1に代表的な整流回路を示す．図では，ダイオードの働きを分かりやすく示すため，電圧の負の振幅を点線で表している．まず，図9.1(a)の回路では，ダイオードにより電圧の負の半サイクルが負荷側に現れないため，負荷に流れる電流は図のように一方向のみとなる．これを「**半波整流**」と呼ぶ．交流入力電圧波形の正の半サイクルに相当する間は負荷には電流が一方向だけに流れるが，負の半サイクルの場合は電流が流れないため，出力波形は図9.1(a)のような脈流となる．

　これに対して，複数のダイオードを利用して図9.1(b)のような回路を構成すると，負荷には正の半サイクルの間も負の半サイクルの間も，同じ方向に電流

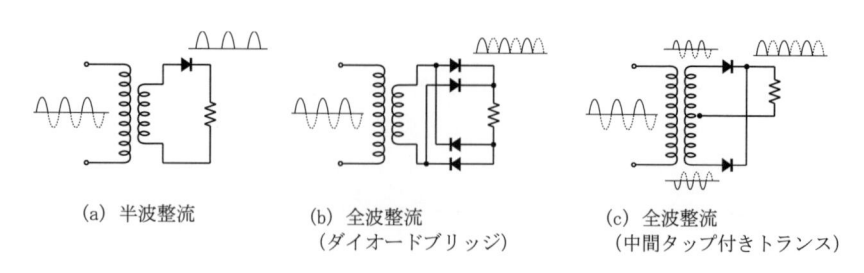

(a) 半波整流　　(b) 全波整流（ダイオードブリッジ）　　(c) 全波整流（中間タップ付きトランス）

図 9.1　ダイオードによる代表的な整流回路

が流れる．したがって，図 9.1(a) に比べると，より電圧値の時間変動の少ない出力が得られる．このような整流方式を「**全波整流**」と呼ぶ．一般的には，図の四つのダイオードをまとめて一つにパッケージングした「ダイオードブリッジ」と呼ばれる四端子素子が用いられている．

全波整流波形を得るもう一つの方法は，図 9.1(c) に示した中間タップ付き変圧器を使う方法である．変圧器の極性を利用して，二次側に逆位相の波形を作り，二つの波形（図 (c) の変圧器の上下に描かれている波形）を，それぞれダイオードで半波整流した後に合成すると，全波整流波形が出力される．

これらの方法で得られる出力は一定の極性（図では正）を保っているが，その大きさは時間変動する波形（脈流）となっている．つまり，大きさが一定の直流電圧を得るためには，さらに平滑化のための回路を接続する必要がある．

9.2 平滑回路

脈流電圧をコンデンサに印加して充電することにより，電圧値の時間変動を抑制することができる．「**平滑回路**」ではこのようなコンデンサの過渡応答を利用して，波形の平滑化を図る．図 9.2 は，半波整流回路にコンデンサと抵抗から成る平滑回路を接続したものである．正の半サイクルでコンデンサが充電され，負の半サイクルでは充電された電荷が負荷側に流れる（放電する）．したがって，負の半サイクルでは充電された電荷が CR_L の時定数で減衰する．

負の半サイクルでは，ダイオードが遮断状態となり，電流はコンデンサ C と負荷抵抗 R_L で形成される閉回路を流れるので，最大電圧を V_p とすれば，出力

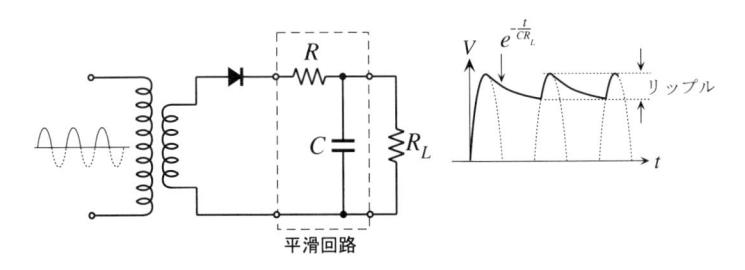

図 9.2 半波整流回路と平滑回路

電圧 $V_o(t)$ は，以下のように表される（→ **演習問題 2**）．

$$V_o(t) = V_p \exp\left(-\frac{t}{CR_L}\right) \tag{9.1}$$

負荷抵抗の値が大きい場合（軽負荷時）には減衰の時定数が大きくなり，放電の半サイクル間における電圧低下は小さくなる．つまり，電圧値の時間変動を抑制することができる．しかしながら，負荷に流れる電流のため，ある程度の電圧変動は避けられない．このように，平滑化後にも残ってしまう出力電圧の時間変動を**リップル (ripple)** と呼び，リップルが少ないほど「良質な直流＝一定値の直流」であると言える．

図 9.2 の回路では，半波整流回路を用いているため放電の期間が長く，リップルが大きくなりやすい．それに対して，図 9.3 は全波整流回路と平滑回路を組み合わせた直流電源回路である．半波整流に比べ，負の半サイクルでもコンデンサが充電されるため，リップルが小さい良質な直流を得やすい．

さらに，平滑回路において，抵抗 R の替わりにインダクタンスの大きいコイルを接続すると，コイルに蓄えられたエネルギーの過渡応答による平滑化が加わり，よりリップルの小さい直流を得ることができる．このような目的で使用するコイルを「**チョークコイル (choke coil)**」と呼ぶ．

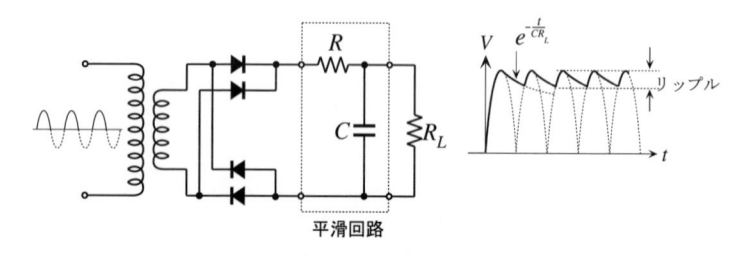

図 **9.3** 全波整流回路と平滑回路

平滑回路は，見方を変えると，遮断周波数が極めて低いローパス（低域通過）フィルタと考えることができる．つまり，理想的には整流後の波形に含まれる直流成分 (0Hz) 以外の周波数成分が通過しないように遮断周波数を設定すれば，直流成分のみが出力として得られるわけである．

9.3 定電圧回路

リップルを完全に取り除いて時間変動のない直流電圧を得るためには，さらに「**定電圧回路**」を用いる必要がある．定電圧回路は，基準となる一定電圧と出力電圧とを比較し，出力電圧を一定に保つように動作する回路である．

電圧の基準を得るためには，第 2 章で紹介したツェナダイオードを用いる．図 9.4 にツェナダイオードの特性と，ツェナダイオードを定電圧回路として用いる場合の基本回路を示す．図 9.4 では，抵抗 R_L を介してツェナダイオードが電源 V_{CC} に接続されている．ツェナダイオードでは普通の pn ダイオードとは逆方向に電圧を加え，接合の降伏により逆方向電流が急増する電圧（ツェナ電圧）を動作点として使用する．したがって，その電圧・電流特性は，図のように pn ダイオードよりさらに急峻な電流の立ち上がりを持つ特性となる．

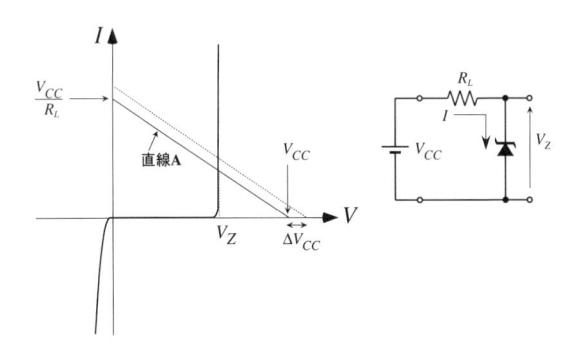

図 9.4 ツェナダイオードを用いた定電圧回路

負荷抵抗 R_L による電圧降下をグラフに示すと，X 切片が V_{CC}，Y 切片が V_{CC}/R_L，傾きが $-1/R_L$ の直線 A となり，ツェナダイオードの特性と直線 A との交点が実際の動作点となる．例えば，電源電圧 V_{CC} が ΔV_{CC} だけ変動した場合を考えると，**ツェナダイオード両端の電位差はほぼ一定値を保つ**ため，動作点の電圧はほとんど変動しないことが図から分かる．

上記のようにツェナダイオードの電圧は，そこに流れる電流値に関係なく常に一定値 V_Z をとると見なすことができる．しかしながら，ツェナダイオードには大きな電流値を流すことができないため，図 9.4 の回路は実用的ではない．そこで，ヴォルテージフォロワを組み合わせる．

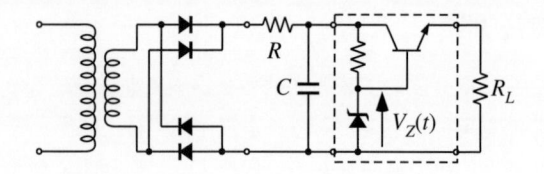

図 9.5 トランジスタとツェナダイオードを用いた定電圧回路（直列制御）

図 9.5 は，最も簡単な定電圧回路を組み込んだ電源回路の例である．図のバイポーラトランジスタは R_L を負荷とするコレクタ接地回路（エミッタフォロワ）を構成している†．式 (4.49) から分かるように，R_L 両端の出力電圧 $V_{out}(t)$ はベース電圧 $V_Z(t)$ とほぼ等しくなる．したがって，「**出力電圧 $V_{out}(t)$ は，電源電圧 $V_{CC}(t)$ や負荷が変動しても，常に一定の値に保たれる**」ことになる．

図 9.5 の定電圧回路は BJT が負荷に対して直列に挿入されており，そのインピーダンス（B-E 間抵抗 r_e）の値が自動的に調整されることにより，負荷の電圧が一定に保持される構造となっている．したがって，この方式は簡単で制御性が良いという特長を持つ一方で，「**BJT に負荷電流が流れ続けるため，BJT における電力損失が避けられない**」．特に大電流用途では電力効率が悪く，大電力電源回路として使うためには問題がある．

電源回路によく用いられる素子として，「**三端子レギュレータ**」がある．三端子レギュレータは，図 9.5 の点線部分のような定電圧回路をまとめて一つにパッケージングした素子であり，その利便性から広く用いられている．三端子レギュレータは図 9.6 のように，トランジスタと見間違えるような外見をしているが，その内部には複数のツェナダイオードやトランジスタ回路が内蔵されており，簡単な「集積回路」となっている．三端子レギュレータには，使用する電圧・電流に応じてさまざまな種類があるが，どのタイプの素子においても，先述したように内部のトランジスタに電流が流れ続けるため，必ず放熱板を付けて使用する．

以上のように，定電圧回路は比較的容易に実現できる一方で，「定電流回路」を実現することは難しい．最も簡便な方法として，負荷に対して十分に大きい

---

† もちろん FET によるヴォルテージフォロワを用いることもできる．

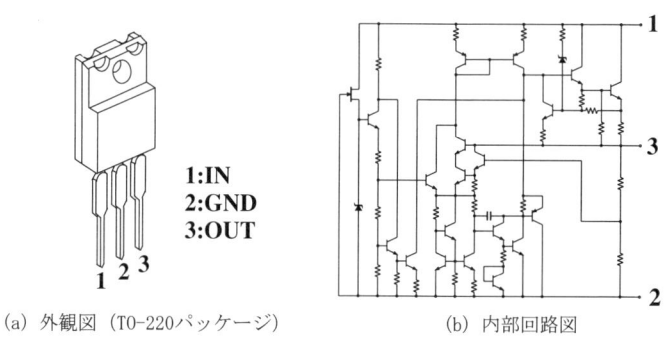

(a) 外観図（TO-220パッケージ）　　　　(b) 内部回路図

図 **9.6**　三端子レギュレータ NJM7800（新日本無線(株) 提供）

抵抗を直列に接続する方法があるが，抵抗における消費電力が電力損失となることや，十分に大きな電源電圧を用いる必要があるなど，問題が多い．実用的な定電流回路は，値の低い抵抗を負荷と直列に挿入し，そこに流れる電流による電圧降下を検出し，その値が一定となるような制御回路を用いることにより実現されている．

9.4　スイッチング電源

　これまでに述べてきた電源回路では，回路が比較的単純であるという利点があるが，大電力になればなるほど変圧器の大型化・重量化が必要不可欠となり，小型・軽量化の観点では不利である．また，トランジスタとツェナダイオードによる定電圧回路を用いた場合，トランジスタにおける電力損失が避けられず，損失はそのまま熱となるため，トランジスタの発熱への対策も大電力化に伴い困難になる．これに対して，直流を高周波パルスに変換して制御する方法が考案され，広く用いられている．

　図 9.7 にその原理を示す．まず，交流入力を整流・平滑化して生成した直流（脈流）を，トランジスタおよびパルス発振回路を用いることで高周波パルスに変換する．次に，このパルスを変圧器を用いて必要な電圧値へと変換した後，再び整流・平滑化して直流電力として取り出す．したがって，この定電圧回路部は「**DC-DC コンバータ**」となっている．

　スイッチング電源における出力電圧値の制御には，いくつかの方法が考えら

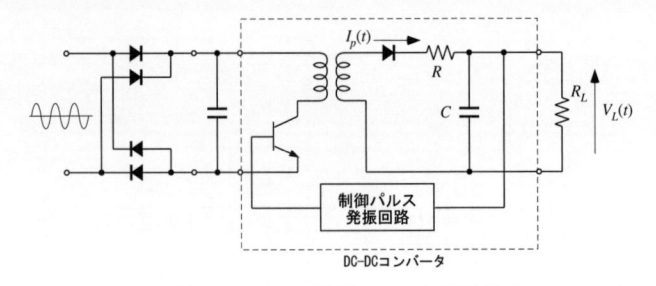

(a) スイッチングレギュレータの基本構成

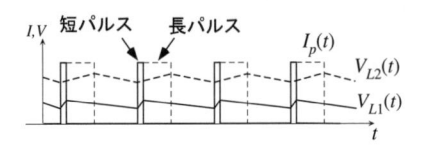

(b) パルス幅変調による電圧制御の概要

図 9.7　スイッチング電源の原理

れるが，図 9.7 ではスイッチングパルスのパルス幅を変化させて制御する方法を示す．また，図 9.7(b) に平滑回路に流入する電流波形と負荷端子間に現れる出力電圧波形を示す．実線のような高電圧サイクルが短いパルスでスイッチングした場合，出力側平滑回路のコンデンサを充電する電流が流れる時間は短く，かつ放電する時間は長くなる．したがって，図のように出力電圧値 $V_{L1}(t)$ は低くなる．これに対して点線のような高電圧サイクルが長いパルスの場合，コンデンサの充電時間は長く，放電時間は短いので出力電圧値 $V_{L2}(t)$ は高くなる．この出力電圧値を検出しパルス幅を調節する制御回路により，出力電圧値を常に一定に保つ（定電圧化）ことができる．また，その他の制御方法としてスイッチングパルスの周波数を変えることでも，同様の電圧制御が可能である．

ここで，トランジスタが理想的なスイッチとして動作すると考えると，導通時（ON 状態）においてはトランジスタに電流が流れるが，ON 状態のトランジスタでは電圧降下が小さいので電力損失は極めて小さい．また，トランジスタが遮断時（OFF 状態）には，電流が流れないので電力損失は生じない．このようにトランジスタをスイッチとして使用するため，この方式は「スイッチング電源（スイッチングレギュレータ）」と呼ばれる．図 9.7 ではベースに発振回路で生成した高周波パルスを入力することにより，トランジスタを ON/OFF 動

作（スイッチング）させ，直流（脈流）から高周波パルスに変換している[†]

先述したように電源回路では，コイルやコンデンサが平滑回路に用いられる．コイルは回路に直列に挿入され交流成分を阻止するために用いられるので，インピーダンス ($j\omega L$) が高いことが重要である．スイッチング電源では高周波パルスを用いるため，値の小さいコイルでも十分に高いインピーダンスが得られる．また，コンデンサは負荷に対して並列に挿入され交流成分を短絡するために用いられるので，アドミタンス ($j\omega C$) が大きいことが必要である．高周波パルスを用いることで，コンデンサの容量が小さくても十分に大きなアドミタンスを実現できる．

以上の理由から，スイッチング電源では「電源の小型化」が実現できる．ノートパソコンの AC アダプタなど，特に OA 機器の電源の小型軽量化はスイッチング電源の採用によるものである．

図 9.7 では高周波トランスを用いているので，この巻線比を調整することにより電源よりも高い電圧値や低い電圧値の直流を得ることができる．出力する直流電圧の値を電源よりも低い値に限定すると，より簡単な回路構成が可能である．図 9.8 は電源電圧よりも低い電圧の直流を出力する降圧インバータを用いたスイッチング電源の原理を示したものである．

整流回路により直流に変換された電圧は，スイッチングトランジスタにより高周波パルスに変換される．先ほどの回路と同様にトランジスタのベースにはトランジスタを ON/OFF するための高周波パルスが加えられている．出力電圧の制御は，スイッチングトランジスタを制御する高周波パルスのパルス幅を変えることにより行なわれる．

図 9.8(b) に，トランジスタのスイッチング時間を変化させ，平滑回路のコンデンサを充電する電流が流れる時間を制御することにより出力電圧を制御する様子を示す．パルス幅が狭い場合（実線）は，コンデンサを充電する電流が流れる時間が短いため，出力電圧が低くなる．パルス幅を広くする（点線）と，充電電流が流れる時間が長くなるため，より高い出力電圧が得られる．

[†] トランジスタの負荷がコイルとなっているため，実際の回路ではスイッチング時に Ldi/dt により発生する高電圧（サージと呼ぶ）を吸収する回路（スナバ回路）を付け加える必要がある．

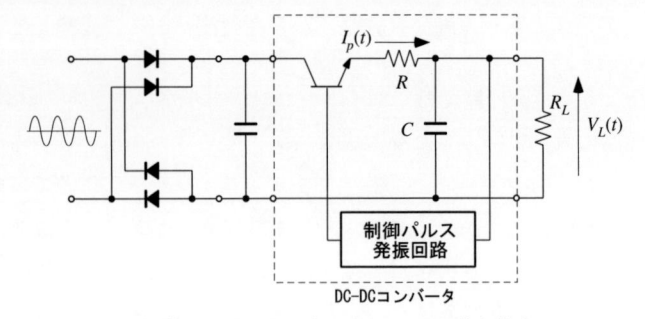

(a) 降圧スイッチングレギュレータの基本構成

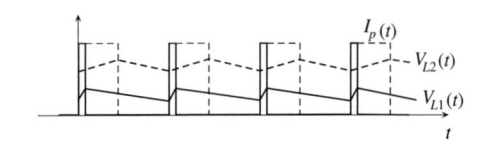

(b) パルス幅変調による電圧制御の概要

図 **9.8** 降圧インバータを用いたスイッチング電源の原理

9.5 まとめ

本章のポイントは以下のとおりである．

1. 電源回路は基本的に，「整流回路」，「平滑回路」，「定電圧または定電流回路」から構成されている．
2. 交流の整流にはダイオードが用いられる．
3. 脈流波形の平滑化にはコイルやコンデンサの過渡応答が用いられる．
4. ツェナダイオードによる定電圧回路は簡単だが発熱の問題がある．
5. 電源回路の軽量化・高効率化にはスイッチング電源が用いられる．

演習問題

1. 図 9.9 の回路で，コンデンサの容量が十分大きいとき，負荷抵抗両端にはどのような電圧が現れるか．ただし，入力電圧の振幅を V_p とする．
2. 図 9.2 の回路で，ダイオードが遮断状態のとき，負荷電圧が式 (9.1) で表されることを示せ．

3. 図 9.5 の回路で，入力交流電圧の振幅が V_p のとき，負荷抵抗両端の出力電圧を求めよ．ただし，トランジスタの直流等価回路においてベース抵抗 r_b を付加して考えよ．
4. 実際のスイッチング電源では，平滑回路は図 9.10 のようにコイルとコンデンサで構成される．この場合，出力波形はどうなるか．

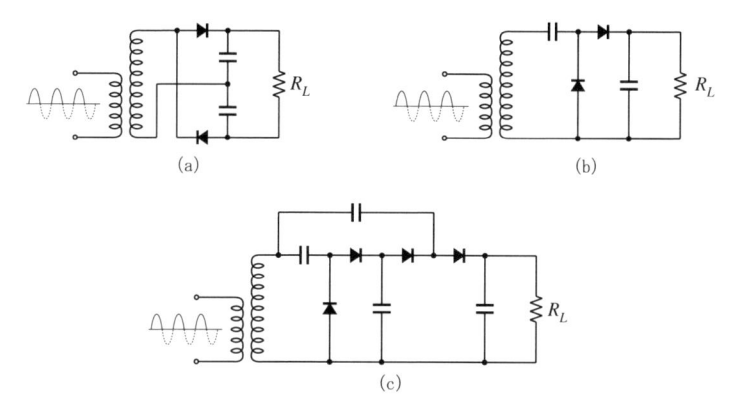

図 **9.9** 整流回路の例

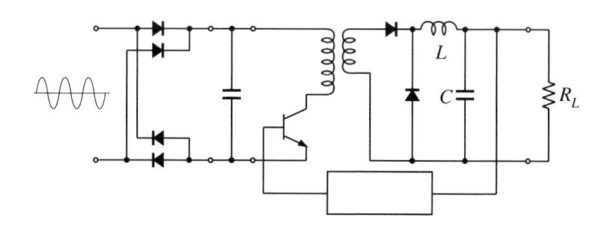

図 **9.10** チョークコイルを使った平滑回路

付　　録

付録A　JIS C 0617 で規定される回路記号

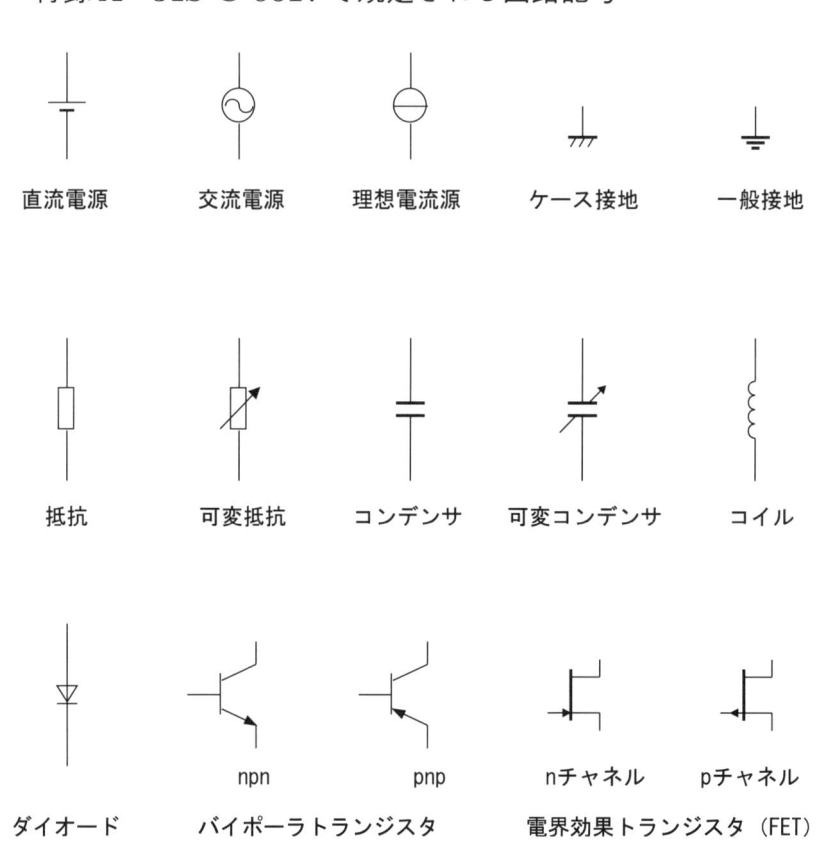

| 直流電源 | 交流電源 | 理想電流源 | ケース接地 | 一般接地 |

| 抵抗 | 可変抵抗 | コンデンサ | 可変コンデンサ | コイル |

| ダイオード | バイポーラトランジスタ (npn, pnp) | 電界効果トランジスタ（FET）(nチャネル, pチャネル) |

付録B　エバースモルモデル

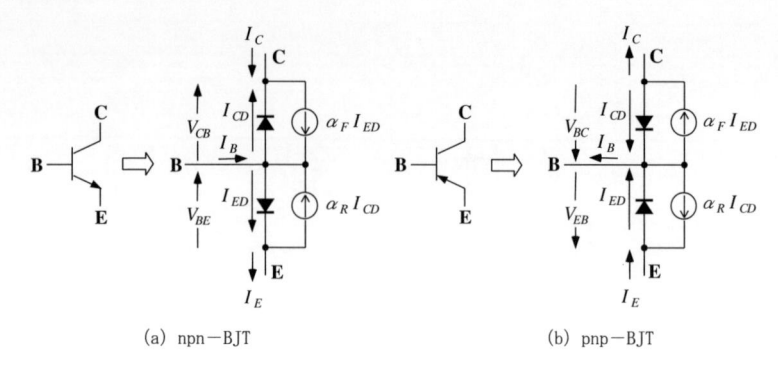

図1　エバースモルモデル

(a) npn-BJT　　(b) pnp-BJT

　バイポーラトランジスタの動作原理をうまく説明できる等価回路として，図1のような**エバースモルモデル**がある．バイポーラトランジスタでは二つのpn接合が背中合わせになった構造をしているので，図(a), (b)のように二つのダイオードを逆向きに組み合わせた等価回路となる．次に，トランジスタが通常動作をしている場合，エミッタから注入された電子（または正孔）のほとんどがベースを通り抜けてコレクタに流れ込む．つまり，エミッタダイオード電流 I_{ED} の α_F 倍の一定電流がコレクタに流れているとして，この状況を図1のコレクタ側の電流源として表す．

　また，印加バイアスはそのままで，コレクタとエミッタをひっくり返した場合を考えると，今度は逆にコレクタから注入された電子（または正孔）がベースを通り抜けてエミッタに流れ込むことになる．したがって，コレクタダイオード電流 I_{CD} の α_R 倍の一定電流がエミッタに流れているとして，この状況を図1のエミッタ側の電流源として表す．

　したがって，例えばnpn-BJTの場合，各電流の関係はダイオードの式(2.1)を参照して以下のように表される．

$$\begin{aligned} I_C &= \alpha_F I_{ED} - I_{CD} \\ &= \alpha_F I_{E0} \left\{ \exp\left(\frac{qV_{BE}}{kT}\right) - 1 \right\} - I_{C0} \left\{ \exp\left(\frac{-qV_{CB}}{kT}\right) - 1 \right\} \\ I_E &= I_{ED} - \alpha_R I_{CD} = I_B + I_C \end{aligned} \quad (1)$$

$$= I_{E0}\left\{\exp\left(\frac{qV_{BE}}{kT}\right) - 1\right\} - \alpha_R I_{C0}\left\{\exp\left(\frac{-qV_{CB}}{kT}\right) - 1\right\} \quad (2)$$

ここで，I_{E0} および I_{C0} は，それぞれ，エミッタ側とコレクタ側のダイオードにおける逆方向飽和電流である．また，V_{CB} が正のとき，コレクタ側のダイオードは逆バイアスとなるため，式 (1), (2) の右辺第二項の exp 項には負号がついている．

2.5.2 項で述べたように，バイポーラトランジスタは通常「活性領域」で使用するため，コレクタ側のダイオードとエミッタ側の電流源を無視して考えることができ，図 2 のような簡略化したモデルとなる．エバースモルモデルは基本的に直流動作を表したものであり，npn 型と pnp 型では図のように電流源とダイオードの向きが正反対となっている．しかしながら，このモデルをもとに作られるトランジスタの「T 型小信号等価回路」では，付録 D で説明されているように，npn 型と pnp 型で電流源の向きが等しくなるので注意が必要である．

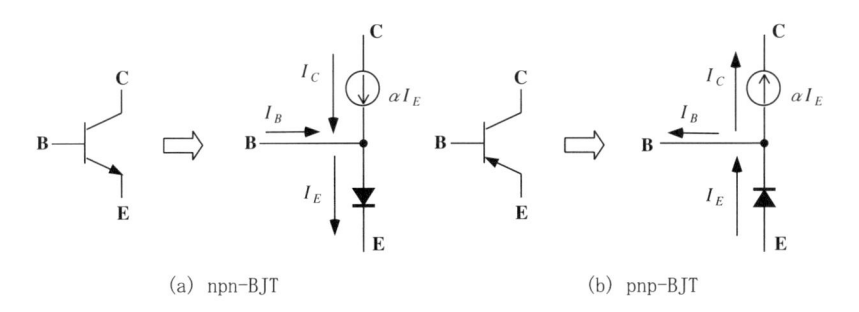

(a) npn-BJT　　　　　　　　(b) pnp-BJT

図 2　通常動作時のエバースモルモデル

付録 C　アーリー効果

理想バイポーラトランジスタでは，図 3 の点線のエバースモルモデルを用いた理論計算で示されるように，活性領域におけるコレクタ電流は一定値をとる．しかしながら，図 3 の実線のように，実際の BJT ではコレクタ電圧の増加に従ってコレクタ電流が増加傾向を示す．これを「**アーリー効果**」と呼ぶ．

活性領域において，ベース-コレクタ間 pn 接合には大きな逆バイアスがかかっているため，接合部には空乏層が形成されている．コレクタ電圧の増大に

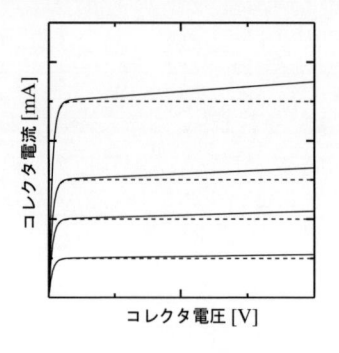

図3 アーリー効果

伴い空乏層の幅は広がるため，その分，実効的なベース領域（空乏化していないベース領域）の幅が狭まる．このことは，エミッタから注入されたキャリアがベース領域で再結合する割合が減少することを意味する．すなわち，コレクタに到達するキャリアの割合が増加する（電流伝送率 α が1に近づく）ため，**コレクタ電圧の増加に伴い電流増幅率 β が増加**し，コレクタ電流が増加することになる．さらに，コレクタ電圧を上げすぎると，極端な場合には実効ベース領域が完全に無くなり，コレクタ電流が急激に増加する「パンチスルー」現象が起こる．この状態では，もはや BJT による電流制御は不可能となるため，コレクタ電圧には上限が存在することになる．以上が，アーリー効果の原理である．

付録D　pnp型バイポーラトランジスタ

pnp型バイポーラトランジスタにおいて，「ベース–エミッタ間のpn接合を順バイアス，ベース–コレクタ間を逆バイアス」にするためには，図4のような

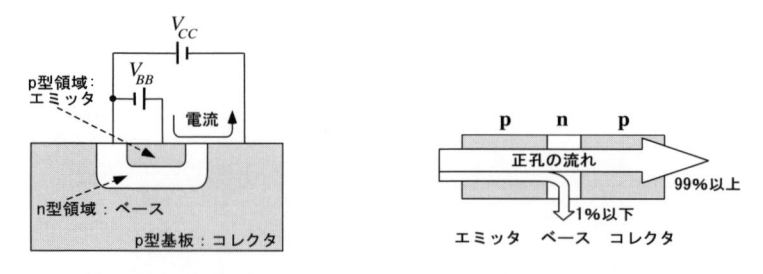

図4 pnp型トランジスタの直流バイアスと正孔の流れ

(a) 脈流印加回路   (b) 電流・電圧波形

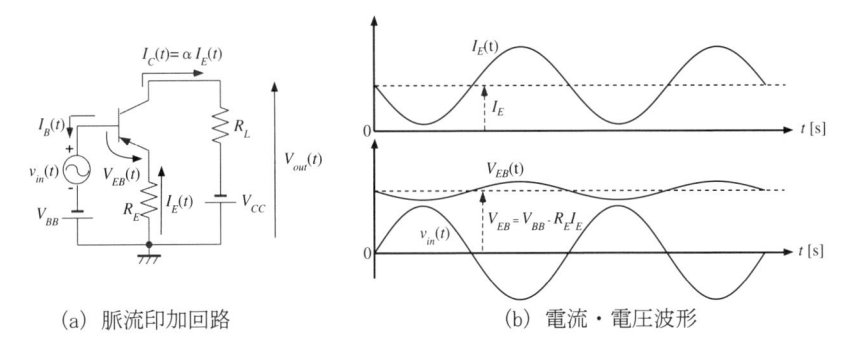

図 5　pnp-BJT への脈流電圧印加

電圧印加が必要となる．したがって，バイアス電圧・電流ともに npn 型とは方向が逆転している．また，pnp 型トランジスタの場合は，電流に寄与するのは主に正孔となるようにドーピング濃度が設計されている．それらのことを認識しておけば，動作原理自体は第 2 章で述べた npn-BJT とまったく同様である．

また，pnp-BJT への脈流印加は，エミッタ接地の場合，図 5(a) のような回路になる．ここで，「**npn の場合と交流入力電圧の印加方向は同じ**」である．それに対して「**直流バイアスの印加方向は npn とは逆**」になっている．したがって，E-B 間 pn ダイオードにおける電圧・電流の関係は，図 5(b) のようになっている．すなわち，交流入力電圧 $v_{in}(t)$ が正方向に増加すると，$V_{EB}(t)$ は減少するため，エミッタ電流（脈流）$I_E(t)$ も減少する．$I_E(t)$ は以下のような式で表される．

$$I_E(t) = I_E - i_e(t) \tag{3}$$

つまり，エミッタ電流（≃ コレクタ電流）の直流成分と交流成分の向きは逆になっていることが分かる．npn の場合と pnp の場合の入出力波形を比較すると，図 6 のようになる．

このことを踏まえて，図 5(a) を pnp-BJT のエバースモルモデル（付録 B の図 2(b)）を用いて直流等価回路と小信号等価回路に分離すると，図 7 のように描ける．

ここで，pn ダイオードの小信号等価回路として，微分抵抗 r_e を用いている．この図と第 3 章の図 3.9 を比較すると，以下のような結論が得られる．

(a) npn-BJTの入出力特性

(b) pnp-BJTの入出力特性

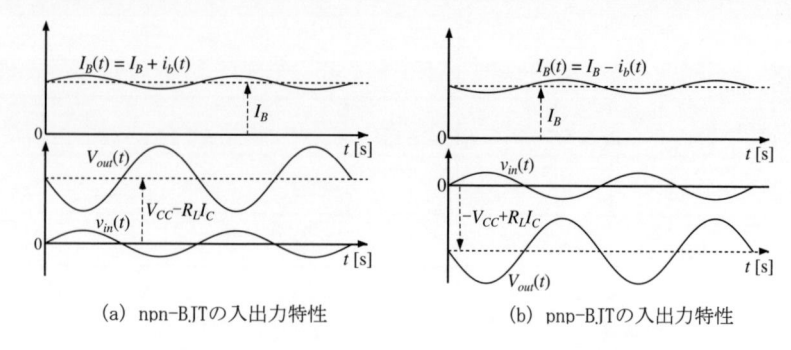

図6 npn-BJT と pnp-BJT の入出力波形の比較

(a) エバースモルモデルの適用　(b) 直流等価回路　(c) 小信号等価回路

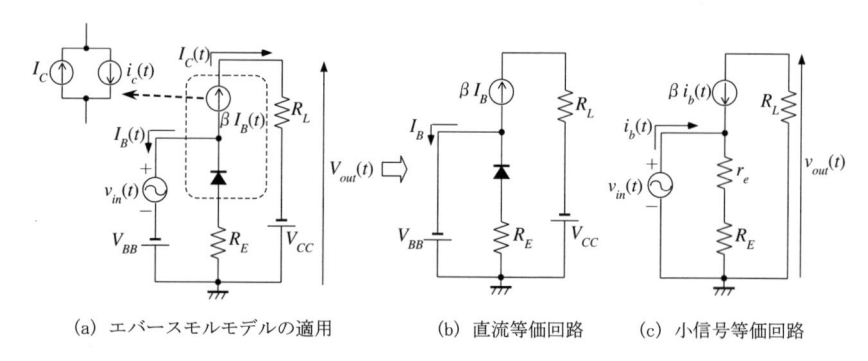

図7 図5(a) の回路における直流と交流の分離

「**npn-BJT** と **pnp-BJT** では，バイアス電圧・電流の方向は全て逆であるが，電圧・電流の交流成分はまったく同じ方向として使える」

したがって，3.3節で述べたように，T型等価回路，hパラメータによる等価回路のどちらの場合も「**BJT の小信号等価回路は，npn と pnp で共通**」である．

付録E　重ね合わせの理

　いくつかの電源を含む回路の電圧・電流を計算する場合，個々の電源の効果の総計が，全ての電源を接続した場合の電圧・電流となる．つまり，個々の電源の効果を重ね合わせることで回路全体の状態を求めることができる．これを「重ね合わせの理」と呼ぶ．

ある特定の電源の効果を計算する場合，それ以外の電源の効果は無視して取り扱う．ここで，電源の効果だけを無視し，回路的には変化させないようにすることが必要である．すなわち，電源の効果だけを無視するためには，「**電圧源は短絡**」，「**電流源は開放**」として取り扱わなければならない．

電子回路では，直流バイアス回路と交流信号回路をそれぞれ独立に取り扱うことで，解析が著しく容易となる．このような取扱いの理論的根拠となるのが，この「重ね合わせの理」である．

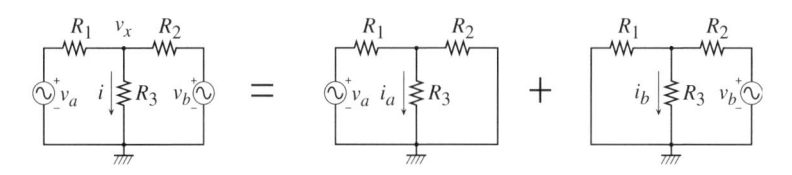

$$i(t) = i_a(t) + i_b(t)$$

図 **8** 重ね合わせの理の確認

図 8 の回路について，中間点の電位を $v_x(t)$ として回路方程式を作ると，

$$\frac{v_a(t) - v_x(t)}{R_1} + \frac{-v_x(t)}{R_3} + \frac{v_b(t) - v_x(t)}{R_2} = 0 \tag{4}$$

となる．この式から $v_x(t)$ を求めると，電流 $i(t)$ は $i(t) = v_x(t)/R_3$ より，

$$i(t) = \frac{v_x(t)}{R_3} = \frac{R_2 v_a(t) + R_1 v_b(t)}{R_1 R_2 + R_2 R_3 + R_3 R_1} \tag{5}$$

となる．一方，$i_a(t)$ は電源 $v_a(t)$ から流出する電流を抵抗 R_2 と R_3 で分流した値であるから，

$$\begin{aligned} i_a(t) &= \frac{R_2}{R_2 + R_3} \frac{v_a(t)}{R_1 + \frac{R_2 R_3}{R_2 + R_3}} \\ &= \frac{R_2 v_a(t)}{R_1 R_2 + R_2 R_3 + R_3 R_1} \end{aligned} \tag{6}$$

と表せる．同様に $i_b(t)$ を求めると，

$$i_b(t) = \frac{R_1 v_b(t)}{R_1 R_2 + R_2 R_3 + R_3 R_1} \tag{7}$$

となる．したがって，

$$i(t) = i_a(t) + i_b(t) = \frac{R_2 v_a(t) + R_1 v_b(t)}{R_1 R_2 + R_2 R_3 + R_3 R_1} \tag{8}$$

となり，回路方程式を解いて求めた結果と一致する．

次に，このことをより一般的に考える．m 個の電圧源を含む n 個の閉ループから成る線形回路を考える．k 番目のループに流れるループ電流を i_k とし，m 個の電圧源を $v_1, v_2, \cdots, v_m$ とすれば，電流 i_k を求めるための回路方程式を一般的な形式で表すと以下のようになる．

$$\begin{bmatrix} a_{11} & a_{12} & \cdots & a_{1n} \\ a_{21} & a_{22} & \cdots & a_{2n} \\ \vdots & \vdots & \vdots & \vdots \\ a_{n1} & a_{n2} & \cdots & a_{nn} \end{bmatrix} \begin{bmatrix} i_1 \\ i_2 \\ \vdots \\ i_n \end{bmatrix} = \begin{bmatrix} b_{11} & b_{12} & \cdots & b_{1m} \\ b_{21} & b_{22} & \cdots & b_{2m} \\ \vdots & \vdots & \vdots & \vdots \\ b_{n1} & b_{n2} & \cdots & b_{nm} \end{bmatrix} \begin{bmatrix} v_1 \\ v_2 \\ \vdots \\ v_m \end{bmatrix} \tag{9}$$

ここで a_{ij}, b_{ij} は，回路によって決まる定数である．式 (9) から k 番目のループの電流 i_k を求めると，

$$i_k = \frac{\begin{vmatrix} a_{11} & a_{12} & \cdots & (b_{11}v_1 + b_{12}v_2 + \cdots + b_{1m}v_m) & \cdots & a_{1n} \\ a_{21} & a_{22} & \cdots & (b_{21}v_1 + b_{22}v_2 + \cdots + b_{2m}v_m) & \cdots & a_{2n} \\ \vdots & \vdots & \vdots & \vdots & & \vdots \\ a_{n1} & a_{n2} & \cdots & (b_{n1}v_1 + b_{n2}v_2 + \cdots + b_{nm}v_m) & \cdots & a_{nn} \end{vmatrix}}{\begin{vmatrix} a_{11} & a_{12} & \cdots & a_{1n} \\ a_{21} & a_{22} & \cdots & a_{2n} \\ \vdots & \vdots & \vdots & \vdots \\ a_{n1} & a_{n2} & \cdots & a_{nn} \end{vmatrix}}$$

$$= \frac{\begin{vmatrix} a_{11} & a_{12} & \cdots & (b_{11}v_1) & \cdots & a_{1n} \\ a_{21} & a_{22} & \cdots & (b_{21}v_1) & \cdots & a_{2n} \\ \vdots & \vdots & \vdots & \vdots & \vdots & \vdots \\ a_{n1} & a_{n2} & \cdots & (b_{n1}v_1) & \cdots & a_{nn} \end{vmatrix}}{\begin{vmatrix} a_{11} & a_{12} & \cdots & a_{1n} \\ a_{21} & a_{22} & \cdots & a_{2n} \\ \vdots & \vdots & \vdots & \vdots \\ a_{n1} & a_{n2} & \cdots & a_{nn} \end{vmatrix}}$$

$$+ \frac{\begin{vmatrix} a_{11} & a_{12} & \cdots & (b_{12}v_2) & \cdots & a_{1n} \\ a_{21} & a_{22} & \cdots & (b_{22}v_2) & \cdots & a_{2n} \\ \vdots & \vdots & \vdots & \vdots & \vdots & \vdots \\ a_{n1} & a_{n2} & \cdots & (b_{n2}v_2) & \cdots & a_{nn} \end{vmatrix}}{\begin{vmatrix} a_{11} & a_{12} & \cdots & a_{1n} \\ a_{21} & a_{22} & \cdots & a_{2n} \\ \vdots & \vdots & \vdots & \vdots \\ a_{n1} & a_{n2} & \cdots & a_{nn} \end{vmatrix}} + \cdots \tag{10}$$

となる．この式はそれぞれの電圧源 ($v_1, v_2, \cdots$) が単独に存在している場合の和の形となっており，重ね合わせの理が成立していることを意味している．

付録 F　T 型等価回路と h パラメータによる等価回路の厳密な対応

図 9 に寄生素子を考慮したバイポーラトランジスタの T 型小信号等価回路を示す．まず計算を簡単にするために，以下のようにインピーダンスをおく．

$$Z_c = r_c // (1/j\omega C_{cb}) = \frac{r_c}{1 + j\omega C_{cb} r_c} \tag{11}$$

$$Z_e = r_e // (1/j\omega C_{eb}) = \frac{r_e}{1 + j\omega C_{eb} r_e} \tag{12}$$

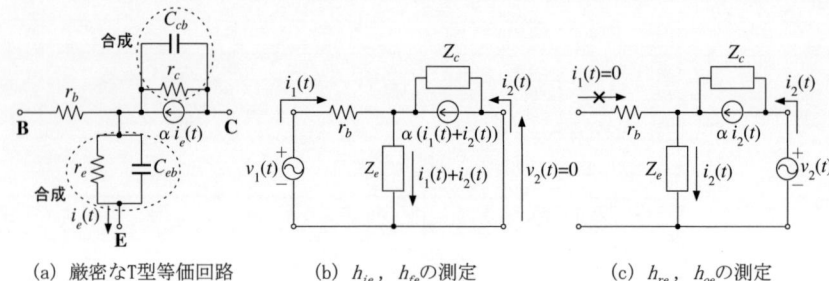

(a) 厳密なT型等価回路　(b) h_{ie}, h_{fe} の測定　(c) h_{re}, h_{oe} の測定

図 9　厳密な T 型等価回路と h パラメータの測定

次に, 第 3 章の図 3.12 に従って, 図 9(b), (c) の回路で h パラメータを求める. まず, 図 (b) より, 以下の関係が導かれる.

$$v_1(t) = r_b i_1(t) + Z_e \left(i_1(t) + i_2(t) \right) \tag{13}$$

$$-Z_c \left\{ i_2(t) - \alpha \left(i_1(t) + i_2(t) \right) \right\} - Z_e \left(i_1(t) + i_2(t) \right) = 0 \tag{14}$$

$$\rightarrow \quad i_2(t) = \frac{\alpha Z_c - Z_e}{(1 - \alpha) Z_c + Z_e} i_1(t) \tag{15}$$

$$v_1(t) = \left(r_b + Z_e + Z_e \frac{\alpha Z_c - Z_e}{(1 - \alpha) Z_c + Z_e} \right) i_1(t) \tag{16}$$

式 (3.20) より, h_{ie}, h_{fe} が以下のように求まる.

$$h_{ie} = r_b + \frac{Z_c Z_e}{(1 - \alpha) Z_c + Z_e} = r_b + (h_{fe} + 1) Z_e \simeq r_b + h_{fe} Z_e \tag{17}$$

$$h_{fe} = \frac{\alpha Z_c - Z_e}{(1 - \alpha) Z_c + Z_e} \tag{18}$$

また, 図 (c) より, 以下の関係が導かれる.

$$v_1(t) = Z_e i_2(t) \tag{19}$$

$$v_2(t) = \left\{ (1 - \alpha) Z_c + Z_e \right\} i_2(t) \tag{20}$$

$$\rightarrow \quad v_1(t) = \frac{Z_e}{(1 - \alpha) Z_c + Z_e} v_2(t) \tag{21}$$

式 (3.21) より, h_{re}, h_{oe} が以下のように求まる.

$$h_{re} = \frac{Z_e}{(1 - \alpha) Z_c + Z_e} \tag{22}$$

$$h_{oe} = \frac{i_2(t)}{v_2(t)} = \frac{1}{(1 - \alpha) Z_c + Z_e} \tag{23}$$

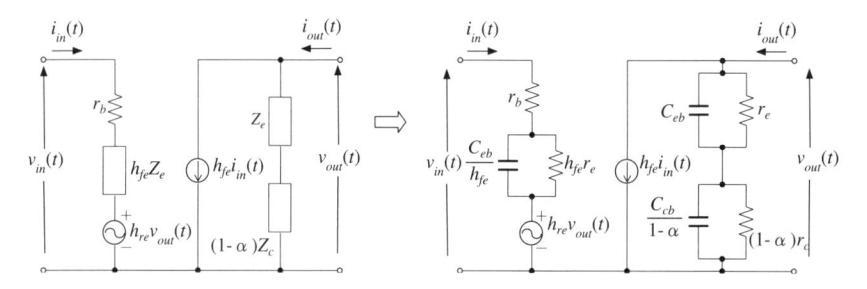

図 10　T 型等価回路と h パラメータによる等価回路の厳密な対応

求めた h パラメータを図示すると，図 10 のようになる．

したがって全てのパラメータに，r_e, C_{eb}, C_{cb} の影響が現れることが分かる．

付録 G　p チャネル MIS-FET

p チャネル MIS-FET では，n 型半導体が使われるため，「空乏状態」および「反転状態」を形成するためには，図 11(b) のように，ゲートに負バイアスを印加する必要がある．また，p チャネル FET のドレイン電流は，正孔の流れによるものであるが，バイアス電圧・電流ともに n チャネル FET とは方向が逆転している．それらのことを認識しておけば，動作原理自体は第 2 章で述べた n チャネル FET とまったく同様である．

p チャネル FET への脈流印加は，ソース接地の場合，図 12(a) のような回路になる．ここで，「**n チャネル FET の場合と交流入力電圧の印加方向は同じ**」である．それに対して「直流バイアスは n チャネルとは逆」になっているため，

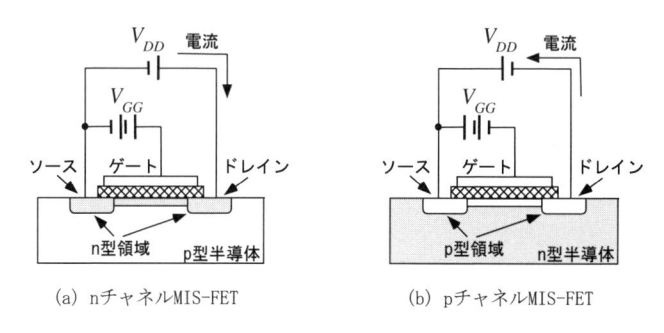

(a) n チャネル MIS-FET　　(b) p チャネル MIS-FET

図 11　n チャネル FET と p チャネル FET

(a) 脈流印加回路 (b) 電圧・電流波形

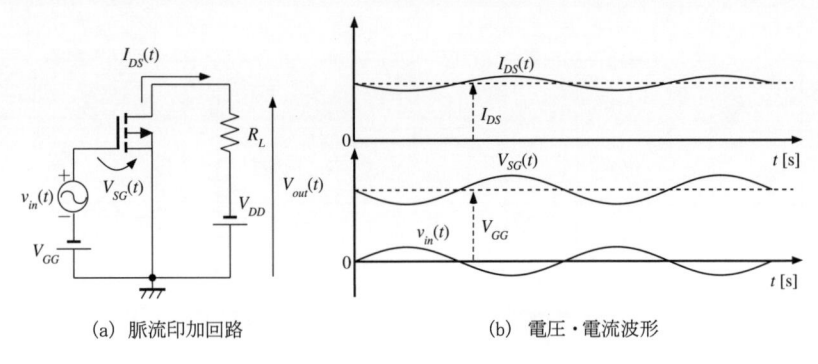

図 12 p チャネル FET への脈流電圧印加

ソース – ゲート間脈流電圧 $V_{SG}(t)$ は以下のように表せる．

$$V_{SG}(t) = V_{GG} - v_{in}(t) \tag{24}$$

したがって，S-G 間電圧とドレイン電流の関係は，図 12(b) のようになっている．すなわち，交流入力電圧 $v_{in}(t)$ が正方向に増加すると，$V_{SG}(t)$ は減少するため，ドレイン電流（脈流）$I_{DS}(t)$ も減少する．$I_{DS}(t)$ は以下のような式で表される．

$$I_{DS}(t) = I_{DS} - i_{ds}(t) \tag{25}$$

つまり，ドレイン電流の直流成分と交流成分の向きは逆になっていることが分かる．n チャネルの場合と p チャネルの場合の入出力波形を比較すると，図 13 のようになる．

このことを踏まえて，図 12(a) を直流等価回路と小信号等価回路に分離すると，図 14 のように描ける．

この図と第 3 章の図 3.19 を比較すると，以下のような結論が得られる．

> 「n チャネル FET と p チャネル FET では，バイアス電圧・電流の方向は全て逆であるが，電圧・電流の交流成分はまったく同じ方向である」

したがって，3.4 節で述べたように，FET の小信号等価回路は，n チャネルと p チャネルで共通である．

(a) nチャネルFETの入出力特性

(b) pチャネルFETの入出力特性

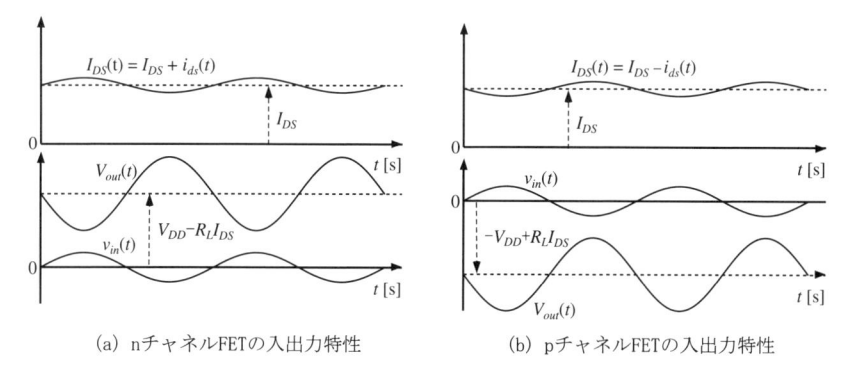

図 13　nチャネル FET と pチャネル FET の入出力波形の比較

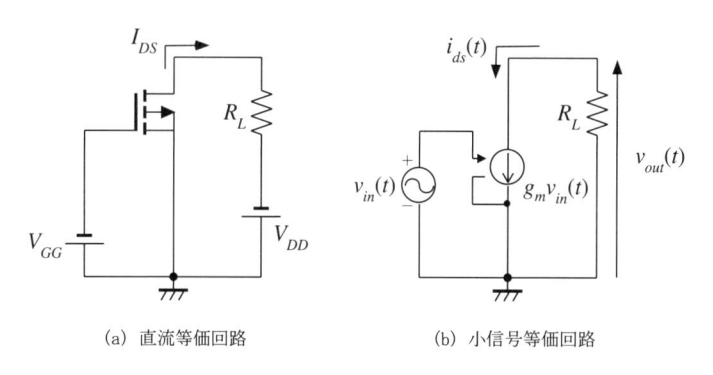

(a) 直流等価回路

(b) 小信号等価回路

図 14　図 12(a) の回路における直流と交流の分離

付録 H　エミッタ接地増幅回路の厳密な小信号等価回路

計算を簡単にするために，図 15 のように電圧・電流やインピーダンスをおく．それぞれのインピーダンスは以下のように与えられる．

$$Z_i = \frac{1}{j\omega C_{in}} \tag{26}$$

$$Z_{12} = R_1 // R_2 = \frac{R_1 R_2}{R_1 + R_2} \tag{27}$$

$$Z_E = R_E //(1/j\omega C_E) = \frac{R_E/j\omega C_E}{R_E + 1/j\omega C_E} \tag{28}$$

$$Z_o = R_C //(R_L + 1/j\omega C_{out}) = \frac{R_C (R_L + 1/j\omega C_{out})}{R_C + (R_L + 1/j\omega C_{out})} \tag{29}$$

(a) 小信号等価回路

(b) 図(a)の整理

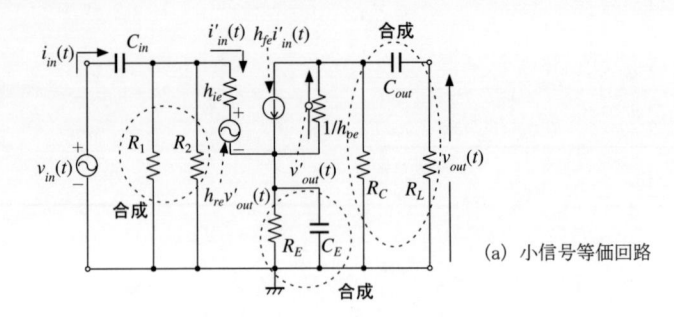

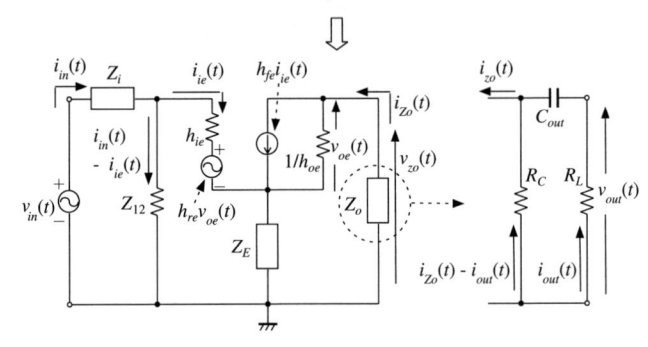

図 15 エミッタ接地増幅回路の厳密な小信号等価回路

また，$v_{zo}(t), i_{zo}(t)$ は以下の式で与えられる．

$$v_{zo}(t) = \frac{R_L + 1/j\omega C_{out}}{R_L} v_{out}(t) \tag{30}$$

$$i_{zo}(t) = \frac{R_C + R_L + 1/j\omega C_{out}}{R_C} i_{out}(t) \tag{31}$$

次に，図より以下のような回路方程式が得られる．

$$v_{zo}(t) = -Z_o i_{zo}(t) \tag{32}$$

$$= Z_E \left(i_{ie}(t) + i_{zo}(t) \right) - \frac{1}{h_{oe}} \left(h_{fe} i_{ie}(t) - i_{zo}(t) \right) \tag{33}$$

$$v_{in}(t) = Z_i i_{in}(t) + Z_{12} \left(i_{in}(t) - i_{ie}(t) \right) \tag{34}$$

$$= Z_i i_{in}(t) + h_{ie} i_{ie}(t) + h_{re} v_{oe}(t) + Z_E \left(i_{ie}(t) + i_{zo}(t) \right) \tag{35}$$

$$v_{oe}(t) = -\frac{1}{h_{oe}} \left(h_{fe} i_{ie}(t) - i_{zo}(t) \right) \tag{36}$$

式 (32), (33) を用いて, 式 (34) の $i_{ie}(t)$ を消去すると, 以下の関係が得られる.

$$(Z_{12}+Z_i)\,i_{in}(t) = \frac{h_{oe}(Z_o+Z_E)+1}{h_{oe}Z_E-h_{fe}}\cdot\frac{Z_{12}}{Z_o}v_{zo}(t) + v_{in}(t) = \frac{A_1 Z_{12}}{Z_o}v_{zo}(t) + v_{in}(t) \tag{37}$$

同様に式 (32), (34), (36) を用いて, 式 (35) を整理すると,

$$\begin{aligned}
v_{in}(t) &= Z_i i_{in}(t) + \frac{1}{h_{oe}}\{h_{oe}(h_{ie}+Z_E)-h_{re}h_{fe}\}\frac{h_{oe}(Z_o+Z_E)+1}{(h_{oe}Z_E-h_{fe})Z_o}v_{zo}(t) \\
&\quad -\frac{1}{h_{oe}}(h_{oe}Z_E+h_{re})\frac{v_{zo}(t)}{Z_o} \\
&= Z_i i_{in}(t) + \frac{1}{h_{oe}}A_2\cdot A_1\frac{v_{zo}(t)}{Z_o} - \frac{1}{h_{oe}}A_3\frac{v_{zo}(t)}{Z_o}
\end{aligned} \tag{38}$$

となる. ここで計算を簡略化するために, 三つの無次元の定数 A_n を以下のように置いた.

$$A_1 = \frac{h_{oe}(Z_o+Z_E)+1}{h_{oe}Z_E-h_{fe}} \tag{39}$$

$$A_2 = h_{oe}h_{ie} + h_{oe}Z_E - h_{re}h_{fe} \tag{40}$$

$$A_3 = h_{oe}Z_E + h_{re} \tag{41}$$

次に式 (37) を用いて, 式 (38) から $i_{in}(t)$ を消去することで, 以下の関係が得られる.

$$\begin{aligned}
\frac{Z_{12}}{Z_{12}+Z_i}v_{in}(t) &= \left(\frac{Z_i Z_{12}}{Z_{12}+Z_i}A_1 + \frac{A_1 A_2}{h_{oe}} - \frac{A_3}{h_{oe}}\right)\frac{v_{zo}(t)}{Z_o} \\
&= \left\{A_1\left(Z_{12i}+\frac{A_2}{h_{oe}}\right)-\frac{A_3}{h_{oe}}\right\}\frac{v_{zo}(t)}{Z_o}
\end{aligned} \tag{42}$$

ここで, $Z_{12i} = Z_{12}//Z_i$ とした. 最後に式 (30) を用いて $v_{zo}(t)$ から $v_{out}(t)$ への変換を行なうことで, **電圧増幅率**が以下のように求まる.

$$A_v = \frac{v_{out}(t)}{v_{in}(t)} = \frac{\frac{Z_{12}}{Z_{12}+Z_i}\cdot\frac{R_C R_L}{R_C+R_L+1/j\omega C_{out}}}{A_1\left(Z_{12i}+\frac{A_2}{h_{oe}}\right)-\frac{A_3}{h_{oe}}} \tag{43}$$

次に, **電流増幅率**を求めてみる. 式 (37), (38) から $v_{in}(t)$ を消去し, 式 (32) により $v_{zo}(t)$ を $i_{zo}(t)$ に変換すると以下のようになる.

$$Z_{12}i_{in}(t) = \frac{A_3 - A_1(h_{oe}Z_{12}+A_2)}{h_{oe}}i_{zo}(t) \tag{44}$$

式 (31) を用いて $i_{zo}(t)$ から $i_{out}(t)$ への変換を行なうことで，電流増幅率が以下のように求まる．

$$A_i = \frac{i_{out}(t)}{i_{in}(t)} = Z_{12} \frac{\frac{R_C}{R_C+R_L+1/j\omega C_{out}}}{\frac{A_3 - A_1(h_{oe}Z_{12}+A_2)}{h_{oe}}} \tag{45}$$

次に，入力インピーダンス Z_{in} を求めてみる．図 4.9(a) の関係より，図 15 の $v_{in}(t)$, $i_{in}(t)$ がそのまま使えるため，式 (37), (38) から $v_{zo}(t)$ を消去することで，Z_{in} は以下のように求められる．

$$Z_{in} = \frac{v_{in}(t)}{i_{in}(t)} = Z_i + \frac{Z_{12}}{1 + \frac{A_1 h_{oe} Z_{12}}{A_1 A_2 - A_3}} \tag{46}$$

出力インピーダンス Z_{out} は，図 4.9(b) の回路に基づき，図 16 の $v_2(t)$, $i_2(t)$ から求める．ここで，計算を簡単にするために，図のように電圧・電流やインピーダンスをおく．それぞれのインピーダンスは以下のように与えられる．

$$Z_i = R_1 // R_2 // (r_s + 1/j\omega C_{in})$$
$$= \frac{R_1 R_2 \left(r_s + \frac{1}{j\omega C_{in}}\right)}{R_1 R_2 + (R_1 + R_2)\left(r_s + \frac{1}{j\omega C_{in}}\right)} \tag{47}$$

$$Z_E = R_E // (1/j\omega C_E) = \frac{R_E/j\omega C_E}{R_E + 1/j\omega C_E} \tag{48}$$

$$Z_o = \frac{1}{j\omega C_{out}} \tag{49}$$

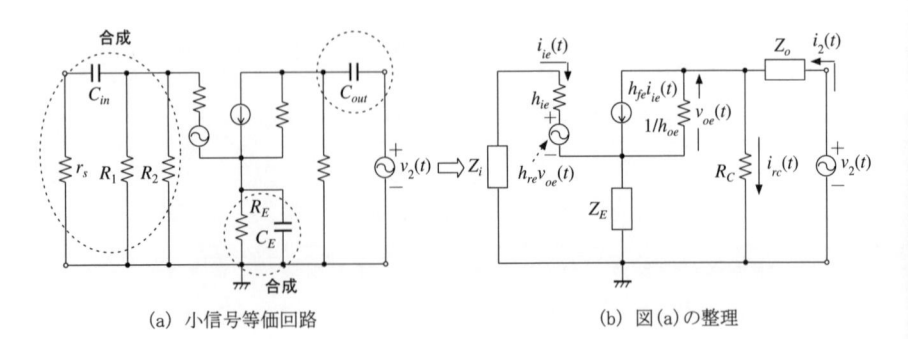

(a) 小信号等価回路　　(b) 図(a)の整理

図 16　エミッタ接地増幅回路の出力インピーダンス測定回路

ここで r_s は入力信号源の出力インピーダンス（内部抵抗）である．図より以下の回路方程式が導ける．

$$v_2(t) = R_C i_{rc}(t) + Z_o i_2(t) \tag{50}$$

$$= Z_E \left(i_{ie}(t) + i_2(t) - i_{rc}(t) \right) + v_{oe}(t) + Z_o i_2(t) \tag{51}$$

$$v_{oe}(t) = \frac{1}{h_{oe}} \left(i_2(t) - i_{rc}(t) - h_{fe} i_{ie}(t) \right) \tag{52}$$

$$Z_E \left(i_{ie}(t) + i_2(t) - i_{rc}(t) \right) + h_{re} v_{oe}(t) + h_{ie} i_{ie}(t) + Z_i i_{ie}(t) = 0 \tag{53}$$

次に式 (50), (52) を用いて，式 (53) から $v_{oe}(t), i_{rc}(t)$ を消去することで，以下の関係が得られる．

$$\left(Z_E + Z_i + h_{ie} - \frac{h_{re} h_{fe}}{h_{oe}} \right) i_{ie}(t) + \left(Z_E + \frac{h_{re}}{h_{oe}} \right) \frac{(R_C + Z_o) i_2(t) - v_2(t)}{R_C} = 0 \tag{54}$$

式 (54) を (51) に代入することで，**出力インピーダンス**が以下のように求まる．

$$Z_{out} = \frac{v_2(t)}{i_2(t)} = R_C + Z_o - \frac{R_C}{1 + \frac{Z_E}{R_C} + \frac{Z_i + h_{ie} + (1 + h_{fe} - h_{re} - h_{oe} Z_E) Z_E}{R_C \left\{ h_{oe}(Z_E + Z_i + h_{ie}) - h_{re} h_{fe} \right\}}} \tag{55}$$

以上，導出した式はどれも複雑怪奇であるが，これらの式に周波数依存性を考慮した h パラメータ（付録 F，3.5 節参照）を導入することで，エクセルなどの表計算ソフトによる回路の周波数依存性などのシミュレーションができる．

また，各コンデンサ (C_{in}, C_{out}, C_E) を短絡（インピーダンス＝ゼロ）し，さらに h_{re}, h_{oe} もゼロとすれば，当然ながら第 4 章で導出した式と同じになる．これはおのおの確認してほしい．

付録 I　最大発振可能周波数

図 17(a) のようなエミッタ接地増幅回路を考える（自己バイアス回路ではないので，R_1 および R_2 は使用していない）．この回路の等価回路として，図 6.6 と同様に，図 (b) のような簡略化したハイブリッド π 型回路を考える．まず，計算を簡略化するために，以下のように合成インピーダンスをおく．

$$Z_\pi = r_\pi // (1/j\omega C_t) \tag{56}$$

(a) エミッタ接地増幅回路　　　　　　　(b) 簡易高周波等価回路

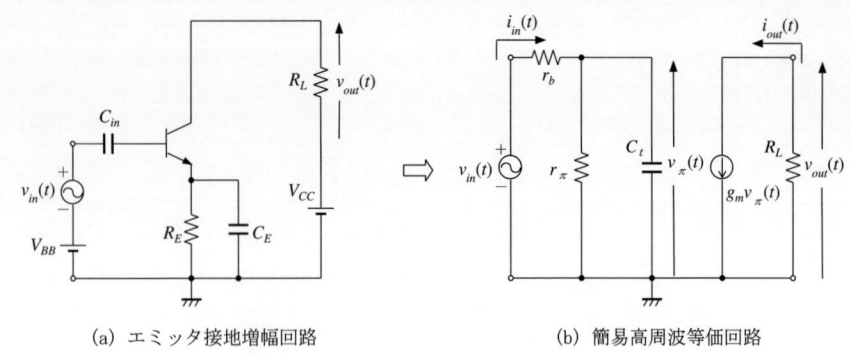

図 17 エミッタ接地増幅回路と高周波等価回路

ここで，6.2.3 項で解説したように，各パラメータは以下の式で表される．

$$r_\pi = \frac{r_e}{1-\alpha} \tag{57}$$

$$C_t = C_{eb} + (1+g_m R_L)C_{cb} \tag{58}$$

$$g_m = \frac{\alpha}{r_e} \tag{59}$$

$$C_{eb} = \frac{1}{\omega_\alpha r_e} \tag{60}$$

この回路の電圧・電流増幅率は，式 (6.13) を参照するとそれぞれ以下のように導ける．

$$A_v = \frac{-\alpha R_L}{r_e + (1-\alpha)r_b} \cdot \frac{1}{1+j\omega C_t r_t} \tag{61}$$

$$A_i = \frac{i_{out}(t)}{i_{in}(t)} = \frac{-v_{out}(t)}{v_{in}(t)} \cdot \frac{r_b + Z_\pi}{R_L} = -A_v \frac{r_b + Z_\pi}{R_L} \tag{62}$$

$$r_t = r_b // r_\pi \tag{63}$$

したがって，この回路の電力利得は以下のように導ける．

$$\begin{aligned}
A_p &= A_v A_i = -\frac{r_b + Z_\pi}{R_L} A_v^2 \\
&= -\frac{r_b + r_\pi + j\omega C_t r_b r_\pi}{R_L(1+j\omega C_t r_\pi)} \left\{ \frac{-\alpha R_L}{r_e + (1-\alpha)r_b} \right\}^2 \left(\frac{1}{1+j\omega C_t r_t} \right)^2 \\
&= -\frac{\alpha^2 R_L (r_b + r_\pi)}{\{r_e + (1-\alpha)r_b\}^2} \cdot \frac{1}{1+j\omega C_t r_\pi} \cdot \frac{1}{1+j\omega C_t r_t}
\end{aligned} \tag{64}$$

$$|A_p| \simeq \frac{\alpha^2 R_L (r_b + r_\pi)}{\{r_e + (1-\alpha) r_b\}^2} \cdot \frac{1}{\sqrt{1 + (\omega C_t r_\pi)^2}} \cdot \frac{1}{\sqrt{1 + (\omega C_t r_t)^2}} \tag{65}$$

ここで,「α の周波数依存性は無視できる」という仮定を用いている.次に,$(\omega C_t r_\pi)^2$ および $(\omega C_t r_t)^2$ は,普通,それぞれ数十万および数十という値になる.そこで計算を簡略化するために,式 (65) におけるルートの中の 1 を省略する近似を行なう.さらに,式 (58) において,普通,$g_m R_L \gg 1$ であるので,近似によりこの 1 も省略する.したがって,以下の式が導ける.

$$|A_p| \simeq \frac{\alpha^2 R_L \left(r_b + \frac{r_e}{1-\alpha}\right)}{\{r_e + (1-\alpha) r_b\}^2} \cdot \frac{1}{\sqrt{\left(\omega C_t \frac{r_e}{1-\alpha}\right)^2}} \cdot \frac{1}{\sqrt{\left(\omega C_t \frac{r_e r_b}{r_e + (1-\alpha) r_b}\right)^2}}$$
$$= \frac{\alpha^2 R_L}{\omega^2 C_t^2 r_e^2 r_b} = \frac{\alpha^2 R_L}{\omega^2 \left(\frac{1}{\omega_\alpha} + \alpha R_L C_{cb}\right)^2 r_b} \tag{66}$$

式 (66) が最大値をとるのは,$\left(\frac{1}{\omega_\alpha} + \alpha R_L C_{cb}\right)^2$ の項が最小となるときである.すなわち,「相加相乗平均」を適用すると,$\frac{1}{\omega_\alpha} = \alpha R_L C_{cb}$ のときであることが分かる.したがって,$\alpha \simeq 1$ との仮定の元で,「最大有能電力利得」を求めると,以下のようになる.

$$|A_{pmax}| \simeq \frac{R_L}{\omega^2 \frac{4 R_L C_{cb}}{\omega_\alpha} r_b} = \frac{f_T}{8\pi f^2 C_{cb} r_b} \tag{67}$$

ここで,$f_T \simeq f_\alpha$ の関係を用いた.$|A_{pmax}| = 1$ となる周波数を,「最大発振可能周波数」と呼び,以下のように表される.

$$f_{max} \simeq \sqrt{\frac{f_T}{8\pi r_b C_{cb}}} \tag{68}$$

付録 J　オペアンプ反転増幅回路

図 18 より,回路方程式は以下のように導ける.

$$\begin{aligned} v_{in}(t) &= -v_i(t) + R_1 i_{in}(t) = Z_i \left(i_{in}(t) - i_2(t)\right) + R_1 i_{in}(t) \\ v_{out}(t) &= -R_L i_{out}(t) = A_d v_i(t) + Z_o \left(i_{out}(t) + i_2(t)\right) \end{aligned} \tag{69}$$

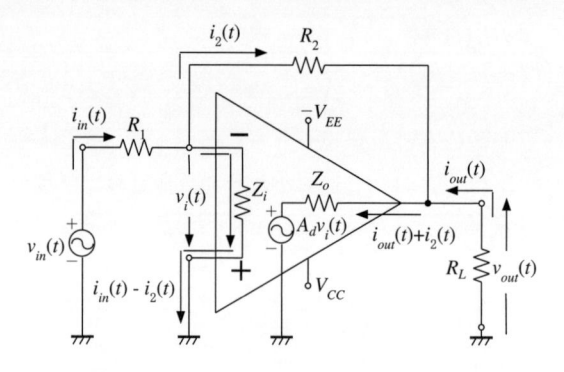

図 18 オペアンプ反転増幅回路の等価回路

$$= -v_i(t) - R_2 i_2(t) = v_{in}(t) - R_1 i_{in}(t) - R_2 i_2(t) \tag{70}$$

$$v_i(t) = -Z_i \left(i_{in}(t) - i_2(t) \right) \tag{71}$$

これらを連立させることで,電圧・電流増幅率および入力インピーダンスが以下のように求まる.

$$\begin{aligned} A_v &= \frac{v_{out}(t)}{v_{in}(t)} \\ &= -\frac{A_d R_2 - Z_o}{A_d R_1 + \left(1 + \frac{R_1}{Z_i}\right) \left\{ Z_o + R_2 \left(1 + \frac{Z_o}{R_L}\right) \right\} + R_1 \left(1 + \frac{Z_o}{R_L}\right)} \end{aligned} \tag{72}$$

$$Z_{in} = \frac{v_{in}(t)}{i_{in}(t)} = \frac{R_1 + R_2 + R_1 R_2 / Z_i}{1 - A_v + R_2 / Z_i} \tag{73}$$

$$A_i = \frac{i_{out}(t)}{i_{in}(t)} = \frac{R_2 + (1 + R_2/Z_i)(R_1 - Z_{in})}{R_L} \tag{74}$$

これらの式において,理想オペアンプの条件 ($A_d = \infty$, $Z_i = \infty$, $Z_o = 0$) を適用すると,式 (7.24)〜(7.26) と等しくなることが分かる.

演習問題略解

【第1章】

1. オーディオ・ヴィジュアル機器の信号増幅回路（アンプ）や波形処理回路（フィルタなど），家電製品の制御回路（温度制御，モータの回転制御などさまざま），さまざまな電気・電子機器における電源回路（AC-DC変換，DC-DC変換），自動車の制御回路（速度表示，電子ロックなどさまざま），時計（発振回路），電子計測機器…

2. 省略．

3. 図 (a) 開放電圧：$R_p i_s(t)$，短絡電流：$i_s(t)$

    負荷電圧：$\dfrac{R_L R_p}{R_L + R_p} i_s(t)$ ，　負荷電流：$\dfrac{R_p}{R_L + R_p} i_s(t)$

    図 (b) 開放電圧：$v_s(t)$，短絡電流：$v_s(t)/R_s$

    負荷電圧：$\dfrac{R_L}{R_L + R_s} v_s(t)$ ，　負荷電流：$\dfrac{1}{R_L + R_s} v_s(t)$

    条件：$R_p = R_s$ ，　$v_s(t) = R_p i_s(t)$

4. A点の電位を V_A，A点からB点に流れる電流を I_A とおく．

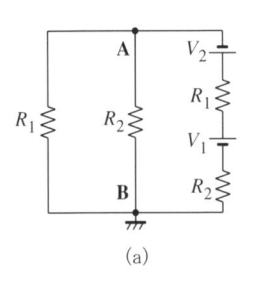

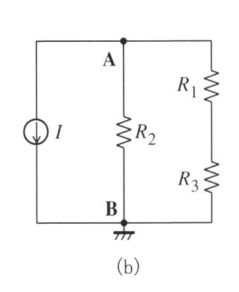

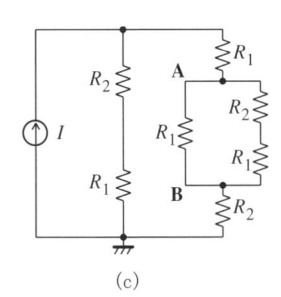

図1　図1.7の整理

図 (a)
$$I_A = \frac{R_1(V_1 - V_2)}{R_1R_2 + (R_1 + R_2)^2} \quad , \quad V_A = \frac{R_1R_2(V_1 - V_2)}{R_1R_2 + (R_1 + R_2)^2}$$

図 (b)
$$I_A = -\frac{R_1 + R_3}{R_1 + R_2 + R_3}I \quad , \quad V_A = -\frac{R_2(R_1 + R_3)}{R_1 + R_2 + R_3}I$$

図 (c)
$$I_A = \frac{R_1 + R_2}{5R_1 + 2R_2}I \quad , \quad V_A = \frac{(R_1 + R_2)^2 + R_1R_2}{5R_1 + 2R_2}I$$

5. A 点の電位を V_A, A 点から B 点に流れる電流を I_A とおく.

図 (a)
$$V_A = V + R_2I_A = -(R_1 + R_3)(I + I_A)$$
$$I_A = \frac{-(R_1 + R_3)I - V}{R_1 + R_2 + R_3} \quad , \quad V_A = \frac{(R_1 + R_3)(V - R_2I)}{R_1 + R_2 + R_3}$$

図 (b) V_1 を流れる電流を I_1 とおくと, 回路方程式が以下のように導ける.
$$V_A = R_2I_A = V_2 - R_1(I_A - I_1) = V_1 - (R_1 + R_2)I_1$$
$$I_A = \frac{R_1V_1 + (R_1 + R_2)V_2}{R_1R_2 + (R_1 + R_2)^2} \quad , \quad V_A = \frac{R_1R_2V_1 + R_2(R_1 + R_2)V_2}{R_1R_2 + (R_1 + R_2)^2}$$

図 (c) V を流れる電流を I_1, A 点からグランドに流れる電流を I_2 とおく.
$$V_A = R_2I_2 = V - R_2I_1 + R_1I_A$$
$$= R_1(I_1 - I_2) - (2R_2 + R_1)(I_A + I_2)$$
$$= R_1(I_1 - I_2) + R_2(I_1 + I_A) + R_1I_A$$
$$I_A = -\frac{R_1 + 3R_2}{(R_1 + R_2)(R_1 + 7R_2)}V \quad , \quad V_A = \frac{2R_2}{R_1 + 7R_2}V$$

図 (d) V を流れる電流を I_1, 合成抵抗を $R_3 = 2R_1 + R_2$, $R_4 = 2R_2 + R_1$ とおく.
$$V_A = V - R_1I_1 = R_3(I_1 - I_A) = R_4(I + I_A) + R_2I_A$$
$$I_A = \frac{(2R_1 + R_2)V - (R_1 + 2R_2)(3R_1 + R_2)I}{5R_1^2 + 11R_1R_2 + 3R_2^2}$$
$$V_A = \frac{(2R_1 + R_2)\{(R_1 + 3R_2)V + R_1(R_1 + 2R_2)I\}}{5R_1^2 + 11R_1R_2 + 3R_2^2}$$

6. A 点の電位を $v_A(t)$, A 点から B 点に流れる電流を $i_A(t)$ とおく.

図 (a) $\omega \to \infty$ のとき,コンデンサのインピーダンスはゼロとなる.

$$i_A(t) = \frac{v_1(t)}{R_1} \quad , \quad v_A(t) = 0$$

$\omega \to 0$ のとき,コンデンサのインピーダンスは ∞ となる.

$$i_A(t) = 0 \quad , \quad v_A(t) = \frac{R_2 v_1(t)}{R_1 + R_2}$$

図 (b) $\omega \to \infty$ のとき,コイルのインピーダンスは ∞ となる.

$$i_A(t) = 0 \quad , \quad v_A(t) = \frac{R_2 v_1(t)}{R_1 + R_2}$$

$\omega \to 0$ のとき,コイルのインピーダンスはゼロとなる.

$$i_A(t) = \frac{v_1(t)}{2R_1 + R_2} \quad , \quad v_A(t) = \frac{R_2 v_1(t)}{2R_1 + R_2}$$

図 (c) $\omega \to \infty$ のとき,$j\omega L \to \infty, 1/j\omega C \to 0$ となる.

$$i_A(t) = \frac{v_1(t) - 2v_2(t)}{R_1 + 4R_2} \quad , \quad v_A(t) = \frac{R_2 v_1(t) + (R_1 + 2R_2) v_2(t)}{R_1 + 4R_2}$$

$\omega \to 0$ のとき,$j\omega L \to 0, 1/j\omega C \to \infty$ となる.

$$i_A(t) = \frac{-v_2(t)}{R_1 + R_2} \quad , \quad v_A(t) = \frac{R_1 v_2(t)}{R_1 + R_2}$$

【第 2 章】

1. 温度が高くなると,価電子帯に存在する電子が熱エネルギーを得て伝導帯に励起し,伝導帯中の電子濃度および価電子帯中の正孔濃度が増加する.したがって,電流が流れやすくなり,抵抗率は減少する.また,半導体のエネルギーバンドギャップは温度の上昇に伴いわずかに狭くなるため,伝導帯に励起するためのエネルギーもわずかだが小さくなる.
2. ドナー:V 族元素 (P, As など),アクセプタ:III 族元素 (B, Al など).Ge の場合も Si の場合と同様.
3. pn ダイオードに順バイアス (p 型:正,n 型:負) を加えると,接合面のエネルギー障壁が低くなるため,急激に拡散電流が流れる.一方,逆バイアスでは障壁はますます高くなるため,電流はほとんど流れない.したがって,流れにくい極性は逆バイアス (p 型:負,n 型:正).
4. ダイオードの整流機能を利用すると,交流を単一極性に変換できる (第 9 章参照).

5. 0.1mA：0.392V, 1mA：0.475V, 10mA：0.559V
6. pnp-BJT では，直流動作において，電圧・電流の向きが npn-BJT に対してすべて逆になる．また，電流に寄与する主なキャリアが正孔となる．しかし，交流動作においては，差異は全く無いと見なせる（付録 D 参照）．
7. V_{CE} が十分大きい（0.7V 以上）ときには V_{CB} が正になるため，$\exp(-qV_{CB}/kT) \ll 1$ となる．したがって，右辺第二項 $= -I_{C0}$ となるが，I_{C0} は nA オーダー以下であり第一項の exp 項に比べてはるかに小さい値となる．
8. 省略（本文参照）．
9. $\beta = \alpha/(1-\alpha)$
10. BJT では，ベースを入力端子とした場合，ベースからエミッタに電流が流れる．これに対して，FET ではゲートを入力とした場合，素子内部に入力電流が流れない．したがって，素子自体の入力インピーダンスは ∞ と見なせるため，増幅回路の入力インピーダンス（第 4 章参照）も高くすることができる．

【第 3 章】

1. $v_{in}(t)$ が負のサイクルのときにのみ，$V_R(t)$ が負の電圧として現れる．
2. V_{CC} を増加させることで V_{D0} を増加させると I_{D0} が増加し，式 (3.9) で表されるダイオードカーブの傾きも増大するため振幅が増加する．一方，振幅は直線 B-C 間の y 軸方向の距離の半分であるため，その最大値は傾きが垂直 (∞) のときに V_m/R となる．図 3.3 では元々の傾きがすでに垂直に近いため，振幅の増加分はほぼゼロであり，結局，V_{D0} を増加させても振幅はほぼ変わらないと見なせる．
3. バイアス電源 V_{CC} を増大させてエミッタバイアス電流を増加させても，図 3.3(a) と同様に B-E 間ダイオードにかかるバイアス電圧（図の直線 A との交点の電圧）は，V_{th} 近傍からほとんど変化しない（図 3.3 では交点が V_{th} から離れているが，実際の電圧・電流の範囲では V_{th} 近傍となる）．
4. R_E を短絡とし，入力信号電圧の振幅を例えば 1V とした場合，B-E 間ダイオードには入力電圧がそのまま印加されるため，第 2 章演習問題 5 に従って計算した場合，エミッタ電流の最大値は約 2000A という値になる．もちろんこのような電流が実際に流れるわけではなく，その前にトランジスタが焼き切れることになる．R_E を挿入することで，$v_{in}(t) = V_{BE}(t) + R_E I_E(t)$ の式が成立するので，$I_E(t) < v_{in}(t)/R_E$ となり，過電流を防ぐことができる．
5. 交流電流 $i_c(t)$ に対して，交流出力 $v_{out}(t)$ のとり方が逆になっているため．
6. 図 3.11 において，$v_{in}(t)$ を入力し，負荷抵抗 R_L を接続すると，出力電圧，出力電流は以下のようになる．

$$v_{out}(t) = \frac{h_{fe}R_L v_{in}(t)}{h_{fe}h_{re}R_L - h_{ie}h_{oe}R_L - h_{ie}}$$

$$i_{out}(t) = \frac{-h_{fe}v_{in}(t)}{h_{fe}h_{re}R_L - h_{ie}h_{oe}R_L - h_{ie}}$$

上式より影響を考えた場合は, $v_{out}(t) = -7.48[\text{V}]$, $i_{out}(t) = 7.48[\text{mA}]$ となり, 影響を無視した場合は, $v_{out}(t) = -7.5[\text{V}]$, $i_{out}(t) = 7.5[\text{mA}]$ となる. したがって, 簡易等価回路による回路計算で十分であることが分かる.

7. r_c にかかる電圧を $v'_{cb}(t)$ とおくと省略のための条件は以下の式になる. h パラメータについては本文参照.

$$|\alpha i_e(t)| \gg \left|\frac{(1+j\omega C_{cb}r_c)v'_{cb}(t)}{r_c}\right| \quad , \quad \left|\frac{1}{j\omega C_{eb}}\right| \gg r_e$$

8. I_{DS}-V_{GS} 特性の傾きは式 (3.34) で表されるので, V_{GG} に比例して傾きも増大するため振幅も増加する.

9. 省略（本文参照）.

【第 4 章】

1. 省略（本文参照）.
2.

$$P_{zin} = \frac{Z_{in}V_s^2}{(r_s + Z_{in})^2} = \frac{V_s^2}{\left(\frac{r_s}{\sqrt{Z_{in}}} + \sqrt{Z_{in}}\right)^2}$$

分母に相加相乗平均を適用すると, 分母が最小となる条件は以下のようになる.

$$\frac{r_s}{\sqrt{Z_{in}}} = \sqrt{Z_{in}} \quad \rightarrow \quad Z_{in} = r_s$$

3. 省略（本文参照）.
4. $R_C = 4\text{k}\Omega$, $R_E = 500\Omega$,（一例として）$R_2 = 10\text{k}\Omega$, $R_1 = 90\text{k}\Omega$
5. 回路方程式は以下のとおり.

$$v_{in}(t) = -h_{ie}i_{ie}(t) = R_E\{i_{in}(t) + (h_{fe}+1)i_{ie}(t)\}$$
$$v_{out}(t) = -R_L i_{out}(t) = R_C(i_{out}(t) - h_{fe}i_{ie}(t))$$

出力インピーダンスの等価回路の入力側を解析すると, $i_{ie}(t) = 0$ が成り立ち, 電流源が開放と見なせるので, R_C となるのは明らか.

6. 回路方程式は以下のとおり.

$$v_{in}(t) = R_{12}(i_{in}(t) - i_{ie}(t))$$
$$v_{out}(t) = -R_L i_{out}(t) = R_E\{i_{out}(t) + (h_{fe}+1)i_{ie}(t)\} = v_{in}(t) - h_{ie}i_{ie}(t)$$

出力インピーダンスの等価回路における回路方程式は以下のとおり.

$$v_2(t) = \frac{R_E R_i(i_2(t) + h_{fe}i_{ie}(t))}{R_E + R_i} \quad , \quad i_{ie}(t) = -\frac{R_E(i_2(t) + h_{fe}i_{ie}(t))}{R_E + R_i}$$

7. 回路方程式は以下のとおり.

$$v_{out}(t) = -R_L i_{out}(t) = R_D \left(i_{out}(t) + i_d(t) + g_m v_{in}(t)\right) = v_{in}(t) - r_d i_d(t)$$
$$v_{in}(t) = R_S \left(i_{in}(t) - i_d(t) - g_m v_{in}(t)\right)$$

$R_i = r_s // R_S$ とおくと,出力インピーダンスの等価回路における回路方程式は以下のとおり.

$$v_2(t) = R_D \left(i_2(t) - g_m v_{gs}(t) + i_d(t)\right) = R_i \left(g_m v_{gs}(t) - i_d(t)\right) - r_d i_d(t)$$
$$v_{gs}(t) = -R_i \left(g_m v_{gs}(t) - i_d(t)\right)$$

8. 回路方程式は以下のとおり.

$$v_{in}(t) = R_{12} i_{in}(t)$$
$$v_{out}(t) = -R_L i_{out}(t) = R_{DS} \left\{i_{out}(t) + g_m \left(v_{in}(t) - v_{out}(t)\right)\right\}$$

出力インピーダンスの等価回路における回路方程式は以下のとおり.

$$v_2(t) = R_{DS} \left(i_2(t) - g_m v_2(t)\right)$$

9. 図 (a) 寄生抵抗成分 $1/h_{oe}$ は R_C と並列の関係にあるが,その合成抵抗を計算すると 4.99kΩ となり,無視して考えてよいことが分かる. 式 (4.7), (4.8), (4.18), (4.19) より,$A_v \simeq -12.3$, $A_i \simeq 13.6$, $Z_{in} \simeq 11.0$kΩ, $Z_{out} \simeq 5$kΩ となる. また,直流等価回路を考えると $I_2 \gg I_B$ が成り立たないことが分かり,近似を用いずに計算すると動作点は,$I_C \simeq 1.4$mA, $V_C \simeq 13.2$V となる.

図 (b) 寄生抵抗成分 $1/h_{oe}$ は R_L と並列の関係にあるが,その合成抵抗を計算すると 9.98kΩ となり,無視して考えてよいことが分かる. 式 (4.46)〜(4.48), (4.52) より,$A_v \simeq 0.862$, $A_i \simeq -4.21$, $Z_{in} \simeq 48.8$kΩ, $Z_{out} \simeq 236$Ω ($h_{ie} \gg r_s$ と仮定) となる. また,直流等価回路を考えると $I_2 \gg I_B$ が成り立たないことが分かり,近似を用いずに計算すると動作点は,$I_E \simeq 5.9$mA, $V_E \simeq 11.8$V となる.

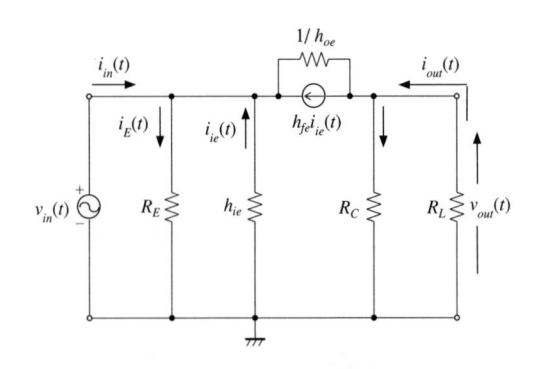

図 2 図 (c) の小信号等価回路

図 (c) 図 2 の小信号等価回路より，以下の方程式が得られる．

$$v_{in}(t) = R_E i_E(t) = -h_{ie} i_{ie}(t)$$

$$v_{out}(t) = -R_L i_{out}(t) = R_C \left(i_{in}(t) - i_E(t) + i_{ie}(t) + i_{out}(t) \right)$$

$$= v_{in}(t) - \frac{i_{in}(t) - i_E(t) + (h_{fe} + 1) i_{ie}(t)}{h_{oe}}$$

$R_{CL} = R_C // R_L$ とおくと，以下の関係が得られる．

$$A_v = R_{CL} \frac{h_{fe} + h_{ie} h_{oe}}{h_{ie} (1 + R_{CL} h_{oe})}$$

$$A_i = \frac{-R_{CL}}{R_L} \cdot \frac{(h_{fe} + h_{ie} h_{oe}) R_E}{(1 + R_{CL} h_{oe}) h_{ie} + (h_{fe} + h_{ie} h_{oe} + 1 + R_{CL} h_{oe}) R_E}$$

$$Z_{in} = \frac{h_{ie} R_E}{h_{ie} + \left(\frac{h_{fe} + h_{ie} h_{oe}}{1 + R_{CL} h_{oe}} + 1 \right) R_E}$$

数値を代入すると，$1 \gg R_{CL} h_{oe}$，$h_{fe} \gg h_{ie} h_{oe}$ が成り立つので，結局，式 (4.40)～(4.42) と同じになる．したがって，$A_v \simeq 12.3$，$A_i \simeq -0.291$，$Z_{in} \simeq 236\Omega$ となる．また，$R_i = r_s // R_E$ とおくと，図 4.9(b) の回路を適用することで以下の方程式が得られる．

$$v_2(t) = R_C \left(i_2(t) + i_i(t) + i_{ie}(t) \right)$$

$$= -h_{ie} i_{ie}(t) - \frac{i_i(t) + (h_{fe} + 1) i_{ie}(t)}{h_{oe}}$$

$$h_{ie} i_{ie}(t) = R_i i_i(t)$$

連立すると，Z_{out} が求まる．

$$Z_{out} = \frac{R_C \{ (1 + R_i h_{oe}) h_{ie} + (h_{fe} + 1) R_i \}}{(1 + R_i h_{oe} + R_C h_{oe}) h_{ie} + (h_{fe} + 1 + R_C h_{oe}) R_i}$$

$1 \gg R_C h_{oe}$ が成立するので，結局，式 (4.45) と同じになる．したがって，$Z_{out} \simeq 5\mathrm{k}\Omega$ となる．また，直流等価回路を考え $I_2 \gg I_B$ の近似を用いると動作点は，$I_C \simeq 2.15\mathrm{mA}$，$V_C \simeq 9.25\mathrm{V}$ となり，近似を用いずに計算すると，$I_C \simeq 2.0\mathrm{mA}$，$V_C \simeq 10.1\mathrm{V}$ となる．

図 (d) $A_v \simeq -19.9$，$A_i \simeq 1190$，$Z_{in} \simeq 596\mathrm{k}\Omega$，$Z_{out} \simeq 4.97\mathrm{k}\Omega$

図 (e) $A_v \simeq 0.952$，$A_i \simeq -79.3$，$Z_{in} \simeq 833\mathrm{k}\Omega$，$Z_{out} \simeq 161\Omega$

図 (f) $A_v \simeq 29.8$，$A_i \simeq -0.484$，$Z_{in} \simeq 162\Omega$，$r_d \gg R_D \to Z_{out} \simeq R_D = 10\mathrm{k}\Omega$

図 (g) 図 3 の小信号等価回路より，$R_x = R_{DD} // R_{AB}$ とおくと，以下の方程式が得られる．

$$v_{in}(t) = R_{12} i_{in}(t)$$

$$v_{out}(t) = -R_L i_{out}(t) = R_E \{ (h_{fe} + 1) i_{ie}(t) + i_{out}(t) - h_{oe} v_{out}(t) \}$$

$$= -R_x \left(g_m v_{in}(t) + i_{ie}(t) \right) - h_{ie} i_{ie}(t)$$

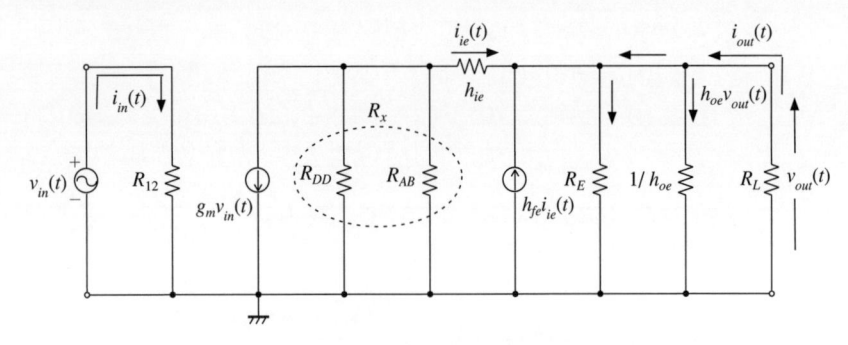

図 3 図 (g) の小信号等価回路

数値を代入すると $1/R_L, 1/R_E \gg h_{oe}$ となることが分かるので, $R_{EL} = R_E // R_L$ とおくと, 以下の関係が得られる.

$$A_v = \frac{-g_m R_x}{1 + \frac{R_x + h_{ie}}{h_{fe}+1}\left(\frac{1}{R_E} + \frac{1}{R_L} + h_{oe}\right)}$$

$$\simeq \frac{-g_m R_x (h_{fe}+1) R_{EL}}{R_x + h_{ie} + (h_{fe}+1) R_{EL}}$$

$$A_i = \frac{-R_{12}}{R_L} A_v \simeq \frac{R_E}{R_E + R_L} \cdot \frac{g_m R_x (h_{fe}+1) R_{12}}{R_x + h_{ie} + (h_{fe}+1) R_{EL}}$$

$$Z_{in} = R_{12}$$

したがって, $A_v \simeq -23.3$, $A_i \simeq 837$, $Z_{in} \simeq 359\mathrm{k}\Omega$ となる. また, 図 4.9(b) の回路を適用すると $g_m v_{in}(t)$ は開放と見なせるため, 以下の方程式が得られる.

$$v_2(t) = R_E\{(h_{fe}+1)i_{ie}(t) + i_2(t) - h_{oe}v_2(t)\} = -(R_x + h_{ie})i_{ie}(t)$$

連立すると, Z_{out} が求まる.

$$Z_{out} = \frac{1}{\frac{1}{R_E} + h_{oe} + \frac{h_{fe}+1}{R_x + h_{ie}}} \simeq \frac{R_E(R_x + h_{ie})}{(h_{fe}+1)R_E + R_x + h_{ie}}$$

したがって, $Z_{out} \simeq 271\Omega$ となる.

図 (h) $1/h_{oe}$ は h_{ie}, R_E, R_L と並列の関係にあるが, そのインピーダンスを比較すると, 開放と見なせることが分かる. 図 4 の小信号等価回路より, 以下の方程式が得られる.

$$v_{in}(t) = R_{12}(i_{in}(t) - i_{ie}(t))$$
$$v_{out}(t) = -R_L i_{out}(t) = R_E\left\{(h_{fe}+1)^2 i_{ie}(t) + i_{out}(t)\right\}$$
$$= v_{in}(t) - h_{ie}(h_{fe}+2)i_{ie}(t)$$

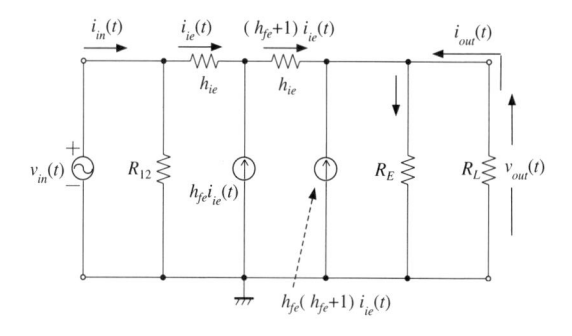

図 4 　図 (h) の小信号等価回路

$R_{EL} = R_E // R_L$ とおくと，以下の関係が得られる．

$$A_v = \frac{(h_{fe}+1)^2 R_{EL}}{(h_{fe}+2) h_{ie} + (h_{fe}+1)^2 R_{EL}}$$

$$A_i = \frac{-R_E}{R_E + R_L} \cdot \frac{(h_{fe}+1)^2 R_{12}}{R_{12} + (h_{fe}+2) h_{ie} + (h_{fe}+1)^2 R_{EL}}$$

$$Z_{in} = \frac{1}{\frac{1}{R_{12}} + \frac{1}{(h_{fe}+2)h_{ie}+(h_{fe}+1)^2 R_{EL}}}$$

したがって，$A_v \simeq 0.861$, $A_i \simeq -5.59$, $Z_{in} \simeq 64.9\text{k}\Omega$ となる．仮に $R_{12} \gg (h_{fe}+1)^2 R_{EL}, (h_{fe}+2) h_{ie}$ が成り立つ場合には，電流増幅率は式 (4.47) の $(h_{fe}+1)$ 倍になり，大電流増幅が可能となることが分かる．また，$R_i = r_s // R_{12}$ とおくと，図 4.9(b) の回路を適用することで以下の方程式が得られる．

$$\begin{aligned} v_2(t) &= R_E \left\{ (h_{fe}+1)^2 i_{ie}(t) + i_2(t) \right\} \\ &= -(R_i + h_{ie}) i_{ie}(t) - (h_{fe}+1) h_{ie} i_{ie}(t) \end{aligned}$$

連立すると，Z_{out} が求まる．

$$Z_{out} = \frac{R_i + (h_{fe}+2) h_{ie}}{R_i + (h_{fe}+2) h_{ie} + (h_{fe}+1)^2 R_E} R_E$$

したがって，$(h_{fe}+1)^2 R_E, (h_{fe}+2) h_{ie} \gg R_i$ の場合，$Z_{out} \simeq 238\Omega$ となる．

【第 5 章】

1. $R_D \gg R_S$ の場合を考えると式 (5.11) は以下のように変形できる．

$$\eta = \frac{R_L}{2(R_D + R_S + R_{DL})} \left(\frac{R_D}{R_D + R_L} \right)^2 \simeq \frac{1}{2} \cdot \frac{1}{3 + \frac{R_D}{R_L} + \frac{2R_L}{R_D}}$$

分母に相加相乗平均を適用すると，分母が最小となる条件は以下のようになる．
$$\frac{R_D}{R_L} = \frac{2R_L}{R_D} \quad \to \quad R_D = \sqrt{2}R_L$$

2. 25 %
3. 省略（本文参照）．
4. 省略（本文参照）．
5. 等価回路を図 5 に示す．回路の対称性より，Q1 と Q2 のソースにおけるバイアス電圧は $V_{DD}/2$ となる．したがって，ゲート - ソース間電圧は以下のようになる．
$$V_{GS1} = V_{SG2} = \frac{R_2 V_{DD}}{2(R_1 + R_2)}$$

(a) 直流等価回路　　　　(b) 小信号等価回路

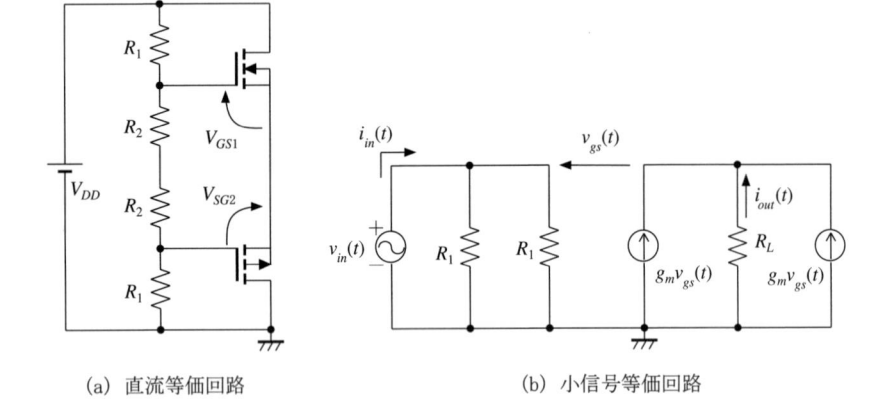

図 5　図 5.7 の等価回路

B 級増幅回路であるので，小信号等価回路において，電流源はそれぞれ半サイクルずつ働く．
$$A_v = \frac{v_{out}}{v_{in}} = \frac{g_m R_L}{g_m R_L + 1}, \quad A_i = \frac{i_{out}}{i_{in}} = \frac{-R_1}{2R_L} A_v = \frac{-R_1}{2R_L} \cdot \frac{g_m R_L}{g_m R_L + 1}$$

【第 6 章】
1. $Z_{eb} = 1/j\omega C_{eb}$，$C_{cb}$ に流れる電流を $i_{cb}(t)$ とおくと，以下の回路方程式が得られる．
$$v_\pi(t) = v_{in}(t) - r_b i_b(t) = \frac{r_e Z_{eb}}{r_e + Z_{eb}} i_e(t) = \frac{r_\pi Z_{eb}}{r_\pi + Z_{eb}}(i_b(t) + i_{cb}(t))$$
$$i_e(t) = i_b(t) + \alpha i_e(t) + i_{cb}(t)$$
$$g_m v_\pi(t) = \alpha i_e(t)$$

$|Z_{eb}| \gg |(1-\alpha)Z_{eb}| \gg \alpha r_e \simeq r_e$ が成り立つ場合，以下の関係が導ける．

$$r_\pi = \frac{r_e Z_{eb}}{(1-\alpha)Z_{eb} - \alpha r_e} \simeq \frac{r_e}{1-\alpha}$$

$$g_m = \frac{\alpha(r_e + Z_{eb})}{r_e Z_{eb}} \simeq \frac{\alpha}{r_e}$$

2. 回路方程式は以下のようになる．

$$v_{in}(t) = R_{12}(i_{in}(t) - i_b(t)) = \left(r_b + \frac{r_\pi}{1 + j\omega r_\pi C_t}\right)i_b(t)$$

$$v_{out}(t) = -R_L i_{out}(t) = -R_{CL} g_m v_\pi(t)$$

$$v_\pi(t) = \frac{r_\pi}{1 + j\omega r_\pi C_t} i_b(t)$$

方程式を連立させることで，各パラメータが以下のように求まる（A_v は省略）．

$$A_i = \frac{\alpha}{1-\alpha} \cdot \frac{R_C}{R_C + R_L} \cdot \frac{R_{12}}{r_\pi + r_b + R_{12} + j\omega C_t r_\pi (r_b + R_{12})}$$

$$= A_{i0} \frac{1}{1 + j\omega C_t r_i}$$

$$Z_{in} = \frac{1}{\frac{1}{R_{12}} + \frac{1}{r_b + \frac{r_\pi}{1 + j\omega r_\pi C_t}}}$$

ここで，$r_i = r_\pi // (r_b + R_{12})$，$A_{i0}$ は中域周波数における電流増幅率であり式 (4.14) で与えられる．また，図 4.9(b) の回路を適用すると $v_\pi(t) = 0$ となるため電流源は開放と見なせ，$Z_{out} = R_C$ となる．

3. 2mA のとき 282MHz，5mA のとき 345MHz

4. 回路方程式は以下のようになる．

$$v_{in}(t) = \left(\frac{1}{j\omega C_{in}} + \frac{R_{12} h_{ie}}{R_{12} + h_{ie}}\right)i_{in}(t) = Z_{in} i_{in}(t)$$

$$v_{out}(t) = -R_L i_{out}(t)$$

方程式を連立させることで，各パラメータが以下のように求まる（A_v は省略）．

$$A_i = -\frac{A_v}{R_L} \cdot \left(\frac{1}{j\omega C_{in}} + \frac{R_{12} h_{ie}}{R_{12} + h_{ie}}\right) = -\frac{Z_{in}}{R_L} A_v$$

$$Z_{in} = \left(\frac{1}{j\omega C_{in}} + \frac{R_{12} h_{ie}}{R_{12} + h_{ie}}\right)$$

また，図 4.9(b) の回路を適用すると $i_{ie}(t) = 0$ となるため電流源は開放と見なせ，$Z_{out} = R_C + 1/j\omega C_{out}$ となる．

5. 回路方程式は以下のようになる.

$$v_{in}(t) = R_{12}\left(i_{in}(t) - i_{ie}(t)\right) = h_{ie}i_{ie}(t) + Z_E\left(h_{fe}+1\right)i_{ie}(t)$$
$$v_{out}(t) = -R_L i_{out}(t) = -R_{CL}h_{fe}i_{ie}(t)$$

方程式を連立させることで，各パラメータが以下のように求まる（A_v は省略）.

$$A_i = \frac{R_C}{R_C + R_L} \cdot \frac{h_{fe}R_{12}}{R_{12}+h_{ie}+(h_{fe}+1)Z_E} = A_{i0} \cdot \frac{1-j\frac{\omega_{E1}}{\omega}}{1-j\frac{\omega_{E3}}{\omega}}$$
$$\omega_{E3} = \frac{1}{C_E}\left(\frac{1}{R_E}+\frac{h_{fe}+1}{h_{ie}+R_{12}}\right)$$
$$Z_{in} = R_{12}//\left\{h_{ie}+(h_{fe}+1)Z_E\right\}$$

また，図 4.9(b) の回路を適用すると $i_{ie}(t)=0$ となることが分かるため電流源は開放と見なせ，$Z_{out}=R_C$ となる.

6. 1.21kHz から 14.8MHz

7. 回路方程式は以下のようになる.

$$v_{in}(t) = \frac{R_{12}}{1+j\omega R_{12}C_x}i_{in}(t) = Z_{in}i_{in}(t)$$
$$v_{out}(t) = -R_L i_{out}(t)$$

方程式を連立させることで，各パラメータが以下のように求まる（A_v は省略）.

$$A_i = -\frac{Z_{in}}{R_L}A_v = A_{i0} \cdot \frac{1}{1+j\omega C_{oss}R_{DL}} \cdot \frac{1}{1+j\omega C_x R_{12}}$$
$$Z_{in} = \frac{R_{12}}{1+j\omega R_{12}C_x} = R_{12}//\left(1/j\omega C_x\right)$$

ここで，A_{i0} は中域周波数における電流増幅率であり式 (4.59) で与えられる．また，図 4.9(b) の回路を適用すると $v_{in}(t)=0$ となるため電流源は開放と見なせ，$Z_{out}=R_D//\left(1/j\omega C_{oss}\right)$ となる.

8. 1.3Hz から 16.8MHz

【第 7 章】

1. 図 6 に FET による差動増幅回路を示す．ドレイン抵抗 r_d を開放とすると，利得は以下のように導ける.

$$A_d = -g_m R_D \quad , \quad A_c = -\frac{g_m R_D}{g_m R_S + 1}$$

2. 省略（本文参照）.

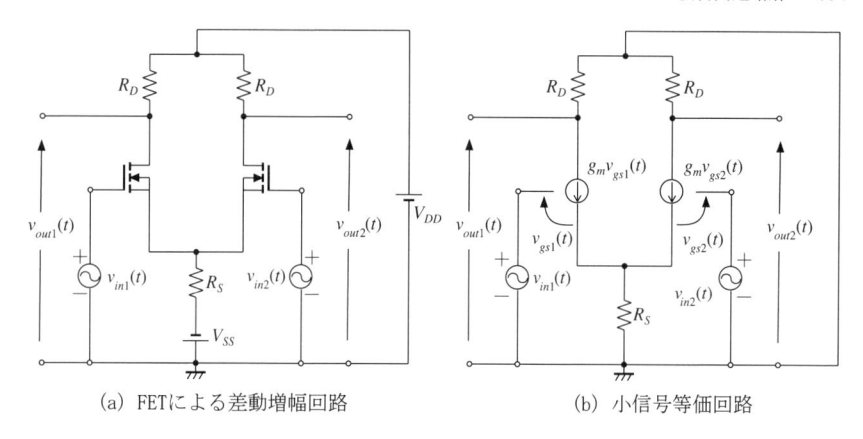

(a) FETによる差動増幅回路 　　　　　(b) 小信号等価回路

図 6　FET による差動増幅回路

3. R_1 から R_2 に流れるバイアス電流を I_{12}，R_E に流れる電流を I_E とし，ベース電流が非常に小さいと仮定すると，以下の関係が導ける．

$$I_{12} = \frac{V_{EE}}{R_1 + R_2}$$
$$R_2 I_{12} = V_{BE} + R_E I_E = R_E I_E + 0.7$$
$$\to I_E = \frac{1}{R_E}\left(\frac{R_2 V_{EE}}{R_1 + R_2} - 0.7\right)$$

したがって，差動増幅回路に無関係に I_E が決定する定電流回路と見なせる．

4. 出力端子を開放とすると，$v_{in}(t)$ が正のときは，出力側のダイオードが逆方向となるために，R_2 には電流が流れない．したがって R_2 での電圧降下がゼロとなるため，仮想接地により $v_{out}(t) = 0$ となる．一方，$v_{in}(t)$ が負のときは，入出力をつなぐダイオードは逆方向となるため電流が流れず，出力側のダイオードを通して R_2 に電流が流れる．この場合は，図 7.7(b) の反転増幅回路と同じ動作をするため，式 (7.24) が成り立つ．したがって，入力が負のサイクルのときのみ $-R_2/R_1$ 倍された電圧が出力に現れる．入出力特性が線形であるため，ひずみの無い半波整流が可能となる．

5. 図 (a)

$$v_o(t) = -\frac{R_4}{R_1}v_1(t) + \frac{R_3(R_1+R_4)}{R_1(R_2+R_3)}v_2(t)$$

図 (b) (a) の回路において $v_1(t) = 0$ とすればよい．

$$v_o(t) = \frac{R_3(R_1+R_4)}{R_1(R_2+R_3)}v_2(t)$$

図 (c)

$$v_o(t) = -\left(R_4 + R_5 + \frac{R_4 R_5}{R_6}\right)\left(\frac{v_1(t)}{R_1} + \frac{v_2(t)}{R_2}\right)$$

図 (d)

$$v_o(t) = \frac{R_3 R_5 R_6 + R_3 (R_1 + R_4)(R_5 + R_6)}{R_1 R_6 (R_2 + R_3)} v_2(t)$$

6. コンデンサに流れる電流を $i_1(t)$, 蓄えられる電荷を $Q(t)$ とする.
   図 (a) 回路方程式は以下のとおり.

$$Q(t) = C\left(v_1(t) - \frac{R_3}{R_2 + R_3} v_2(t)\right)$$

$$v_o(t) = \frac{R_3}{R_2 + R_3} v_2(t) - R_4 i_1(t)$$

したがって, 以下の関係が導ける.

$$v_o(t) = \frac{R_3}{R_2 + R_3} v_2(t) - R_4 \frac{dQ(t)}{dt}$$
$$= \frac{R_3}{R_2 + R_3} v_2(t) - CR_4 \frac{dv_1(t)}{dt} + \frac{CR_3 R_4}{R_2 + R_3} \frac{dv_2(t)}{dt}$$

図 (b) 回路方程式は以下のとおり.

$$Q(t) = C\left(v_o(t) - \frac{R_3}{R_2 + R_3} v_2(t)\right)$$

$$i_1(t) = \frac{dQ(t)}{dt} = C \frac{dv_o(t)}{dt} - \frac{CR_3}{R_2 + R_3} \frac{dv_2(t)}{dt}$$
$$= \frac{R_3}{R_1(R_2 + R_3)} v_2(t)$$

したがって, 以下の関係が導ける.

$$v_o(t) = \frac{R_3}{R_2 + R_3} v_2(t) + \frac{R_3}{CR_1(R_2 + R_3)} \int v_2(t) dt$$

7. 一例：図 7.15(b) の減算回路において, R_3 を白金抵抗とし, $R_1 = 3\text{k}\Omega$, $R_2 = R_4 = 1\text{k}\Omega$, $V_1 = V_2 = -5\text{V}$ とする.

8. 一例：図 7.7(b) の反転増幅回路において, $R_1 = 100\Omega$, $R_2 = 1\text{M}\Omega$, $R_L = 10\Omega$ とし, $i_{out}(t)$ の流れる向きに, R_L に直列に電流計を接続する.

【第 8 章】

1. 省略（本文参照）.
2. 利得変動の抑制, 周波数特性の改善, 非直線ひずみの低減, ノイズの抑制.
3. (a) 図 7 より回路方程式を解くと, 増幅率は以下のように導ける.

$$A_v = -\frac{\frac{h_{fe}}{h_{ie}} - \frac{1}{R_f}}{\frac{1}{R_o} + \frac{1}{R_L} + \frac{1}{R_f}} \quad \rightarrow \quad A_v \simeq -5.94$$

$$A_i = \frac{-A_v}{R_L \left(\frac{1}{R_{12}} + \frac{1}{h_{ie}} + \frac{1-A_v}{R_f}\right)} \simeq 2.75$$

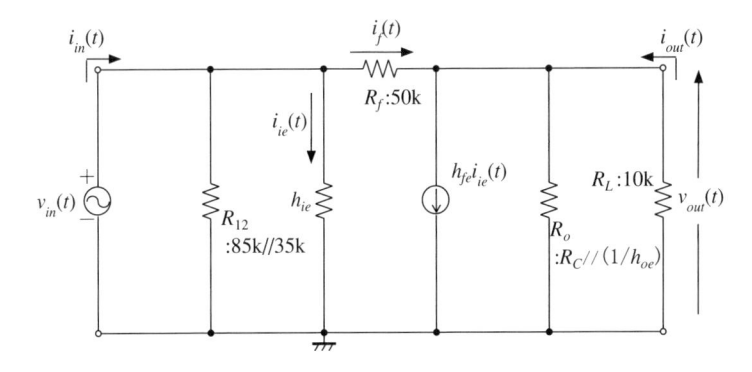

図 7　図 8.11 の小信号等価回路

(b) $R_f \to \infty$ とすると，増幅率は以下のように導ける．

$$A_v = -\frac{\frac{h_{fe}}{h_{ie}}}{\frac{1}{R_o} + \frac{1}{R_L}} \quad \to \quad A_v \simeq -6.17$$

$$A_i = \frac{-A_v}{R_L \left(\frac{1}{R_{12}} + \frac{1}{h_{ie}}\right)} \quad \to \quad A_i \simeq 7.98$$

R_f の挿入により，電圧増幅率はほぼ変化しないが，電流増幅率が大幅に減少している．したがって，R_f は主に電流の負帰還効果により電流増幅率を抑制していることが推測できる．

4. ループ利得は以下のように導かれる．

$$AH = \frac{-R_f}{\left(R - \frac{5}{\omega^2 C^2 R}\right) + j\left(\frac{1}{\omega^3 C^3 R^2} - \frac{6}{\omega C}\right)}$$

5. 一例：RC 位相型発振回路において，$C = 0.015\mu\text{F}$, $R \simeq 2.72\text{k}\Omega$, $R_f \geq 78.9\text{k}\Omega$ とする．

【第 9 章】

1. 負荷抵抗の値が十分に大きいとき，それぞれのキャパシタに充電された電荷は，次の充電サイクルまでほとんど放電されずに保たれると考えてよい．トランスの出力側の電圧の最大値を V_o, 巻き線比を n とすれば，$V_o = \sqrt{2}nV_p$ であり，

    ・図 (a) の回路では，明らかに 2 つのキャパシタの電圧の和が出力される．したがって負荷電圧は $2V_o$ となる．
    ・図 (b) の回路では，トランス側のキャパシタが V_o の電圧で充電され，この電圧とトランスの出力電圧の和が負荷側のキャパシタに加えられるので負荷電圧は $2V_o$ となる．

・図 (c) の回路では，図 (b) の回路と同様に $2V_o$ に充電されたキャパシタの電圧と電源電圧の和 $3V_o$ で上部のキャパシタが充電され，この電圧と電源電圧の和で負荷側のキャパシタが充電される．したがって負荷電圧は $4V_o$ となる．

2. 省略．

3. 安定化回路のトランジスタを直流等価回路で置き換えると，図 8(b) のようになる．図 8(b) で，出力電圧 V_{out} は，

$$V_{out} = R_L (\beta + 1) I_b = R_L (\beta + 1) \frac{V_Z - V_{out}}{r_b}$$

となり，V_{out} は，R_L が十分に大きいとき，

$$V_{out} = \frac{1}{1 + \frac{r_b}{R_L(\beta+1)}} V_Z \simeq V_Z$$

となる．R_L が小さい値のときには V_{out} は負荷の変動（すなわち R_L の変化）に影響されるが，安定化回路を接続せずに負荷 R_L を直接接続した場合よりも変動の割合は小さい．

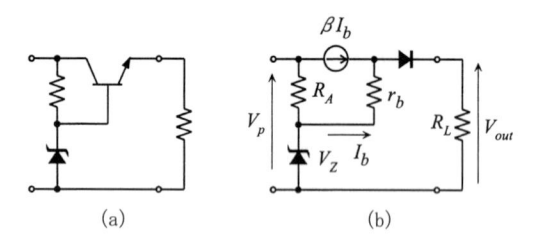

図 8　安定化回路の考え方

4. 高周波パルスが OFF のとき，トランスの出力側に並列に接続されたダイオードが導通状態となる．ここで，インダクタが無い場合は，CR 回路となるから，電流は $\exp(\frac{-t}{CR})$ で減衰する．一方，図のようにインダクタを挿入した回路の場合，RLC の並列回路となる．また，インダクタに流れる電流は時間的に連続でなければならないから，パルスが OFF になった瞬間にインダクタに流れる電流は急激には変化できない．したがって，L の値を十分に大きくすると，$\exp(\frac{-t}{CR})$ よりも緩やかに電流を減衰させることができる．厳密に解析するには，RLC 並列回路の電圧について，$t = 0$ で $V_C = V_L = V_R = V$，$i_C = 0$，$i_R = V/R = -i_L$ という境界条件で解くと，

$$v(t) = V e^{-\alpha t} \left(\frac{1}{2} \cosh \beta t + \frac{\alpha}{2\beta} \sinh \beta t \right)$$

となる．ただし，$\alpha \pm \beta = 1/(2RC) \pm \sqrt{1/(2RC)^2 - 1/(LC)}$ である．

索　引

英数字

α, 26
α 遮断周波数, 106
β, 27

A 級増幅回路, 91
A 級動作点, 91
AC-DC 変換, 163
B 級増幅回路, 94
BJT, 20
C 級増幅回路, 101
CMRR, 128
dB, 103
DC-DC コンバータ, 169
FET, 27
FET の小信号等価回路, 54
GB 積, 136
h パラメータ, 43, 45
h_{fe} 安定指数, 72
MIS-FET, 28
MOS-FET, 28
n 型半導体, 15
n チャネル, 30
npn 型, 21
p 型半導体, 15
p チャネル, 30
pn 接合, 16
pn 接合型ダイオード, 18
pnp 型, 21
RC 移相型発振回路, 155
T 型小信号等価回路, 43

ア　行

アクセプタ, 16
圧電効果, 158
アーリー効果, 177
インピーダンス整合, 69
インピーダンス変換回路, 80
ヴァーチャルグランド, 134
ウィーンブリッジ型発振回路, 153
ヴォルテージフォロワ, 79, 140
エサキダイオード, 18
エネルギーバンド, 14
エバースモルモデル, 23, 176
エミッタ, 21
エミッタ共通回路, 62
エミッタ接地増幅回路, 61
エミッタ接地電流増幅率, 27
エミッタフォロワ, 79
演算増幅器, 131
エンハンスメント型, 30
オーバートーン, 161
オペアンプ, 131
オン抵抗, 82
オン電圧, 73

カ　行

開放電圧, 10

索引

拡散現象, 16
拡散電位, 17
拡散容量, 107
重ね合わせの理, 41, 180
加算回路, 142
仮想接地, 134
活性領域, 26
カップリングコンデンサ, 62
価電子, 14
価電子結合, 14
価電子帯, 14
カレントミラー, 129
帰還 (feedback), 147
帰還回路, 147
帰還増幅回路, 147
帰還容量, 118
帰還率, 148
寄生抵抗, 44
寄生容量, 44
起電力, 68
逆相入力端子, 132
逆方向飽和電流, 19
キャリア, 15
共振の鋭さ Q, 158
共有結合, 14
空乏状態, 29
空乏層, 17
クロスオーバー歪, 98
結合コンデンサ, 62
ゲート, 28
ゲート接地増幅回路, 86
減算回路, 142
高域遮断周波数, 111
高周波等価回路, 109, 119
コルピッツ型発振回路, 156
コレクタ, 21
コレクタ出力容量, 111
コレクタ接地増幅回路, 77
コンプリメンタリトランジスタ, 95

サ 行

再結合, 16
最大発振可能周波数, 111, 191
最大有能電力利得, 193

サージ, 171
差動増幅回路, 125
差動利得（差動ゲイン）, 127
三端子レギュレータ, 168
しきい値電圧, 19, 31
自己バイアス回路, 62
自由電子, 14
周波数条件, 152
周波数帯域幅, 137
出力インピーダンス, 68
出力容量, 118
順方向伝達アドミタンス, 56
小信号回路, 39
小信号等価回路, 37, 43
小振幅動作, 39
少数キャリア, 15
ショットキーダイオード, 18
真性半導体, 15
水晶振動子, 158
水晶発振回路, 158
スイッチング電源（スイッチングレギュレータ）, 170
スナバ回路, 171
スルーレート (Slew Rate), 137
正帰還 (positive feedback), 148
正孔（ホール）, 15
正相入力端子, 132
静特性, 23
整流回路, 164
整流性, 18
積分回路, 143
接合の降伏, 20
接合容量, 107
線形近似, 35
線形素子, 1, 5
線形領域, 31
全波整流, 165
相互コンダクタンス, 54
相補トランジスタ対, 95
ソース, 28
ソース接地増幅回路, 80
ソースフォロワ, 88

タ 行

帯域幅, 105
ダイオード, 16
ダイオード係数, 19
ダイオードの小信号等価回路, 37
ダイオードブリッジ, 165
大信号回路, 39
大振幅動作, 39
多数キャリア, 15
立ち上がり電圧, 38
ダーリントン接続, 90
単一出力差動増幅回路, 129
短絡電流, 10
蓄積状態, 30
チャネル, 30
チャネル長変調効果, 56
チョークコイル (choke coil), 166
直流増幅, 125
直流等価回路, 42
直流負荷直線, 73
ツェナダイオード, 18, 167
ツェナ電圧, 20, 167
低域遮断周波数, 117
定電圧回路, 167
定電流回路, 145
ディプレション型, 30
デシベル, 103
デバイス, 14
電圧源, 4
電圧増幅率, 64
電界効果トランジスタ, 27
電界ドリフト, 17
電気素量, 19
電子デバイス, 1
伝達関数, 149
伝導帯, 14
電流源, 4
電流増幅率, 65
電流伝送率, 26
電力条件, 152
電力増幅回路, 91
動作点, 74
同相信号除去比, 128
同相利得（同相ゲイン）, 128
ドナー, 15
トランジション周波数, 106
ドレイン, 28
ドレイン接地増幅回路, 86
ドレイン抵抗, 55

ナ 行

内蔵電位, 17
内部抵抗, 68
入力インピーダンス, 68
入力オフセット電圧, 138
入力オフセット電流, 139
入力信号源, 68
入力バイアス電流, 139
入力容量, 118
能動領域, 26

ハ 行

バイアス, 35, 41
バイパスコンデンサ, 62
ハイブリッド π 型等価回路, 109
バイポーラトランジスタ (BJT), 20
発振回路, 151
ハートレー型発振回路, 156
反転状態, 29
反転増幅回路, 133
反転入力端子, 132
半導体素子, 1
バンドギャップエネルギー, 14
半波整流, 164
ピアース発振回路, 160
非線形素子, 36
非反転増幅回路, 140
非反転入力端子, 132
微分回路, 143
微分抵抗, 37
非飽和領域, 31
ピンチオフ領域, 31
負荷, 64
負荷抵抗, 65
負荷電圧, 10
負荷電流, 10
負帰還 (negative feedback), 148

不純物半導体, 15
負性抵抗, 18
プッシュプル回路, 95
平滑回路, 165
ベース, 21
ベース接地増幅回路, 77
ベース接地電流増幅率, 26
ベース拡がり抵抗, 111
飽和領域, 25, 31
ボルツマン定数, 19

マ 行
脈流, 3

ミラー効果, 110

ヤ 行
ユニティゲイン周波数, 137

ラ 行
理想オペアンプ, 133
理想ダイオード回路, 145
リップル (ripple), 166
利得, 103
利得帯域幅積, 136
ループ利得, 148

監修者紹介

宮入　圭一（みやいり　けいいち）
- 1943年　長野県 生まれ
- 1966年　信州大学工学部電気電子工学科卒業
- 1973年　名古屋大学工学研究科電気電子工学専攻修了
- 前　　　信州大学名誉教授・工学博士
- 著　書　『やさしい電子物性』, 森北出版（2006）
　　　　　『電気・電子材料』, オーム社（1997）
　　　　　『固体電子工学』, 森北出版（1994）
　　　　　『電子物性の基礎』, 森北出版（1993）, など

著者紹介

阿部　克也（あべ　かつや）
- 1971年　福島県 生まれ
- 1994年　東京工業大学電子物理工学科卒業
- 1999年　東京工業大学大学院理工学研究科博士課程修了
- 2014年まで信州大学工学部電気電子工学科准教授・博士（工学）
- 現　在　田舎で隠居暮らし

本質を学ぶための
アナログ電子回路入門
Analog Electronic Circuits : A Primer

2007年10月25日　初版1刷発行
2024年9月10日　初版14刷発行

監修者　宮入圭一
著　者　阿部克也　© 2007
発行者　南條光章
発行所　**共立出版株式会社**
〒112-0006
東京都文京区小日向 4-6-19
電話　03-3947-2511（代表）
振替口座　00110-2-57035
URL　www.kyoritsu-pub.co.jp

印　刷　啓文堂
製　本　協栄製本

検印廃止
NDC 549.3
ISBN 978-4-320-08630-2

一般社団法人
自然科学書協会
会員

Printed in Japan

JCOPY ＜出版者著作権管理機構委託出版物＞
本書の無断複製は著作権法上での例外を除き禁じられています．複製される場合は，そのつど事前に，出版者著作権管理機構（TEL：03-5244-5088，FAX：03-5244-5089，e-mail：info@jcopy.or.jp）の許諾を得てください．

■電気・電子工学関連書

www.kyoritsu-pub.co.jp　共立出版

- 次世代ものづくりのための 電気・機械一体モデル (共立SS 3)･･･長松昌男著
- 演習 電気回路･･････････････････････････････庄 善之著
- テキスト 電気回路･･････････････････････････庄 善之著
- エッセンス電気・電子回路･････････････佐々木浩一他著
- 詳解 電気回路演習 上・下･･･････････････大下眞二郎著
- 大学生のための電磁気学演習･･････････････沼居貴陽著
- 大学生のためのエッセンス電磁気学･･･････沼居貴陽著
- 入門 工系の電磁気学･････････････････････西浦宏幸他著
- 基礎と演習 理工系の電磁気学･･･････････････高橋正雄著
- 詳解 電磁気学演習･･････････････････････後藤憲一他共著
- わかりやすい電気機器･･･････････････････天野耀鴻他著
- 論理回路 基礎と演習･････････････････････････房岡 璋他共著
- 電子回路 基礎から応用まで･････････････････････坂本康正著
- 学生のための基礎電子回路････････････････････亀井且有著
- 本質を学ぶためのアナログ電子回路入門　宮入圭一監修
- マイクロ波回路とスミスチャート･･･････谷口慶治他著
- 大学生のためのエッセンス量子力学･･･････沼居貴陽著
- 材料物性の基礎････････････････････････････沼居貴陽著
- 半導体LSI技術 (未来へつなぐS 7)･････････牧野博之他著
- Verilog HDLによるシステム開発と設計　高橋隆一著
- マイクロコンピュータ入門 高性能な8ビットPICマイコンのC言語によるプログラミング　森元 逞他著
- デジタル技術とマイクロプロセッサ (未来へつなぐS9)　小島正典他著
- 液晶 基礎から最新の科学とディスプレイテクノロジーまで (化学の要点S 19)･････竹添秀男他著
- 基礎制御工学 増補版 (情報・電子入門S 2)･･･････小林伸明他著
- PWM電力変換システム パワーエレクトロニクスの基礎　谷口勝則著
- 情報通信工学････････････････････････････････岩下 基著
- 新編 図解情報通信ネットワークの基礎　田村武志著
- 電磁波工学エッセンシャルズ 基礎からアンテナ・伝送線路まで　左貝潤一著
- 小形アンテナハンドブック･････････････藤本京平他編著
- 基礎 情報伝送工学･･････････････････････････古賀正文他著
- モバイルネットワーク (未来へつなぐS 33)　水野忠則他監修
- IPv6ネットワーク構築実習････････････････前野譲二他著
- 複雑系フォトニクス レーザカオスの同期と光情報通信への応用　内田淳史著
- ディジタル通信 第2版･････････････････････大下眞二郎他著
- 画像処理 (未来へつなぐS 28)･････････････････白鳥則郎監修
- 画像情報処理 (情報工学テキストS 3)････････････渡部広一著
- デジタル画像処理 (Rで学ぶDS 11)･･････････勝木健雄他著
- 原理がわかる信号処理･･････････････････････長谷山美紀著
- 信号処理のための線形代数入門 特異値解析から機械学習への応用まで　関原謙介著
- デジタル信号処理の基礎 例題とPythonによる図で説く　岡留 剛著
- ディジタル信号処理 (S知能機械工学 6)･････毛利哲也著
- ベイズ信号処理 信号・ノイズ・推定をベイズ的に考える　関原謙介著
- 統計的信号処理 信号・ノイズ・推定を理解する････関原謙介著
- 電気系のための光工学････････････････････････左貝潤一著
- 医用工学 医療技術者のための電気・電子工学 第2版･････若松秀俊他著